U0215121

范例导航系列丛书

Dreamweaver CS6 中文版网页设计与制作

文杰书院　编著

清华大学出版社
北　京

内 容 简 介

本书是"范例导航系列丛书"中的一个分册，以通俗易懂的语言、精挑细选的实用技巧、翔实生动的操作案例，全面介绍了 Dreamweaver CS6 网页设计与制作的知识以及应用案例，主要内容包括网页制作基础知识、创建与管理本地站点、创建网页、使用图像与多媒体、使用表格与 CSS 布局网页、模板和库的应用，以及创建表单和站点的发布与推广等方面的知识、案例、技巧等。本书配套一张多媒体全景教学光盘，收录了全部知识点的视频教学课程。

本书适合 Dreamweaver CS6 初学者阅读，也可以作为有一定 Dreamweaver 基础操作知识的读者作为学习制作、布局、管理网站的参考用书，还可以作为初、中级电脑短训班的电脑培训教材，同时对有一定经验的 Dreamweaver CS6 使用者也有很高的参考价值。

本书封面贴有清华大学出版社防伪标签，无标签者不得销售。

版权所有，侵权必究。举报：010-62782989，beiqinquan@tup.tsinghua.edu.cn。

图书在版编目(CIP)数据

Dreamweaver CS6 中文版网页设计与制作/文杰书院编著. —北京：清华大学出版社，2015 (2022.7重印)
(范例导航系列丛书)
ISBN 978-7-302-37767-2

Ⅰ．①D… Ⅱ．①文… Ⅲ．①网页制作工具 Ⅳ．①TP393.092

中国版本图书馆 CIP 数据核字(2014)第 190280 号

责任编辑：魏 莹
封面设计：杨玉兰
责任校对：王 晖
责任印制：宋 林
出版发行：清华大学出版社
　　　　网　　　址：http://www.tup.com.cn, http://www.wqbook.com
　　　　地　　　址：北京清华大学学研大厦 A 座　　　　邮　　编：100084
　　　　社 总 机：010-83470000　　　　邮　　购：010-62786544
　　　　投稿与读者服务：010-62776969, c-service@tup.tsinghua.edu.cn
　　　　质量反馈：010-62772015, zhiliang@tup.tsinghua.edu.cn
　　　　课件下载：http://www.tup.com.cn, 010-62791865
印 装 者：三河市君旺印务有限公司
经　　销：全国新华书店
开　　本：185mm×260mm　　　印　张：25　　　字　数：603 千字
　　　　(附 DVD 1 张)
版　　次：2015 年 1 月第 1 版　　　印　次：2022 年 7 月第 11 次印刷
定　　价：56.00 元

产品编号：056116-01

致 读 者

"范例导航系列丛书"将成为您"快速掌握电脑技能，灵活运用职场工作"的全新学习工具和业务宝典，通过"图书+多媒体视频教学光盘+网上学习指导"等多种方式与渠道，为您奉上丰盛的学习与进阶的盛宴。

"范例导航系列丛书"涵盖了电脑基础与办公、图形图像处理、计算机辅助设计等多个领域，本系列丛书汲取目前市面上同类图书作品的成功经验，针对读者最常见的需求来进行精心设计，从而知识更丰富，讲解更清晰，覆盖面更广，是读者首选的电脑入门与应用类学习与参考用书。

衷心希望通过我们坚持不懈的努力能够满足读者的需求，不断提高我们的图书编写和技术服务水平，进而达到与读者共同学习，共同提高的目的。

一、轻松易懂的学习模式

我们秉承"打造最优秀的图书、制作最优秀的电脑学习软件、提供最完善的学习与工作指导"的原则，在本系列图书的编写过程中，聘请电脑操作与教学经验丰富的老师和来自工作一线的技术骨干倾力合作编写，为您系统化地学习和掌握相关知识与技术奠定扎实的基础。

1. 快速入门、学以致用

本套图书特别注重读者学习习惯和实践工作应用，针对图书的内容与知识点，设计了更加贴近读者学习的教学模式，采用"基础知识学习+范例应用与上机指导+课后练习"的教学模式，帮助读者从初步了解到掌握再到实践应用，循序渐进地成为电脑应用高手与行业精英。

2. 版式清晰，条理分明

为便于读者学习和阅读本书，我们聘请专业的图书排版与设计师，根据读者的阅读习

惯，精心设计了赏心悦目的版式，全书图案精美、布局美观，读者可以轻松完成整个学习过程，进而在轻松愉快的阅读氛围中，快速学习、逐步提高。

3. 结合实践，注重职业化应用

本套图书在内容安排方面，尽量摒弃枯燥无味的基础理论，精选了更适合实际生活与工作的知识点，每个知识点均采用"**基础知识+范例应用**"的模式编写，其中"**基础知识**"操作部分偏重在知识的学习与灵活运用，"**范例应用**"主要讲解该知识点在实际工作和生活中的综合应用。除此之外，每一章的最后都安排了"**课后练习**"，帮助读者综合应用本章的知识制作实例并进行自我练习。

二、轻松实用的编写体例

本套图书在编写过程中，注重内容起点低，操作上手快，讲解言简意赅，读者不需要复杂的思考，即可快速掌握所学的知识与内容。同时针对知识点及各个知识板块的衔接，科学地划分章节，知识点分布由浅入深，符合读者循序渐进与逐步提高的学习习惯，从而使学习达到事半功倍的效果。

- **本章要点**：在每章的章首页，我们以言简意赅的语言，清晰地表述了本章即将介绍的知识点，读者可以有目的地学习与掌握相关知识。

- **操作步骤**：对于需要实践操作的内容，全部采用分步骤、分要点的讲解方式，图文并茂，使读者不但可以动手操作，还可以在大量实践案例的练习中，不断地积累经验、提高操作技能。

- **知识精讲**：对于软件功能和实际操作应用比较复杂的知识，或者难以理解的内容，进行更为详尽的讲解，帮助您拓展、提高与掌握更多的技巧。

- **范例应用与上机操作**：读者通过阅读和学习此部分内容，可以边动手操作，边阅读书中所介绍的实例，一步一步地快速掌握和巩固所学知识。

- **课后练习**：通过此栏目内容，不但可以温习所学知识，还可以通过练习，达到巩固基础、提高操作能力的目的。

三、精心制作的教学光盘

本套丛书配套多媒体视频教学光盘，旨在帮助读者完成"从入门到提高，从实践操作到职业化应用"的一站式学习与辅导过程。配套光盘共分为"基础入门"、"知识拓展"、

"上网交流"和"配套素材"4个模块，每个模块都注重知识点的分配与规划，使光盘功能更加完善。

- **基础入门**：在"基础入门"模块中，为读者提供了本书全部重要知识点的多媒体视频教学全程录像，从而帮助读者在阅读图书的同时，还可以通过观看视频操作快速掌握所学知识。
- **知识拓展**：在"知识拓展"模块中，为读者免费赠送了与本书相关的 4 套多媒体视频教学录像，读者在学习本书视频教学内容的同时，还可以学到更多的相关知识，读者相当于买了一本书，获得了 5 本书的知识与信息量！
- **上网交流**：在"上网交流"模块中，读者可以通过网上访问的形式，与清华大学出版社和本丛书作者远程沟通与交流，有助于读者在学习中有疑问的时候，可以快速解决问题。
- **配套素材**：在"配套素材"模块中，读者可以打开与本书学习内容相关的素材与资料文件夹，在这里读者可以结合图书中的知识点，通过配套素材全景还原知识点的讲解与设计过程。

四、图书产品与读者对象

"范例导航系列丛书"涵盖电脑应用的各个领域，为各类初、中级读者提供了全面的学习与交流平台，适合电脑的初、中级读者，以及对电脑有一定基础、需要进一步学习电脑办公技能的电脑爱好者与工作人员，也可作为大中专院校、各类电脑培训班的教材。本次出版共计 10 本，具体书目如下。

- Office 2010 电脑办公基础与应用（Windows 7+Office 2010 版）
- Dreamweaver CS6 网页设计与制作
- AutoCAD 2014 中文版基础与应用
- Excel 2010 电子表格入门与应用
- Flash CS6 中文版动画设计与制作
- CorelDRAW X6 中文版平面设计与制作
- Excel 2010 公式·函数·图表与数据分析
- Illustrator CS6 中文版平面设计与制作

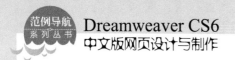

- UG NX 8.5 中文版入门与应用
- After Effects CS6 基础入门与应用

五、全程学习与工作指导

为了帮助您顺利学习、高效就业，如果您在学习与工作中遇到疑难问题，欢迎您与我们及时地进行交流与沟通，我们将全程免费答疑。希望我们的工作能够让您更加满意，希望我们的指导能够为您带来更大的收获，希望我们可以成为志同道合的朋友！

您可以通过以下方式与我们取得联系：

QQ 号码：12119840

读者服务 QQ 交流群号：128780298

电子邮箱：itmingjian@163.com

文杰书院网站：www.itbook.net.cn

最后，感谢您对本系列图书的支持，我们将再接再厉，努力为读者奉献更加优秀的图书。衷心地祝愿您能早日成为电脑高手！

编　者

前　　言

Dreamweaver CS6 是集网页制作和管理网站于一身的网页编辑器，可以轻而易举地制作出跨越平台限制的充满动感的网页。Dreamweaver CS6 可以满足用户制作出高品质网页的需要，受到设计师的喜爱，为帮助读者快速掌握与应用 Dreamweaver CS6 软件，以便在工作中学以致用，我们编写了本书。

本书为读者快速地入门 Dreamweaver CS6 提供了一个崭新的学习和实践平台，无论从基础知识安排还是实践应用能力的训练，都充分地考虑了用户的需求，快速达到理论知识与应用能力的同步提高。

本书在编写过程中根据初学者的学习习惯，采用由浅入深、由易到难的方式讲解，读者还可以通过随书赠送的多媒体教学视频学习。全书结构清晰，内容丰富，主要内容包括以下 4 部分的内容。

1. 基础入门

第 1～3 章，介绍了 Dreamweaver CS6 的基础知识与操作，主要讲解了网页制作基础知识、Dreamweaver CS6 轻松入门、创建与管理本地站点等方面的知识。

2. 网页制作与设计

第 4～7 章，讲解了网页设计与制作的方法，主要讲解了创建结构清晰的文本网页、应用超链接、使用图像与多媒体丰富网页内容、使用表格排版网页方面的知识与操作方法、技巧和案例等。

3. 布局页面

第 8～11 章，介绍网页布局的操作方法与技巧，主要讲解了使用 CSS 修饰美化网页、应用 CSS+Div 布局网页、使用 AP Div 布局页面和使用框架布局网页方面的知识技巧。

4. 动态网页设计

第 12～16 章，讲解了动态网页的制作方法，主要讲解了使用模板和库提高网页制作效率、使用行为丰富网页效果、用表单创建交互式网页和站点的发布与推广方面的知识技巧，在本书的最后还使用实例讲解了整站的制作流程。

本书由文杰书院组织编写，参与本书编写工作的有李军、袁帅、王超、徐伟、李强、许媛媛、贾亮、安国英、冯臣、高桂华、贾丽艳、李统才、李伟、蔺丹、沈书慧、蔺影、宋艳辉、张艳玲、安国华、高金环、贾万学、蔺寿江、贾亚军、沈嵘、刘义等。

　　我们真切希望读者在阅读本书之后，可以开阔视野，增强实践操作技能，并从中学习和总结操作的经验和规律，达到灵活运用的水平。鉴于编者水平有限，书中纰漏和考虑不周之处在所难免，热忱欢迎读者予以批评、指正，以便我们日后能为您编写出更好的图书。

　　如果您在使用本书时遇到问题，可以访问网站 http://www.itbook.net.cn 或发邮件至 itmingjian@163.com 与我们交流和沟通。

编　者

目　录

目录

XIII

第**1**章

网页制作基础知识

本章主要讲解了网页制作基础方面的知识,同时还讲解了网页的基本要素和网页中的色彩特性,在本章的最后还介绍了网页制作常用软件以及怎样设计出好的网页方面的知识。

范 例 导 航

1. 网页制作基础
2. 网页的基本要素
3. 网页中的色彩特性
4. 网页制作常用软件
5. 怎样设计出好的网页

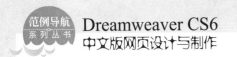

1.1　网页制作基础

　　在学习网页制作之前，用户首先要了解网页制作的基础知识，本节将详细介绍网页制作基础的相关知识。

1.1.1　什么是静态网页

　　在网站设计中，纯粹使用 HTML(标准通用标记语言下的一个应用)格式的网页通常被称为"静态网页"。静态网页是标准的 HTML 文件，它的文件扩展名是：.htm、.html、.shtml、.xml 等。静态网页可以包含文本、图像、声音、Flash 动画、客户端脚本和 ActiveX 控件及 Java 小程序等。

　　静态网页是网站建设的基础，早期的网站一般都是用静态网页制作的。静态网页是相对于动态网页而言的，是指没有后台数据库、不含程序和不可交互的网页。静态网页更新起来相对比较麻烦，适用于一般更新较少的展示型网站。容易误解的是静态页面都是.htm 这类页面，实际上静态也不是完全静态，它也可以出现各种动态的效果，如 GIF 格式的动画、Flash、滚动字幕等。静态网页界面，如图 1-1 所示。

图 1-1

静态网页具有如下特点。

- 静态网页每个页面都有一个固定的 URL，且网页 URL 以.htm、.html、.shtml 等常见形式为后缀，而不含有 "?"；
- 网页内容一经发布到网站服务器上，无论是否有用户访问，每个静态网页的内容都是保存在网站服务器上的，也就是说，静态网页是实实在在保存在服务器上的文件，每个网页都是一个独立的文件；

- 静态网页的内容相对稳定，因此容易被搜索引擎检索；
- 静态网页没有数据库的支持，在网站制作和维护方面工作量较大，因此当网站信息量很大时完全依靠静态网页制作方式比较困难；
- 静态网页的交互性较差，在功能方面有较大的限制；
- 页面浏览速度快，过程无须连接数据库；
- 减轻了服务器的负担，工作量减少，意味着降低了数据库的运行成本。

1.1.2 什么是动态网页

所谓动态网页，是指与静态网页相对的一种网页编程技术。静态网页，随着 HTML 代码的生成，页面的内容和显示效果就基本上不会发生变化了——除非你修改页面代码。而动态网页则不然，页面代码虽然没有变，但是显示的内容却可以随着时间、环境或者数据库操作的结果而发生改变。

动态网页是以.aspx、.asp、.jsp、.php、.perl 和.cgi 等形式为后缀，并且在动态网页网址中有一个标志性的符号"？"，动态网页界面如图 1-2 所示。

图 1-2

动态网页具有如下特点。

- 动态网页一般以数据库技术为基础，可以大大降低网站维护的工作量；
- 采用动态网页技术的网站可以实现更多的功能，如用户注册、用户登录、在线调查、用户管理、订单管理等；
- 动态网页实际上并不是独立存在于服务器上的网页文件，只有当用户请求时服务器才返回一个完整的网页；
- 动态网页中的"？"对搜索引擎检索存在一定的问题，搜索引擎一般不可能从一个网站的数据库中访问全部网页，或者出于技术方面的考虑，搜索之中不去抓取网址中"？"后面的内容，因此采用动态网页的网站在进行搜索引擎推广时需要做一定的技术处理才能适应搜索引擎的要求。

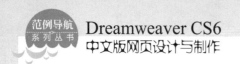

 # 1.2 网页的基本要素

在制作网页之前，首先要了解网页的基本要素，一般网页的基本要素包括 Logo、Banner、导航栏、文本、图像、Flash 动画和表单。本节将详细介绍网页基本要素的相关知识。

1.2.1 Logo

Logo 是徽标或者商标的英文说法，起到对徽标拥有公司的识别和推广的作用，通过形象的 Logo 可以让消费者记住公司主体和品牌文化。网络中的 Logo 徽标主要是各个网站用来与其他网站链接的图形标志，代表一个网站或网站的一个板块。

Logo 一般在网页的左上角，Logo 的国际标准规范为了便于 Internet 上信息的传播，一个统一的国际标准是需要的，实际上已经有了这样的一整套标准。其中关于网站的 Logo，目前有 4 种规格，如表 1-1 所示。

表 1-1

Logo 规格	备 注
88×31	互联网上最普遍的 Logo 规格
120×60	用于一般大小的 Logo 规格
120×90	用于大型的 Logo 规格
200×70	近期出现的规格

作为具有传媒特性的 Logo，为了在最有效的空间内实现所有的视觉识别功能，一般是通过特示图案及特示文字的组合，达到对被标识体的出示、说明、沟通、交流，从而引导受众的兴趣、达到增强美誉、记忆等目的，如图 1-3 所示。

图 1-3

1.2.2　Banner

Banner 是用于宣传网站内某个栏目或活动的广告，一般要求制作成动画形式，动画能够吸引更多注意力，将介绍性的内容简练地加在其中，以达到宣传的效果。Banner 主要体现中心意旨，形象鲜明表达最主要的情感思想或宣传中心。

现在随着大屏幕显示器的出现，Banner 的表现尺寸越来越大，像 760×70、1000×70 像素的大尺寸 Banner 也悄然出现，如图 1-4 所示。

图 1-4

1.2.3　导航栏

导航栏在网页制作中具有举足轻重的地位，一般来说导航栏在网页中的位置比较固定，与网页的风格一致，通常会出现在网页的左侧、右侧、顶部或者底部。

在网页中设置导航栏，是为了让访问者更清晰地找到所需要的资源区域，进而快捷地寻找资源，如图 1-5 所示。

图 1-5

1.2.4　文本

文本是指书面语言的表现形式，通过文本可以在网页上展示相关的信息，文本虽然不如图像、视频那样易于吸引访问者，但是文本可以准确地表达信息的内容和含义。

为了克服文字呆板的缺点，在网页制作中，用户可以对文字的字体、字号、颜色等进行一系列设置，赋予文字这些特性以后，可以使文字的表达更加清晰，文本的内容更加突出，使用文本的网页如图 1-6 所示。

图 1-6

1.2.5 图像

网页中的图像具有提供信息、展示形象、美化网页、表达个人情趣和风格的作用。在网页中放置一些图像不但可以增强视觉效果、提供更加丰富的内容，而且可以将文字分为更易操作的小块，更重要的是能够体现出网站的特色。

常见的图像文件格式多达十几种，如 GIF、JPEG、BMP、EPS、PCX、PNG、FAS、TGA、TIF 和 WMF，其中最为常用的图像格式有 GIF、JPEG、BMP 和 PNG，网页中的图像如图 1-7 所示。

图 1-7

1.2.6　Flash 动画

随着网页技术的发展，Flash 动画已经被应用得越来越频繁，可以说 Flash 动画是网页制作中不可或缺的组成部分。Flash 动画可以大大提高网页的美观程度，从而吸引更多的访问者。

制作 Flash 动画不仅需要对动画制作软件非常熟悉，更重要的是设置设计者独特的创意，网页中的 Flash 动画如图 1-8 所示。

图 1-8

1.2.7　表单

表单又称表单网页，是一个网站和访问者开展互动的窗口，表单可以用来在网页中发送数据，特别是经常被用在联系表单中，用户输入相关信息然后发送到 E-mail 中。表单本身是无法工作的，这需要编一个程序来处理输入到表单中的数据，如果使用网络服务器来放置 HTML，用户可以开发一个服务器端的程序，使一个发送到 E-mail 的表单工作，网页中的表单如图 1-9 所示。

图 1-9

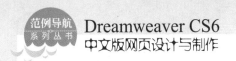
 # 1.3　网页中的色彩特性

　　在制作网页的时候，一定要了解色彩的特性，色彩的搭配可以使网页具有深刻的艺术内涵，从而提升网页的文化品质。本节将详细介绍网页中色彩特性方面的知识。

1.3.1　相近色的应用

　　相近色是在网页设计中常用的色彩搭配，它的特色是画面色彩统一融洽。下面详细介绍相近色应用方面的知识。

1. 暖色调相近色

　　暖色调主要由红色调构成，比如红色、橙色和黄色。暖色调给人以温馨、舒服和活力的感觉，因此在网页设计中可以突出可视化效果。在网页中利用相近色时，需要注意色块的大小和位置。例如，设置 3 种暖色调(R:120、G:40、B:15，R:160、G:90、B:40 和 R:180、G:130、B:90)，如图 1-10 所示。

图 1-10

　　不同的亮度会对人们的视觉产生不同的影响，色彩重的会显得面积小，而色彩浅的会显得面积大。将同样面积和形态的 3 种色彩摆放在画面中，如图 1-11 所示，画面显得单调、乏味，这种过于均匀化的摆放在网页设计中是不可取的。设定色彩最重的褐色为重要色，因此面积最大；中间色稍小一点，浅色面积最小，如图 1-12 所示，画面即可显得饱满了。

图 1-11　　　　　　　　　　　　　图 1-12

2. 冷色调相近色

青、蓝、紫都属于冷色系，冷色调可以给人以明快、硬朗的感觉。例如，设定两种色彩(R:50、G:80、B:110 和 R:140、G:170、B:180)，一深一浅，一个略微偏蓝，一个略微偏绿，固然色彩的偏差向略有不同，但两种色彩放在一起十分融洽，如图 1-13 所示。

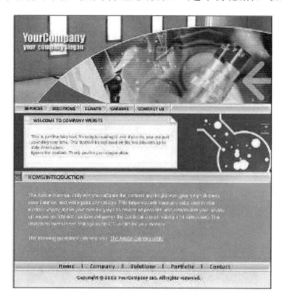

图 1-13

1.3.2 对比色的应用

在日常工作中，通常把橘红色定为暖色极、天蓝色定为冷色极。凡与暖色极相近的色或色组为暖色，如橙色、黄色、红色等；而与冷色极相近的色或色组为冷色，如蓝绿、蓝、蓝紫等。黑色偏暖，白色偏冷，灰、绿、紫为中性色。在网页中利用对比色时，首先要注意的是定下整个画面的基本色调，以暖色调为主还是以冷色调为主。全部网页设计都是在统一中寻求对比变迁的。例如，设定两种对照色(R:255、G:207、B:0 和 R:0、G:96、B:208)，如图 1-14 所示。

图 1-14

若将同样形态和大小的两个色块均匀摆放在画面中，如图 1-15 所示，会使画面显得单调、刻板。但若把暖色的面积加大而把冷色的面积减小，如图 1-16 所示，整个画面构图看起来会变得更加融洽。

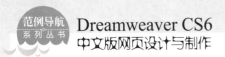

| 图 1-15 | 图 1-16 |

在色彩上两种色彩的连接有些僵硬，所以需要使用灰色进行中和，这样色彩过渡得会更自然，整个画面会更加融洽统一。这样即可定下整个画面构图的版式，全部网页元素的布局必须环绕该版式来罗列，如图 1-17 所示。

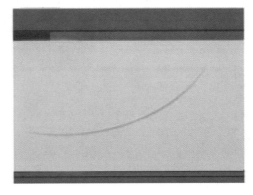

图 1-17

1.3.3 网页安全色

在 HTML 中，颜色或者表示成十六进制值(如#FF0000)或者表示为颜色名称(red)。网页安全色是指以 256 色模式运行时，无论在 Windows 还是在 Macintosh 系统中，在 Safari 和 Microsoft Internet Explorer 中的显示均相同的颜色。传统经验是：有 216 种常见颜色，而且任何结合了 00、33、66、99、CC 或 FF 对(RGB 值分别为 0、51、102、153、204 和 255)的十六进制值都代表网页安全色，如图 1-18 所示。

图 1-18

在实际测试中，显示仅有 212 种网页安全色而不是全部 216 种，原因在于 Windows Internet Explorer 不能正确呈现颜色 #0033FF (0,51,255)、#3300FF(51,0,255)、#00FF33 (0,255,51) 和 #33FF00 (51,255,0)。

1.3.4　色彩模式

在图像和图形处理软件中，通常使用 RGB、CMYK、HSB 及 Lab 几种色彩模式。通过使用多种色彩模式来反映不同的色彩效果，其中许多模式能用对应的命令相互转换。

1. RGB 模式

RGB 色彩又称三原色，R 代表 Red(红色)，G 代表 Green(绿色)，B 代表 Blue(蓝色)。之所以称它们为三原色，是因为在自然界中肉眼所能看到的任何色彩都可以由这三种色彩混合叠加而成，因此也称为加色模式。

计算机定义颜色时，R、G、B 三种成分的取值范围是 0～255，0 表示没有刺激量，255 表示刺激量达最大值。R、G、B 均为 255 时就合成了白色，R、G、B 均为 0 时就形成了黑色，当两色分别叠加时将得到不同的 C、M、Y 颜色。在显示屏上显示颜色定义时，往往采用这种模式，如图 1-19 所示。

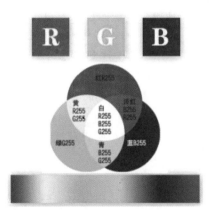

图 1-19

2. CMYK 模式

当阳光照射到一个物体上时，这个物体将吸收一部分光线，并将剩下的光线进行反射，反射的光线就是我们所看见的物体颜色。这是一种减色色彩模式，同时也是与 RGB 模式的根本不同之处。我们看物体的颜色时不但用到了这种减色模式，而且在纸上印刷时应用的也是这种减色模式。按照这种减色模式，就衍变出了适合印刷的 CMYK 色彩模式。

CMYK 代表印刷上用的 4 种颜色，C 代表青色(Cyan)，M 代表洋红色(Magenta)，Y 代表黄色(Yellow)，K 代表黑色(Black)。因为在实际应用中，青色、洋红色和黄色很难叠加形成真正的黑色，最多不过是褐色而已，因此才引入了 K——黑色。黑色的作用是强化暗调，

第二章　网页制作基础知识

加深暗部色彩，如图 1-20 所示。

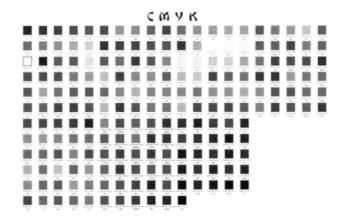

图 1-20

3. HSB 模式

HSB 模式中的 H、S、B 分别表示色相、饱和度和亮度，这是一种从视觉角度定义颜色模式。

基于人类对色彩的感觉，HSB 模型描述颜色具有以下三个特征。

- 色相 H(Hue)：在 0°～360° 的标准色轮上，色相是按位置度量的。在通常的使用中，色相是由颜色名称标识的，比如红色、绿色或橙色。
- 饱和度 S(Saturation)：是指颜色的强度或纯度。饱和度表示色相中彩色成分所占的比例，用从 0(灰色)~100%(完全饱和)的百分比来度量。在标准色轮上饱和度是从中心逐渐向边缘递增的。
- 亮度 B(Brightness)：是颜色的相对明暗程度，通常是从 0(黑)~100%(白)的百分比来度量的。

4. Lab 模式

Lab 模式是由国际照明委员会(CIE)于 1976 年公布的一种色彩模式。Lab 模式由三个通道组成，第一个通道是明度，即 L；另外两个是色彩通道，用 A 和 B 来表示。A 通道包括的颜色是从深绿色(低亮度值)到灰色(中亮度值)再到亮粉红色(高亮度值)；B 通道则是从亮蓝色(低亮度值)到灰色(中亮度值)再到黄色(高亮度值)。因此，这种色彩混合后将产生明亮的色彩。

1.4 网页制作常用软件

随着网页制作技术的发展，常见的网页制作软件也越来越多。本节

将介绍网页制作常用软件的相关知识。

1.4.1　网页编辑排版软件 Dreamweaver CS6

　　Dreamweaver CS6 是世界顶级软件厂商 Adobe 推出的一套拥有可视化编辑界面，用于制作并编辑网站和移动应用程序的网页设计软件。由于它支持代码、拆分、设计、实时视图等多种方式来创作、编写和修改网页(通常是标准通用标记语言下的一个应用 HTML)，对于初级人员，可以无须编写任何代码就能快速创建 Web 页面。其成熟的代码编辑工具更适用于 Web 开发高级人员的创作。CS6 新版本使用了自适应网格版面创建页面，在发布前使用多屏幕预览审阅设计，可大大提高工作效率。改善的 FTP 性能，更高效地传输大型文件。"实时视图"和"多屏幕预览"面板可呈现 HTML5 代码，能够方便地检查当前的工作情况，Dreamweaver CS6 的初始界面如图 1-21 所示。

图 1-21

1.4.2　图像制作软件 Photoshop CS6 和 Fireworks CS6

　　Photoshop CS6 与 Fireworks CS6 同为 Adobe 公司旗下的图像制作软件，使用 Photoshop CS6 和 Fireworks CS6 软件，用户可以制作出精美绝伦的图像并应用到网页中，达到美化网页的效果。

　　Photoshop CS6 是 Adobe 公司旗下最出名的图像处理软件之一，集图像扫描、编辑修改、动画制作、图像制作、广告创意，图像输入与输出于一体的图形图像处理软件，其初始界面如图 1-22 所示。

　　Fireworks CS6 是 Adobe 推出的一款网页作图软件，软件可以加速 Web 设计与开发，是一款创建与优化 Web 图像和快速构建网站与 Web 界面原型的理想工具，其初始界面如

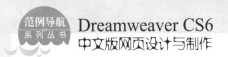

图 1-23 所示。

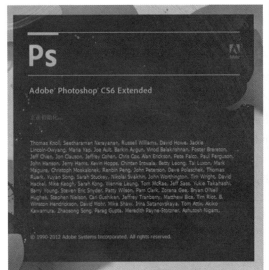

图 1-22   图 1-23

1.4.3　网页动画制作软件 Flash CS6

Flash CS6 是用于创建动画和多媒体内容的强大创作平台。Adobe Flash CS6 设计身临其境，而且在台式计算机和平板电脑、智能手机和电视等多种设备中都能呈现一致效果的互动体验。

Flash 广泛应用于创建动人的应用程序，它们包含丰富的视频、声音、图形和动画。用户可以在 Flash 中创建原始内容或者从其他 Adobe 应用程序(如 Photoshop)导入它们，如快速设计简单的动画，以及使用 Adobe AcitonScript 3.0 开发高级的交互式项目等，如图 1-24 所示。

图 1-24

1.4.4　网页标记语言 HTML

　　网页标记语言 HTML(Hyper Text Markup Language)又称超文本标记语言，超级文本标记语言是标准通用标记语言下的一个应用，也是一种规范，一种标准，它通过标记符号来标记要显示的网页中的各个部分。网页文件本身是一种文本文件，通过在文本文件中添加标记符，可以告诉浏览器如何显示其中的内容(如：文字如何处理，画面如何安排，图片如何显示等)。浏览器按顺序阅读网页文件，然后根据标记符解释和显示其标记的内容，对书写出错的标记将不指出其错误，且不停止其解释执行过程，编制者只能通过显示效果来分析出错原因和出错部位。但需要注意的是，对于不同的浏览器，对同一标记符可能会有不完全相同的解释，因而可能会有不同的显示效果。

　　超文本标记语言的结构包括"头"(Head)部分和"主体"(Body)部分，其中"头"部提供关于网页的信息，"主体"部分提供网页的具体内容。

　　超级文本标记语言文档制作不是很复杂，但功能强大，支持不同数据格式的文件嵌入，其主要特点如下。

- 简易性：超级文本标记语言版本升级采用超级方式，从而更加灵活方便。
- 可扩展性：超级文本标记语言的广泛应用带来了加强功能，增加标识符等要求，超级文本标记语言采取子类元素的方式，为系统扩展带来保证。
- 平台无关性：虽然个人计算机大行其道，但使用 MAC 等其他计算机的大有人在，超级文本标记语言可以使用在广泛的平台上，这也是万维网(WWW)盛行的另一个原因。
- 通用性：HTML 是网络的通用语言,一种简单、通用的全置标记语言。它允许网页制作人建立文本与图片相结合的复杂页面，这些页面可以被网上任何其他人浏览到，无论使用的是什么类型的计算机或浏览器。

1.4.5　网页脚本语言 JavaScript

　　JavaScript 是一种基于对象和事件驱动并具有相对安全性的客户端脚本语言。同时也是一种广泛用于客户端 Web 开发的脚本语言，常用来给 HTML 网页添加动态功能，比如：响应用户的各种操作。

　　一个完整的 JavaScript 实现是由以下 3 个不同部分组成的：核心(ECMAScript)、文档对象模型(Document Object Model，DOM)、浏览器对象模型(Browser Object Model，BOM)，如图 1-25 所示。

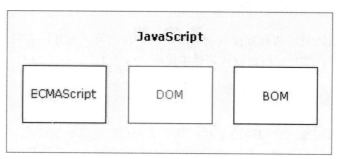

图 1-25

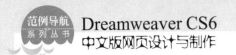

1.4.6 动态网页编程语言 ASP

ASP 是 Active Server Page 的缩写，意为"动态服务器页面"。ASP 是微软公司开发的代替 CGI 脚本程序的一种应用，它可以与数据库和其他程序进行交互，是一种简单、方便的编程工具。ASP 的网页文件的格式是*.asp。现在常用于各种动态网站中。

ASP 是一种服务器端脚本编写环境，可以用来创建和运行动态网页或 Web 应用程序。ASP 网页可以包含 HTML 标记、普通文本、脚本命令，以及 COM 组件等。利用 ASP 可以向网页中添加交互式内容(如：在线表单)，也可以创建使用 HTML 网页作为用户界面的 Web 应用程序。与 HTML 相比，ASP 网页具有以下特点。

- 利用 ASP 可以实现突破静态网页的一些功能限制，实现动态网页技术。
- ASP 文件是包含在 HTML 代码所组成的文件中的，易于修改和测试。
- 服务器上的 ASP 解释程序会在服务器端执行 ASP 程序，并将结果以 HTML 格式传送到客户端浏览器上，因此，使用各种浏览器都可以正常浏览 ASP 所产生的网页。
- ASP 提供了一些内置对象，使用这些对象可以使服务器端脚本功能更强。例如，可以从 Web 浏览器中获取用户通过 HTML 表单提交的信息，并在脚本中对这些信息进行处理，然后向 Web 浏览器发送信息。
- ASP 可以使用服务器端 ActiveX 组件来执行各种各样的任务，例如，存取数据库、发送 E-mail 或访问文件系统等。
- 由于服务器是将 ASP 程序执行的结果以 HTML 格式传回客户端浏览器，因此，使用者不会看到 ASP 所编写的原始程序代码，可防止 ASP 程序代码被窃取。
- 方便连接 ACCESS 与 SQL 数据库。

1.5 怎样设计出好的网页

在制作网页的时候，为了制作出色的网页，用户需要注意网页设计的基本原则、网页设计的成功要素，以及网页的色彩搭配。本节将详细介绍如何设计好的网页的相关知识。

1.5.1 网页设计的基本原则

建立网站的目的是给访问者提供所需的信息，在明确了设计网页的基本原则，才会使访问者增多，下面详细介绍网页设计的基本原则。

1. 明确主题

一个好的网页需要一个明确的主题，整个网站的建设都要围绕这个主题进行。换句话说，设计者在设计网页之前，首先要明确网页的制作目的，所有的页面内容都要围绕这个目的去实施，这样在内容上有较强的统一感。

2. 首页设计

首页的设计决定着整个网站的成功与否。是否能够吸引访问者，首页的设计效果起着至关重要的作用。首页设计要清晰、明了，并且在设置上要人性化，使访问者快速地找到需要的内容。

3. 分类

网站的分类十分重要，设计者可以按照一定的模式进行分类，如主题、性质、类目或者内容等，清晰的分类可以更加容易地找到目标。

4. 互动性

互动性是网络本身的特点，所以好的网站必须与访问者有一个良好的互动，包括界面中的引导、精美的设计呈现等。

5. 图像的应用

图像是网页的特色之一，有了图像可以使网页更直观、醒目。好的图像可以使网页增色，如果运用的不恰当则会适得其反。

所以，在应用图像的时候，设计者需要注意图像文件一般采用压缩格式，缩短访问者的访问时间；也可以在图像旁边配以文字，以加强图像的说明效果；如果准备采用大型的图像文件，最好将图像文件与网页分开，先在网页中设置一个小型的图像链接并说明，让读者自行判断是否通过链接打开大型图像文件。

6. 避免过分使用网页技术

使用网页技术可以制作出各种各样特殊的网页效果，网页技术运用的得当，会使得网页栩栩如生，如果过分使用网页技术则会起到反效果。例如，效果的过分叠加会让整个网页看起来杂乱无章、无从下手，使访问者失去访问网页的兴趣。

7. 更新与维护

每一位访问者在每一次浏览网页的时候，基本都希望浏览到新鲜的东西，除了翻查资料外，一般人都喜欢翻看新鲜的事物，对过时的信息提不起兴趣。因此，网站一定要注意及时性，定时地更新内容，保持新鲜感。

1.5.2 网页设计的成功要素

设计一个成功的网页，设计者首先要注意几个基本要素，这些要素影响着网页的设计成功与否，下面分别予以详细介绍。

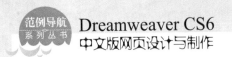

1. 整体布局

网页设计作为一种视觉语言，对页面的编排和布局十分讲究。一个好的网站应该整洁明了、条理清晰、主题突出，如果布局杂乱无章、色彩搭配凌乱刺眼，只会让访问者失去浏览的兴趣。

2. 有价值的信息

无论设计的网站是何种类型，如商业网站、个人主页还是时事新闻，都必须提供有价值的信息内容才能吸引访问者。这些有价值的信息可以是商品简介、娱乐新闻、时事新闻、答疑解难或者相关网页的跳转等。

3. 速度

页面的访问速度也是吸引访问者的关键因素。如果访问一个页面，很长时间还不能打开，一般访问者会失去耐心，这样便会造成访问者流失的现象。因此，网页的访问速度需要尽可能地快，一般来说图像的大小会直接影响网页的访问速度。

4. 图形和版面设计

一般来说图像和版面设计会直接影响访问者对网页的第一印象，如果第一印象不好，一般访问者则会失去继续浏览的兴趣。

5. 文字的可读性

文本文字一般是枯燥的、一成不变的，但是在网页设计中，可以通过设置字体、字体颜色、字号等提高文字的可读性。例如一些特殊字体可以用于文章的标题，但不一定适合文章的正文。

6. 网页标题的可读性

网页中的标题必须易于阅读，设计者需要为标题和副标题设置相同的字体，并将标题的字体加大一至两个字号，这样可以使访问者在网页中快速地找到文中要点，以便翻阅有兴趣的内容。

7. 网站导航

根据常人由左至右、由上至下的阅读习惯，所以导航栏通常设置在网页的左侧或者上方，也可以在网页下方设置一个简单的导航栏。

在确定了导航栏的方案以后，需要将网站中每一个页面都设置成一个模式，便于访问者浏览查找网站中的信息内容。

8. 用词准确

一个网站如果只是具有漂亮的外观，而网页中的文字错误连篇、语法混乱，同样也是失败的网页。因此，在设计网页的时候，需要注意用词的准确性。

1.5.3 网页的色彩搭配

不同的色彩、色调能够引起人们不同的情感反应，因此在网页中，用什么颜色首先是根据网站的主题决定的。

在一个网页中可以使用强烈的颜色，也可以使用柔和一点的颜色，但是不要盲目地使用，这样会使得网页中的颜色显得杂乱。

如果当前内容需要访问者长时间阅读，则需要选择让眼睛比较舒服的颜色，这样访问者在阅读时不容易感到疲倦。

1. 网页的流行色

不同主题的网页所使用的颜色也不同，达到的效果也不同。下面详细介绍网页的流行色在不同主题中的使用。

蓝色，沉静整洁的颜色。如蓝天，配上白云会让访问者觉得心旷神怡。

绿色，雅致的颜色。如果使用绿色作为网页的主色调，可以在其中搭配白色，使网页看起来雅致却不失生气。

橙色，活泼热烈的颜色。橙色是标准的商业色调，可以使企业看起来朝气蓬勃，便于展示企业形象。

暗红，高贵凝重的颜色。暗红可以搭配较深的颜色如黑色、灰色，这样会使得网页看起来庄重、高贵、神秘。

2. 忌讳的配色

在网页设计中忌讳背景与网页中文字的颜色相近，这样会造成对比不强烈，灰暗的背景会使访问者感到阅读费力；在网页中忌讳使用大面积艳丽的纯色，太过艳丽的纯色会使视觉的刺激过于强烈，从而缺乏内涵；在同一页面中同样忌讳使用过多的颜色，网页中的主色并不是面积最大的颜色，而最重要的颜色才能反映主题；在网页中也尽量不要使用对比过弱的颜色，虽然这样会显得干净整洁、但是颜色的对比过弱，会显得苍白无力。

 # 1.6 范例应用与上机操作

通过本章的学习，读者基本上可以掌握网页制作的基础知识，下面介绍一些实例，以达到巩固与提高的目的。

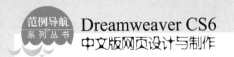

1.6.1 网站制作流程

在开始创建网站之前，应该有一个系统的规划和目标，在规划好网页的大概结构之后，即可着手建设网站了，下面详细介绍网站制作的流程。

1. 前期策划

网站的前期策划对于网站的运作有着至关重要的作用。在规划网站建设之前，可以使用树状结构将内容大致地罗列出来，避免制作好之后更改其结构，如图 1-26 所示。

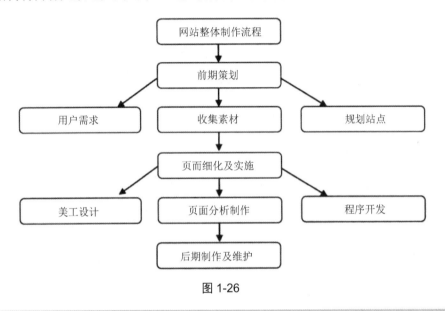

图 1-26

2. 网页的实施与细化

网页的设计与制作是个复杂的过程，所以网页的实施与细化需要注意网页的美工设计和静态页面的制作。

美工设计人员首先要在网站的策划阶段，与客户进行充分的接触，了解客户对网页的设计需求，然后对网页进行一个整体的定位，做出首页、二级以及三级的样稿设计，最后建立 1~3 套方案供客户评审。

在美工设计好各个页面的效果图之后，将其交给网页制作人员，进行制作整合。网页制作人员首先要对设计稿进行观察，经过仔细对比之后，对所需素材进行切割；然后将设计稿拆分为多个素材文件，以方便组装页面时使用；在最后，网页制作人员按照一定的方法，将素材文件进行组装、美化、处理和优化。

3. 后期维护

网站中每一个站点都应该有专业的人员进行更新维护，只有快速地更新才可以吸引更多的访问者，后期维护需要注意以下几点。

- 服务器以及相关软、硬件的维护，对可能出现的问题进行评估，制定相应措施。
- 有效地利用数据是网站维护的重要内容，因此数据库的维护要受到重视。
- 内容的定期更新、调整。
- 制定相关网站维护的规定，将网站的维护规范化、制度化。

1.6.2　静态网页的制作流程

静态网页的制作看似简单，如何让页面既美观又可以有较快的访问速度和友好的访问界面，以留住更多的访问者，是一个关键问题。

1. 观察设计稿

在拿到设计稿的时候，不要立即对其进行拆分和切片，首先要观察图纸，对页面的布局、着色有一个整体的认识。在对设计稿有了初步的了解之后，需要对如何在 HTML 页面进行布局有一个大的规划，然后根据规划对设计稿进行分割，以免草草切分之后又发现施工的效果不好，或者无法实现预期效果而重新返工。

2. 拆分设计稿

在对设计稿有了规划之后，即可将设计稿进行拆分，以方便在组装页面时使用，在拆分的过程中，需要注意以下几点。

- 分离颜色：页面颜色一般分为三部分，页面主辅颜色搭配的基本配色、普通超链接的配色和导航超链接的配色。
- 提取尺寸：按照设计稿中的尺寸搭建网页才会符合设计，但有的时候也需要灵活掌握。
- 分离背景：背景图一般是纯色图或者大面积的重复图案。
- 分离图标和特殊边框：小图标及花边可以给网页增添两点。边框的使用方法一般与背景类似，不过往往需要单独输出。
- 分离图片：与网页内容相关的图片，同样需要单独输出。

3. 实现网页设计

网页设计的实现通常使用两种方式，一种是传统的表格布局方式；另一种则是 CSS 布局方式。

传统的表格布局方式实际上利用了 HTML 中表格元素具有的无边框特性。由于表格元素可以在显示时使单元格的边框和间距设置为"0"，所以可以将网页中的各个元素按版式划分到表格中的各个单元格中，从而实现复杂的排版组合。

表格布局的核心在于设计一个能满足版式要求的表格结构，将内容装入每个单元格中，间距及定格则通过插入图像进行占位来实现，最终的结构是得到一个复杂的表格，不利于设计修改。

Div 在使用时不需要像表格一样通过其内部的单元格来组织版式，通过 CSS 强档的样式定义功能可以比表格更简单，更自由地控制页面版式以及样式。

1.7　课后练习

思考与练习

一、填空题

1. 一般网页的基本要素包括_____、Banner、导航栏、文本、_____、Flash 动画和表单。

2. _____是在网页设计中常用的色彩搭配，它的特色是画面色彩统一融洽。

3. 在图像和图形处理软件中，通常使用_____、_____、HSB 及 Lab 几种色彩模式。

4. _____是世界顶级软件厂商 Adobe 推出的一套拥有可视化编辑界面，用于制作并编辑网站和移动应用程序的_____。

二、判断题(正确画"√"，错误画"×")

1. 超文本标记语言的结构包括"头"(Head 部分)和"主体"(Body 部分)，其中"头"部提供关于网页的信息，"主体"部分提供网页的具体内容。　　　　　　　　　( )

2. ASP 的网页文件的格式是*.asp，现在常用于各种静态网站中。　　　　　( )

三、思考题

1. 什么是静态网页？
2. 什么是动态网页？

第 **2** 章

Dreamweaver CS6 轻松入门

本章介绍 Dreamweaver CS6 工作环境、【插入】栏以及使用可视化助理布局方面的知识。

范 例 导 航

1. Dreamweaver CS6 工作环境
2. 【插入】栏
3. 使用可视化助理布局

2.1 Dreamweaver CS6 工作环境

在使用 Dreamweaver CS6 制作网页之前，首先要了解 Dreamweaver CS6 的工作环境，本节将详细介绍 Dreamweaver CS6 的工作环境。

2.1.1 工作界面

启动 Dreamweaver CS6，进入 Dreamweaver CS6 工作界面，其中包括【标题栏】、【菜单栏】、【工具栏】、【插入栏】、【编辑窗口】、【属性面板】和【浮动面板组】7 个部分，如图 2-1 所示。

图 2-1

2.1.2 菜单栏

在菜单栏中包含多个菜单，如【文件】、【编辑】、【查看】、【插入】、【修改】、【格式】、【命令】、【站点】、【窗口】和【帮助】等，单击任意一个菜单将弹出下拉菜单，从中选择不同的菜单命令可以完成不同的操作，如图 2-2 所示。

| 文件(F) | 编辑(E) | 查看(V) | 插入(I) | 修改(M) | 格式(O) | 命令(C) | 站点(S) | 窗口(W) | 帮助(H) |

图 2-2

- 【文件】菜单：包含【新建】、【打开】、【保存】、【保存全部】命令，还包含其他各种命令，用于查看当前文档或对当前文档执行操作。

- 【编辑】菜单：包含选择和搜索命令，如【选择父标签】和【查找和替换】。
- 【查看】菜单：可以看到文档的各种视图，如【设计】视图和【代码】视图，并且可以显示和隐藏不同类型的页面元素和 Dreamweaver 工具及工具栏。
- 【插入】菜单：提供【插入】栏的替代项，用于将对象插入到文档中。
- 【修改】菜单：可以更改选定页面元素或项的属性。单击此菜单，可以编辑标签属性，更改表格和表格元素，并且为库项和模板执行不同的操作。
- 【格式】菜单：用来对文本进行操作，包括字体、字形、字号、字体颜色、HTML/CSS 样式、段落格式化、扩展、缩进、列表和文本的对齐方式等。
- 【命令】菜单：提供对各种命令的访问，包括设置代码格式的命令、一个创建相册的命令等。
- 【站点】菜单：提供用于管理站点以及上传和下载文件的命令。
- 【窗口】菜单：提供对 Dreamweaver 中的所有面板、检查器和窗口的访问。
- 【帮助】菜单：提供对 Dreamweaver 文档的访问，包括关于使用 Dreamweaver 以及创建 Dreamweaver 扩展功能的帮助系统，还包括各种语言的参考材料。

2.1.3　工具栏

在工具栏中包含各种工具按钮，单击左侧【代码】/【拆分】/【设计】按钮，可以在文档的不同视图间快速切换，【代码】视图、【设计】视图、同时显示【代码】和【设计】视图的拆分视图，工具栏中还包含一些与查看文档、在本地和远程站点间传输文档有关的常用命令和选项，如图 2-3 所示。

| 代码 | 拆分 | 设计 | 实时视图 | | | | | | | | | 标题：无标题文档 |

图 2-3

- 【代码】按钮：可以在【文档】窗口中显示【代码】视图。
- 【拆分、设计】按钮：在【文档】窗口的一部分中显示【代码】视图，而在另一部分中显示【设计】视图。当选择了这种组合视图时，【视图选项】菜单中的【在顶部查看设计视图】选项变为可用。
- 【实时视图】按钮：显示不可编辑的、交互式的、基于浏览器的文档视图。
- 【多屏幕】按钮：用于查看页面，就如同页面在不同尺寸的屏幕中显示。
- 【在浏览器中预览/调试】按钮：可以在浏览器中预览或调试文档。从弹出式菜单中选择一个浏览器。
- 【文件管理】按钮：用于显示【文件管理】弹出菜单。
- 【W3C 验证】按钮：用于验证当前文档或选定的标签。
- 【浏览器的兼容性】按钮：可以检查所设计的页面对不同类型浏览器的兼容性。
- 【可视化助理】按钮：可以使用不同的可视化助理来设计页面。
- 【刷新设计视图】按钮：在【代码】视图中进行更改后刷新文档的【设计】视图。在执行某些操作之前，在【代码】视图中所做的更改不会自动显示在【设计】视图中。
- 【标题】文本框：可以为文档输入一个标题，将显示在浏览器的标题栏中，如果文档已经有了一个标题，则该标题将显示在该区域中。

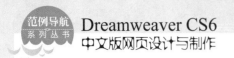
2.1.4 【属性】面板

【属性】面板，主要用于查看和更改所选择的对象的各种属性。其中包含两个选项，即 HTML 选项和 CSS 选项。HTML 选项为默认格式，单击不同的选项可以设置不同的属性，如图 2-4 所示。

图 2-4

2.1.5 面板组

面板组是一组停靠在某个标题下面的相关面板的集合。如果要展开一个面板组，单击该组名称左侧的展开箭头即可，这些面板集中了网页编辑和站点管理过程中的按钮，如图 2-5 所示。

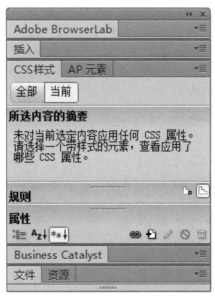

图 2-5

2.2 【插入】栏

【插入】栏包含用于创建和插入对象（如表格、层和图像）的按钮，当鼠标指针移动到一个按钮上时，会出现一个工具提示，其中含有该按钮的名称。本节将详细介绍【插入】栏方面的知识。

2.2.1 【常用】插入栏

在【常用】插入栏中，可以创建和插入最常用的对象，例如图像、表格和超链接等，如图 2-6 所示。

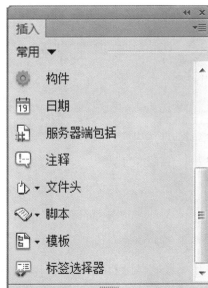

图 2-6

- 【超级链接】：用来制作文本链接。
- 【电子邮件链接】：在【文本】输入框中输入 E-mail 地址或其他文字信息，然后在 E-mail 文本框中输入准确邮件地址，就可以自动插入邮件地址发送链接。
- 【命名锚记】：可以设置链接到网页文档的特定部位。
- 【水平线】：可以在网页中插入水平线。
- 【表格】：可以在主页的基础上构成元素。
- 【插入 Div 标签】：可以使用 Div 标签创建 CSS 布局块，并进行相应的定位。
- 【图像】：可以在文档中插入图像。
- 【媒体】：可以插入相关的媒体文件。
- 【构件】：可以将 widget 添加到 Dreamweaver 中。
- 【日期】：可以插入当前的时间和日期。
- 【服务器端包括】：指示 Web 服务器在将页面提供给浏览器时在 Web 页面中包含指定的文件。
- 【注释】：可以插入注释。
- 【文件头】：可以按照指定的时间间隔进行刷新。
- 【脚本】：包含几个与脚本有关联的按钮。
- 【模板】：单击该按钮，弹出下拉列表，在其中可以选择与模板相关的按钮。
- 【标签选择器】：可用于查看、指定和编辑标签的属性。

27

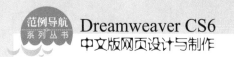

2.2.2 【布局】插入栏

在【布局】插入栏中，包括【标准】表格和【扩展】表格两个选项卡，下面详细介绍【布局】插入栏方面的知识，如图 2-7 所示。

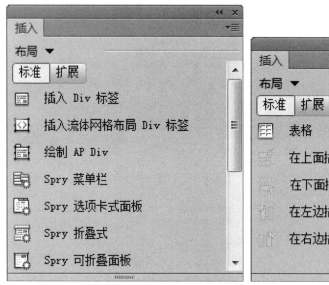
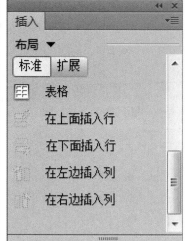

图 2-7

- 【标准】：默认选项卡，可以插入和编辑图像、表格和 AP 元素。
- 【扩展】：切换至该选项卡，可以扩展表格的样式。
- 【插入 Div 标签】：可以插入 Div 标签。
- 【插入流体网格布局 Div 标签】：可以插入用于流体网格布局的 Div 标签。
- 【绘制 AP Div】单击该按钮，在文档窗口中单击并拖曳鼠标，绘制层。
- 【Spry 菜单栏】：可以创建横向或纵向的网页下拉菜单。
- 【Spry 选项卡式面板】：可以实现选项卡式面板的功能。
- 【Spry 折叠式】：可以添加折叠式菜单。
- 【Spry 可折叠面板】：可以添加折叠式面板。
- 【表格】：可以在当前光标的位置插入表格。
- 【在上面插入行】：在当前行的上方插入一个新的行。
- 【在下面插入行】：在当前行的下方插入一个新的行。
- 【在左边插入列】：在当前行的左侧插入一个新的列。
- 【在右边插入列】：在当前行的右侧插入一个新的列。

2.2.3 【表单】插入栏

在 Dreamweaver CS6 中，表单输入类型称为表单对象，是动态网页中最重要的元素对象之一，下面详细介绍【表单】插入栏方面的知识，如图 2-8 所示。

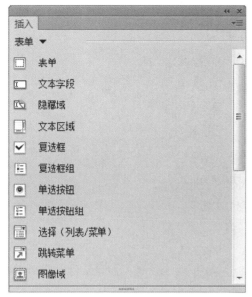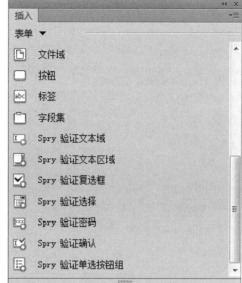

图 2-8

- 【表单】：在文档中插入表单，任何其他表单对象，如文本域、按钮等，都必须插入表单中，这样所有浏览器才能正确处理这些数据。
- 【文本区域】：在表单中插入文本域，文本域可接受任何类型的字母数字项，输入的文本可以显示为单行、多行或者显示为项目符号或星号（用于保护密码）。
- 【复选框】：在表单中插入复选框，可以选择任意多个适用的选项。
- 【单选按钮】：代表互相排斥的选择，选择一组中的某个按钮，就会取消选择该组中的所有其他按钮，例如，可以选择【是】或【否】。
- 【单选按钮组】：插入共享同一名称的单选按钮的集合。
- 【选择（列表/菜单）】：可以在列表中创建用户选项。
- 【跳转菜单】：插入可导航的列表或弹出式菜单，跳转菜单允许用户插入一种菜单，在这种菜单中的每个选项都链接到文档或文件。
- 【图像域】：可以在表单中插入图像，可以使用图像域替换【提交】按钮，以生成图形化按钮。
- 【文件域】：在文档中插入空白文本域和【浏览】按钮，可以浏览到硬盘上的文件，并将这些文件作为表单数据上传。
- 【按钮】：在表单中插入文本按钮，在单击时执行任务，如提交或重置表单，可以为按钮添加自定义名称或标签，或者使用预定义的【提交】或【重置】标签之一。
- 【标签】：在文档中给表单加上标签，以<label></label>形式开头和结尾。
- 【字段集】：在文本中设置文本标签。

2.2.4 【数据】插入栏

在【数据】插入栏中，用户可以插入各种数据，如 Spry 数据对象、记录集和插入记录等，单击某个按钮，即可完成相应的操作，如图 2-9 所示。

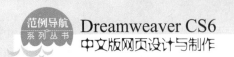

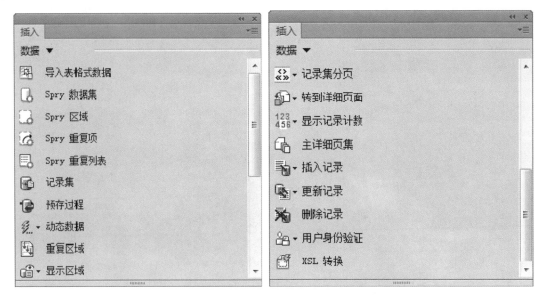

图 2-9

2.2.5　Spry 插入栏

在 Spry 插入栏中，包括 Spry 数据对象和构件等按钮，Spry 插入栏与【数据】插入栏和【表单】插入栏的功能相一致，如图 2-10 所示。

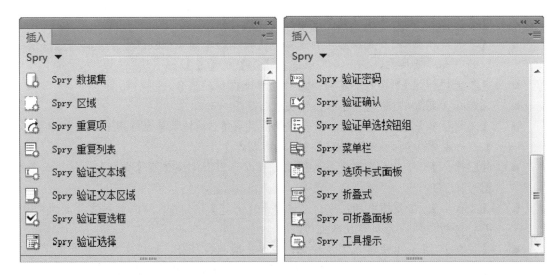

图 2-10

2.2.6　【文本】插入栏

文本是网页中最常见、运用最广泛的元素之一，是网页内容的核心部分。在网页中添加文本与在 Word 等文字处理软件中添加文本一样方便。下面详细介绍【文本】插入栏方面的知识，如图 2-11 所示。

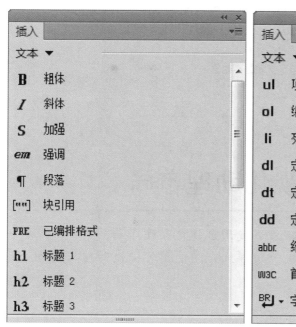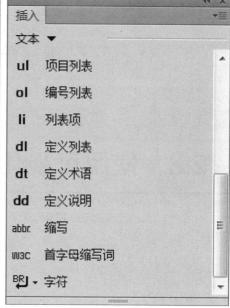

图 2-11

- 【粗体】：将文字设置为粗体。
- 【斜体】：将文字设置为斜体。
- 【加强】：增强文本厚度。
- 【强调】：以斜体表示文本。
- 【段落】：为文本设置一个新的段落。
- 【块引用】：将所选文字设置为引用文字，一般采用缩进效果。
- 【已编排格式】：单击此按钮，所选文本区域可以保留多处空白，在浏览器中显示其中内容时，按照原有文本格式显示。
- 【标题】：可以设置标题。
- 【项目列表】：可创建无序列表。
- 【编号列表】：可创建有序列表。
- 【列表项】：可设置列表项目。
- 【定义列表】：可创建包含定义术语和定义说明的列表。
- 【定义术语】：可定义专业术语等。
- 【定义说明】：在定义术语下方标注说明。
- 【缩写】：为当前选定的缩写添加说明文字。
- 【首字母缩写词】：指定与 Web 内容有类似含义的同义词，用于音频合成程序。
- 【字符】：可插入特殊字符。

2.2.7　【收藏夹】插入栏

在【收藏夹】插入栏中，使用鼠标右击，这样即可自定义收藏夹对象，下面详细介绍【收藏夹】插入栏，如图 2-12 所示。

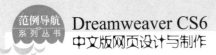

图 2-12

2.3 使用可视化助理布局

在 Dreamweaver CS6 中，使用可视化助理布局，用户可以更加容易地制作出精美的网页。本节将详细介绍使用可视化助理布局方面的知识与操作技巧。

2.3.1 使用标尺

在制作网页的时候，用户可以使用标尺得到层的坐标，下面详细介绍使用标尺的操作方法。

素材文件 ❋ 无
效果文件 ❋ 无

step 1 ① 启动 Dreamweaver CS6 软件，单击【查看】菜单，② 在弹出的下拉菜单中，选择【标尺】菜单项，③ 在弹出的子菜单中，选择【显示】子菜单项，如图 2-13 所示。

step 2 此时标尺显示在 Dreamweaver CS6 编辑窗口的左侧和上部，通过以上方法即可完成使用标尺的操作，如图 2-14 所示。

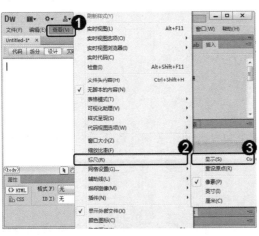

图 2-13

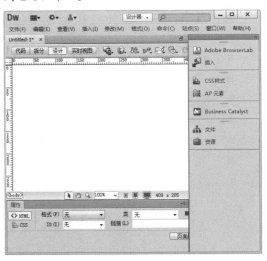

图 2-14

2.3.2 显示网格

显示网格可以对层的绘制、定位或大小调整等做可视化向导，还可以对齐页面中的元素。下面详细介绍显示网格的操作方法。

素材文件　无
效果文件　无

step 1　① 启动 Dreamweaver CS6 软件，单击【查看】菜单，② 在弹出的下拉菜单中，选择【网格设置】菜单项，③ 在弹出的子菜单中，选择【显示网格】子菜单项，如图 2-15 所示。

step 2　此时网格显示在 Dreamweaver CS6 编辑窗口中，通过以上方法，即可完成显示网格的操作，如图 2-16 所示。

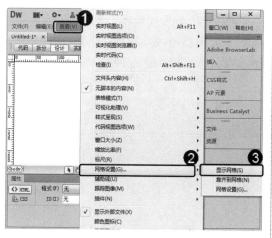

图 2-15

图 2-16

2.4　范例应用与上机操作

通过本章的学习，读者基本可以掌握 Dreamweaver CS6 轻松入门的基础知识。下面通过一些实例，达到巩固与提高的目的。

2.4.1　使用辅助线

在 Dreamweaver CS6 中，辅助线功能可以在创建网页时，用于辅助的定位。下面详细介绍使用辅助线的操作方法。

素材文件　无
效果文件　无

第2章 Dreamweaver CS6 轻松入门

33

step 1 ① 启动 Dreamweaver CS6 软件，单击【查看】菜单，② 在弹出的下拉菜单中，选择【辅助线】菜单项，③ 在弹出的子菜单中，选择【显示辅助线】子菜单项，如图 2-17 所示。

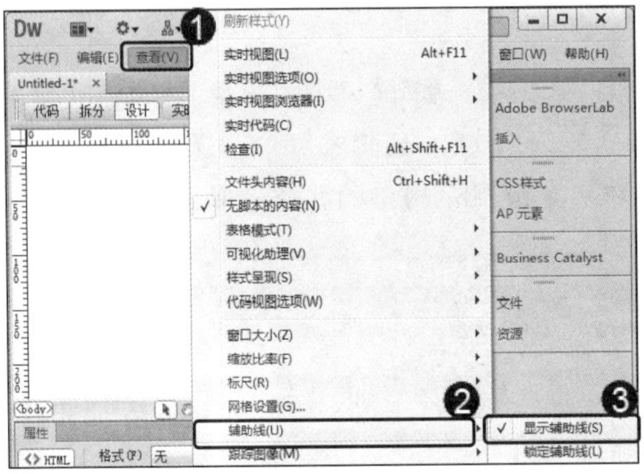

图 2-17

step 3 使用鼠标单击左侧的标尺并向下拖曳，拖曳至目标位置后释放鼠标左键，如图 2-19 所示。

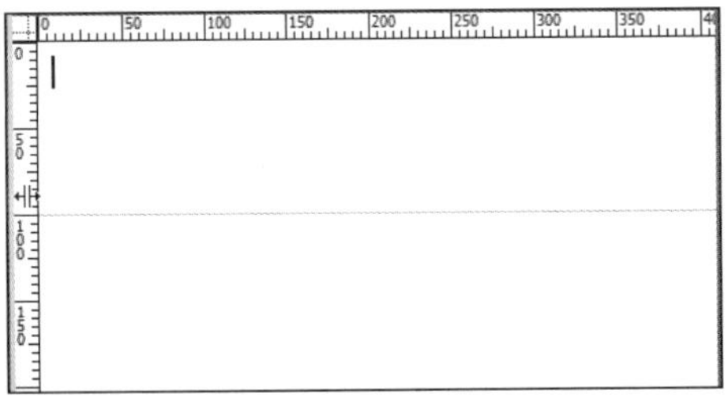

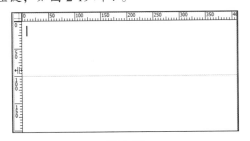

图 2-19

step 2 使用鼠标单击上方的标尺并向下拖曳，拖曳至目标位置后释放鼠标左键，如图 2-18 所示。

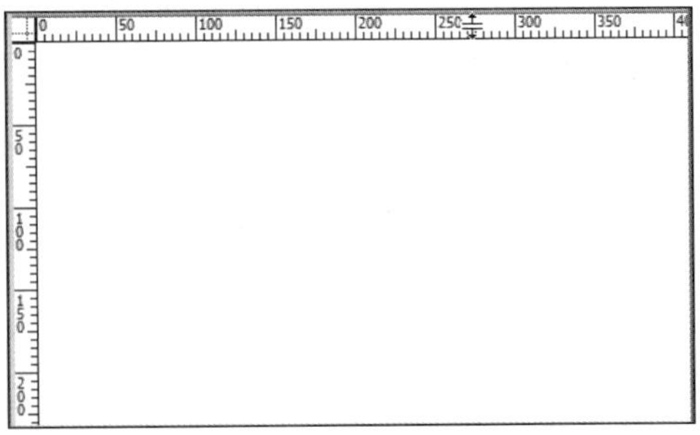

图 2-18

step 4 在编辑窗口中，可以看到已经添加的两条辅助线，通过以上方法，即可完成使用辅助线的操作，如图 2-20 所示。

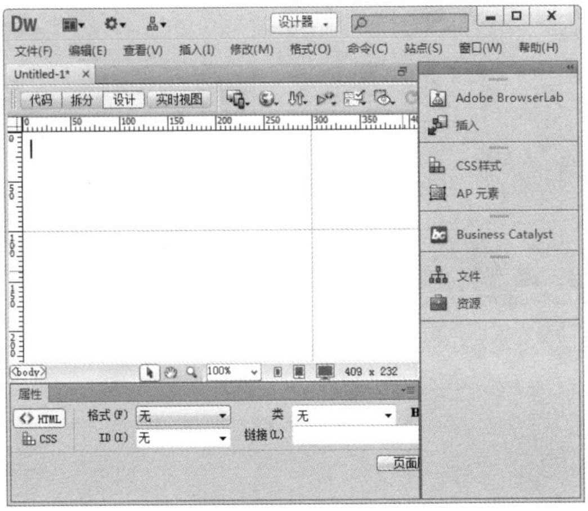

图 2-20

2.4.2 调整缩放比率

在 Dreamweaver CS6 中，用户可以根据实际需求对当前页面的比率进行缩放。下面以调整缩放比率 150%为例，详细介绍调整缩放比率的操作方法。

素材文件 无
效果文件 无

step 1 ① 启动 Dreamweaver CS6 软件，单击【查看】菜单，② 在弹出的下拉菜单中，选择【缩放比率】菜单项，③ 在弹出的子菜单中，选择【150%】子菜单项，如图 2-21 所示。

step 2 返回到工作界面，可以看到编辑窗口中以 150%的缩放比率显示，通过以上方法，即可完成调整缩放比率的操作，如图 2-22 所示。

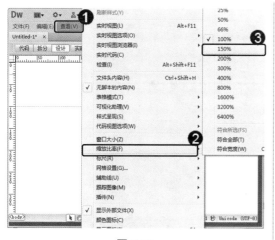

图 2-21

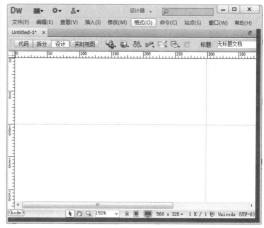

图 2-22

2.4.3　调整页面显示方向

在 Dreamweaver CS6 中，页面的显示方向有横向和纵向两种显示方式。下面以纵向为例，详细介绍调整页面显示方向的操作方法。

step 1　① 启动 Dreamweaver CS6 软件，单击【查看】菜单，② 在弹出的下拉菜单中，选择【窗口大小】菜单项，③ 在弹出的子菜单中，选择【方向纵向】子菜单项，如图 2-23 所示。

step 2　返回到工作界面，可以看到编辑窗口中页面以纵向的方式显示，通过以上方法，即可完成调整页面显示方向的操作，如图 2-24 所示。

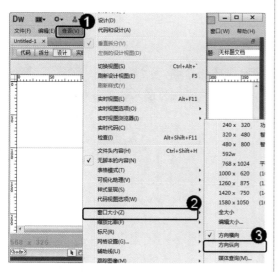

图 2-23

图 2-24

2.5 课后练习

2.5.1 思考与练习

一、填空题

1. 进入 Dreamweaver CS6 工作界面，其中包括【_____】、【菜单栏】、【工具栏】、【插入栏】、【_____】、【属性面板】和【浮动面板组】7 个部分。

2. 在【布局】插入栏中，包括【_____】表格和【_____】表格两个选项卡。

3. 在【_____】插入栏中，使用鼠标右击，这样即可自定义收藏夹对象。

二、判断题(正确画"√"，错误画"×")

1. 【属性】面板，主要用于查看和更改所选择的对象的各种属性，其中包含两个选项，即 HTML 选项和 CSS 选项，CSS 选项为默认格式。 （   ）

2. 在【常用】插入栏中，可以创建和插入最常用的对象，例如图像、表格和超链接等。 （   ）

三、思考题

1. 什么是面板组？
2. 如何使用标尺？

2.5.2 上机操作

1. 启动 Dreamweaver CS6 软件，进行清除辅助线的练习操作。
2. 启动 Dreamweaver CS6 软件，进行调整标尺的显示方式为厘米的练习操作。

第**3**章

创建与管理本地站点

本章介绍创建与管理本地站点方面的知识，同时还讲解了站点的规划与操作。

范 例 导 航

1. 创建本地站点
2. 管理站点
3. 站点的规划与操作

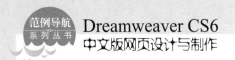

3.1 创建本地站点

在制作网页之前，首先要创建一个本地站点，本节将详细介绍创建本地站点的相关知识。

3.1.1 使用向导搭建站点

在 Dreamweaver CS6 中，用户可以通过向导来搭建站点，下面详细介绍使用向导搭建站点的操作方法。

素材文件※ 无
效果文件※ 第 3 章\效果文件\我的网站

 step 1　① 启动 Dreamweaver CS6 程序，单击【站点】菜单，② 在弹出的下拉菜单中，选择【新建站点】菜单项，如图 3-1 所示。

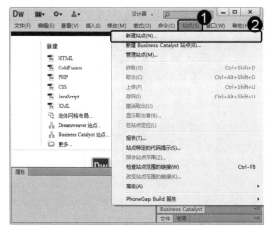

图 3-1

 step 3　在【文件】面板中，可以看到刚刚创建的站点，如图 3-3 所示。

图 3-3

step 2　① 弹出【站点设置对象】对话框，选择【站点】选项卡，② 在【站点名称】文本框中输入站点名称，③ 在【本地站点文件夹】文本框中设置站点保存路径，④ 单击【保存】按钮，如图 3-2 所示。

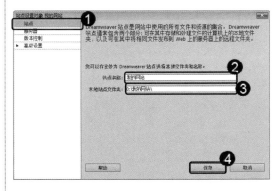

图 3-2

 step 4　通过以上方法，即可完成使用向导搭建站点的操作，如图 3-4 所示。

图 3-4

38

3.1.2 使用【高级】面板创建站点

在【站点设置对象】对话框中，选择【高级设置】选项卡可以不使用向导而直接创建站点信息，通过模式进行设置，可以让网页设计师在创建站点过程中发挥更强的主控性。将【高级设置】展开，可以看到【本地信息】、【遮盖】、【设计备注】、【文件视图列】、Contribute、【模板】、Spry 和【Web 字体】选项卡。下面分别详细介绍各选项卡中各个参数。

将【高级设置】展开后，首先出现的是【本地信息】界面，如图 3-5 所示。

图 3-5

在【本地信息】中，用户可以设置如下参数。

- 默认图像文件夹：在其中存储站点的图像的文件夹。输入文件夹的路径或单击文件夹图标浏览到该文件夹。将图像添加到文档时，Dreamweaver 将使用该文件夹路径。
- 站点范围媒体查询文件：用于指定站点内所有包括该文件的页面显示设置，站点范围媒体查询文件充当站点内所有媒体查询的中央存储库。
- 链接相对于：在站点中创建指向其他资源或页面的链接时，请指定 Dreamweaver 创建的链接类型。Dreamweaver 可以创建两种类型的链接：文档相对链接和站点根目录相对链接。
- Web URL：Dreamweaver 使用 Web URL 创建站点根目录相对链接，并在使用链接检查器时验证这些链接。
- 区分大小写的链接检查：在 Dreamweaver 检查链接时，将检查链接的大小写与文件名的大小写是否相匹配。此选项用于文件名区分大小写的 UNIX 系统。
- 启用缓存：指定是否创建本地缓存以提高链接和站点管理任务的速度。如果不选择此选项，Dreamweaver 在创建站点前将再次询问是否希望创建缓存。

在【高级设置】中，单击选择【遮盖】选项卡，即可进入【遮盖】界面，如图 3-6 所示。

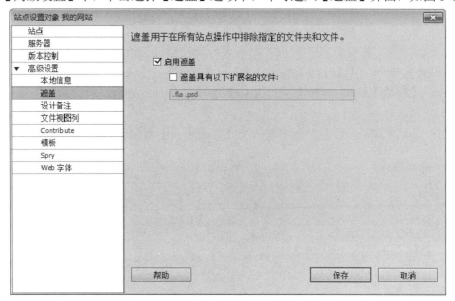

图 3-6

在【遮盖】中，用户可以设置如下参数。

- 【启用遮盖】复选框：可以激活 Dreamweaver 中的文件遮盖功能，默认情况下是选中状态；
- 【遮盖具有以下扩展名的文件】：选中该复选框，可以对特定的文件使用遮盖，输入的文件类型不一定是文件扩展名，可以是任何形式的文件名结尾。

在【高级设置】中，单击选择【设计备注】选项卡，即可进入【设计备注】界面，如图 3-7 所示。

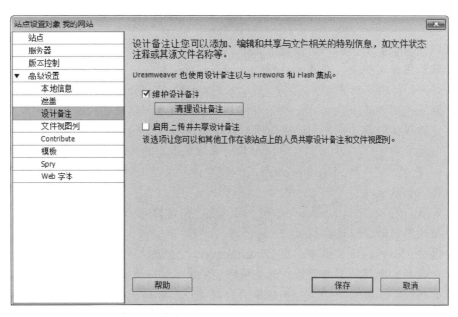

图 3-7

在【设计备注】中，用户可以设置如下参数。

- 【维护设计备注】：可以保存设计备注；
- 【清理设计备注】：可以删除过去保存的设计备注；
- 【启用上传并共享设计备注】：可以在上传或者取出文件的时候，将设计备注上传至【远程信息】中设置的远端服务器上。

在【高级设置】中，单击选择【文件视图列】选项卡，即可进入【文件视图列】界面，如图 3-8 所示。

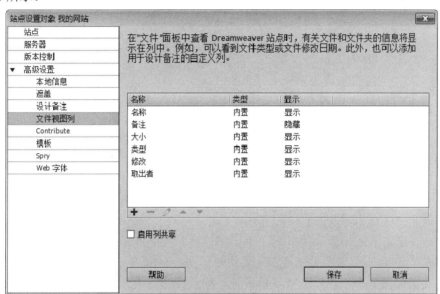

图 3-8

在【文件视图列】中，用户可以设置如下参数。

- 【名称】：显示或者隐藏文件的名称，设置名称的对齐方式；
- 【备注】：显示或者隐藏备注信息，设置备注的对齐方式；
- 【大小】：显示或者隐藏文件的大小状况，设置大小的对齐方式；
- 【类型】：显示或者隐藏文件的类型，设置类型的对齐方式；
- 【修改】：显示或者隐藏修改的内容，设置修改的对齐方式；
- 【取出者】显示或者隐藏取出者，设置取出者的对齐方式。

在【高级设置】中，单击选择 Contribute 选项卡，即可进入 Contribute 界面，选择【启用 Contribute 兼容性】复选框可以提高与 Contribute 用户的兼容性，如图 3-9 所示。

如果为 Contribute 用户准备现有的 Dreamweaver 站点，则需要先启用 Contribute 的兼容性功能才能使用 Contribute 相关的功能；Dreamweaver 不会提示执行此操作；但是，当连接到已设置为 Contribute 站点的某个站点时，Dreamweaver 会提示启用 Contribute 的兼容性功能。

并不是所有连接类型都支持 Contribute 的兼容性功能。连接类型有下列限制。

- 如果远程站点连接使用 WebDAV，则不能启用 Contribute 的兼容性功能，因为这些源文件控制系统与 Dreamweaver 用于 Contribute 站点的"设计备注"和"存回/取出"系统不兼容。

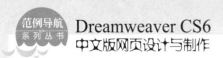

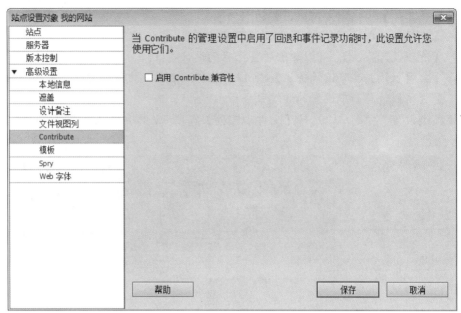

图 3-9

- 如果使用 RDS 连接到远程站点,则可以启用 Contribute 的兼容性功能,但必须自定义该连接才可以与 Contribute 用户共享它。

- 如果使用本地计算机作为 Web 服务器,则必须使用到该计算机的 FTP 或网络连接来设置站点(而不是仅使用本地文件夹路径),才能与 Contribute 用户共享连接。

在【高级设置】中,单击选择【模板】选项卡,即可进入【模板】界面,启用【不改写文档相对路径】复选框可以在更新站点中的模板时,不改变写入文档的相对路径,如图 3-10 所示。

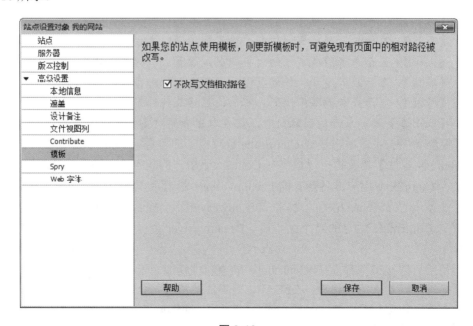

图 3-10

在【高级设置】中，单击选择 Spry 选项卡，即可进入 Spry 界面，在【资源文件夹】区域中，用户可以设置 Spry 资源文件夹的位置，如图 3-11 所示。

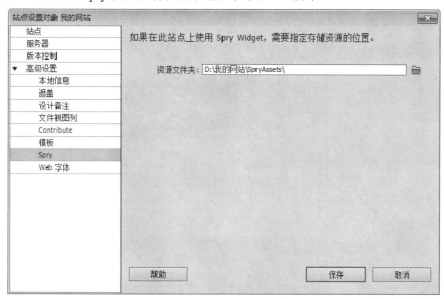

图 3-11

在【高级设置】中，单击选择【Web 字体】选项卡，即可进入【Web 字体】界面，在【Web 字体文件夹】区域中，用户可以设置 Web 字体文件的位置，如图 3-12 所示。

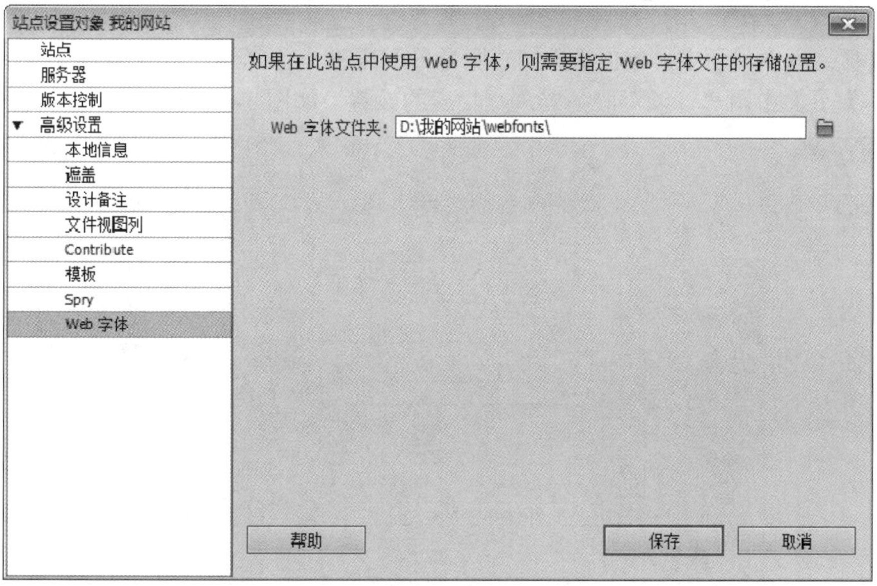

图 3-12

3.1.3 设置服务器

在【站点设置对象】对话框中，选择【服务器】选项卡，即可进入【服务器】界面，

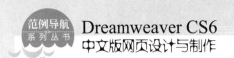

设置服务器是在当前位置选择承载 Web 上的页面的服务器。如果要连接到 Web 并发布网页，只需定义一个远程的服务器即可，设置服务器界面如图 3-13 所示。

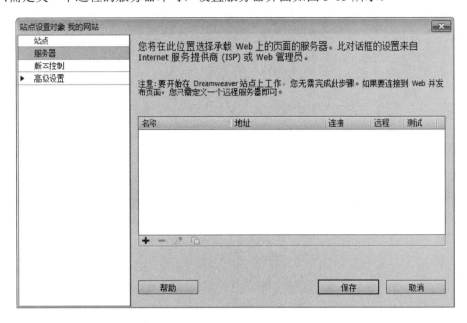

图 3-13

3.1.4 服务器基本选项

在【服务器】界面中，单击【添加新服务器】按钮 ，即可进入服务器【基本】界面。在【基本】界面中用户可以对服务器进行相应的设置，如图 3-14 所示。

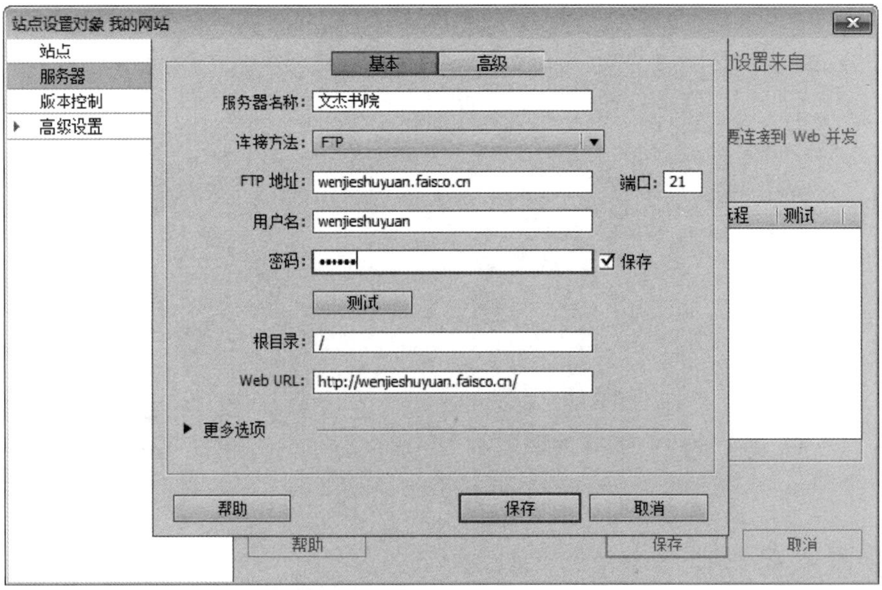

图 3-14

在【基本】界面中，用户可以设置如下参数。

■ 【服务器名称】：指定新服务器的名称。该名称可以是所选择的任何名称。

■ 【连接方法】：指定服务器的连接方法。

■ 【FTP 地址】：输入要将网站文件上传到其中的 FTP 服务器的地址。

■ 【用户名】：输入连接 FTP 服务器的账号。

■ 【密码】：输入连接 FTP 服务器的密码。

■ 【测试按钮】：测试 FTP 地址、用户名和密码的正确性。

■ 【根目录】：输入远程服务器上用于存储公开显示的文档的目录(文件夹)。

■ Web URL：输入 Web 站点的 URL。

3.1.5　服务器高级选项

单击【高级】按钮即可进入【高级】界面。在【高级】界面中用户可以对服务器进行相应的设置，如图 3-15 所示。

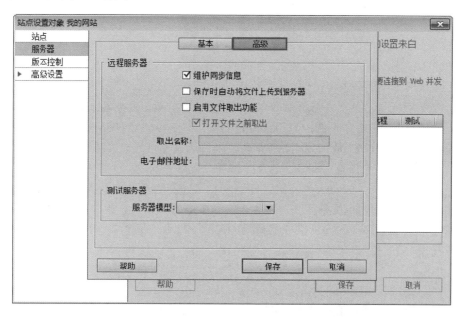

图 3-15

在【高级】界面中，用户可以设置如下参数。

■ 【维护同步信息】：自动同步本地和远程文件。

■ 【保存时自动将文件上传到服务器】：保存文件时 Dreamweaver 将文件上传到远程站点。

■ 【启用文件取出功能】：激活"存回/取出"系统。

■ 【服务器模型】：选择一种服务器模型测试服务器。

3.1.6　版本控制选项

在【站点设置对象】对话框中，选择【版本控制】选项卡，即可进入【版本控制】界面，设置服务器界面如图 3-16 所示。

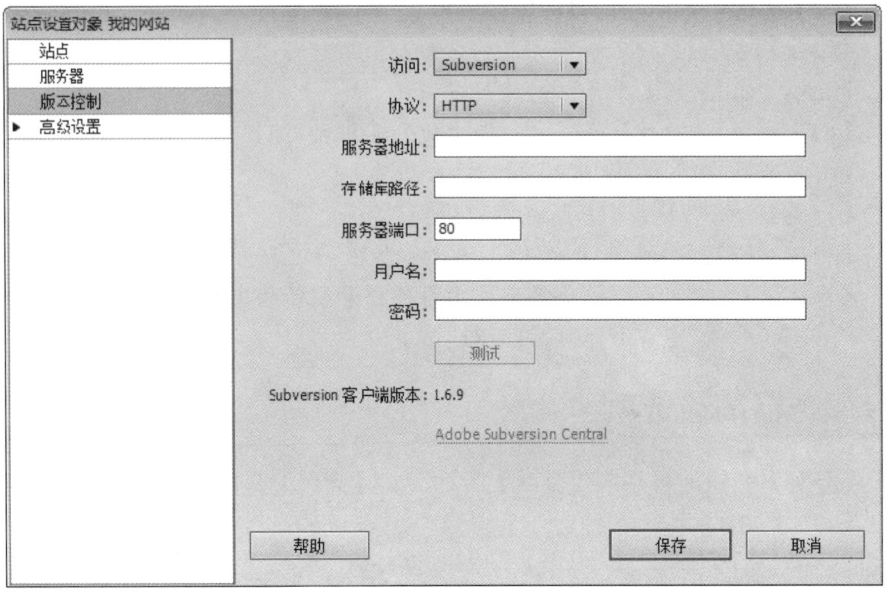

图 3-16

在【版本控制】界面中，用户可以设置如下参数。

■ 【访问】：Dreamweaver 会配置站点以进行 WebDAV 访问，Subversion 是一种版本控制系统，它使用户能够协作编辑和管理远程 Web 服务器上的文件。

■ 【协议】：可选协议包括 HTTP、HTTPS、SVN 和 SVN+SSH。

■ 【服务器地址】：输入 SVN 服务器的地址。通常形式为：服务器名称.域.com。

■ 【存储库路径】：输入 SVN 服务器上存储库的路径。通常类似于：/svn/your_root_directory，SVN 存储库根文件夹的命名由服务器管理员确定。

■ 【服务器端口】：服务器端口不同于默认服务器端口，需要在文本框中输入端口号。

■ 【用户名】：输入 SVN 服务器的用户名。

■ 【密码】：输入 SVN 服务器的密码。

3.2 管理站点

在 Dreamweaver CS6 中，用户可以对本地站点进行管理，如打开、编辑、删除和复制站点等操作。本节将重点介绍管理站点方面的知识。

3.2.1 认识【管理站点】对话框

启动 Dreamweaver CS6 程序，单击【站点】菜单，在弹出的下拉菜单中，选择【管理站点】菜单项，即可弹出【管理站点】对话框，如图 3-17 所示。在该对话框中，用户可以对建立的站点进行管理。

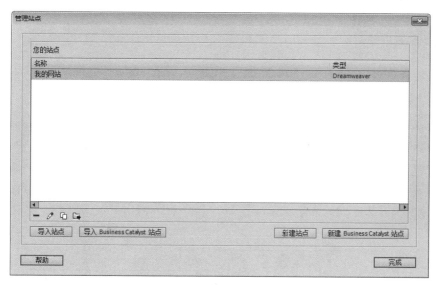

图 3-17

在【管理站点】对话框中，用户可以设置如下参数。

■ 【新建站点】：用来创建新的 Dreamweaver 站点。

■ 【导入站点】：用来导入站点。

■ 【新建 Business Catalyst 站点】：用来创建新的 Business Catalyst 站点。

■ 【导入 Business Catalyst 站点】：用来导入现有的 Business Catalyst 站点。

■ 【删除】按钮 ━：从 Dreamweaver 站点列表中删除选定的站点及其所有设置信息；这并不会删除实际站点文件。

■ 【编辑】按钮 🖉：编辑用户名、口令等信息以及现有 Dreamweaver 站点的服务器信息。在站点列表中选择现有站点，然后单击【编辑】按钮 🖉 以编辑现有站点。

■ 【复制】按钮 🗇：复制当前选定的站点。

■ 【导出】按钮 🖼：导出当前选定的站点。

3.2.2 打开站点

启动 Dreamweaver CS6 后，可以在【文件】面板中，单击左边的下拉列表，在弹出的下拉列表中，选择准备打开的站点，单击即可打开相应的站点，如图 3-18 所示。

选择打开的站点

图 3-18

3.2.3 编辑站点

在 Dreamweaver CS6 中创建站点以后，用户可以对站点进行编辑。下面介绍编辑站点的操作方法。

素材文件 💿 无
效果文件 💿 第 3 章\效果文件\我的网站

step 1 ① 启动 Dreamweaver CS6 程序，单击【站点】菜单，② 在弹出的下拉菜单中，选择【管理站点】菜单项，如图 3-19 所示。

图 3-19

step 3 ① 弹出【站点设置对象】对话框，展开【高级设置】选项卡，并进行相应的设置，② 单击【保存】按钮，如图 3-21 所示。

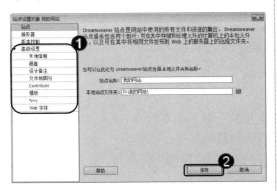

图 3-21

step 2 ① 弹出【管理站点】对话框，选择准备编辑的站点名称，② 单击【编辑】按钮，如图 3-20 所示。

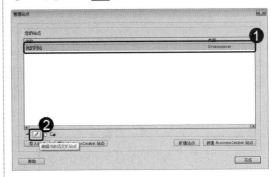

图 3-20

step 4 返回至【管理站点】对话框，单击【完成】按钮，如图 3-22 所示。

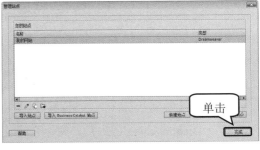

单击

图 3-22

3.2.4 复制站点

在 Dreamweaver CS6 中，当用户准备创建多个结构相同或类似的站点时，用户可以进行复制站点的操作。下面详细介绍复制站点的操作方法。

素材文件 💿 无
效果文件 💿 第 3 章\效果文件\我的网站

① 在【管理站点】对话框中，选择准备复制的站点名称，② 单击【复制】按钮 选择的站点已经成功复制，如图 3-24 所示。
【复制】按钮，如图 3-23 所示。

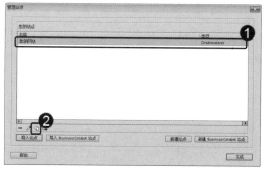

图 3-23

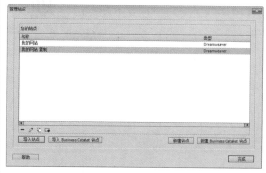

图 3-24

3.2.5 删除站点

如果用户对某个站点不满意，可以进行删除站点的操作。下面详细介绍删除站点的操作方法。

 素材文件 ❀ 无
效果文件 ❀ 第 3 章\效果文件\我的网站

 ① 在【管理站点】对话框中，选择准备删除的站点名称，② 单击【删除】按钮 ⊟，如图 3-25 所示。

 弹出 Dreamweaver 对话框，单击【是】按钮，如图 3-26 所示。

图 3-26

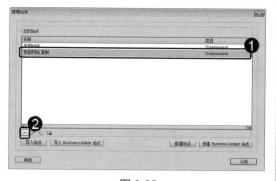

图 3-25

 返回到【管理站点】对话框，可以看到，已经将选择的站点删除，如图 3-27 所示。

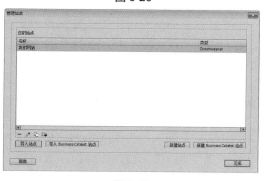

图 3-27

3.3 站点的规划与操作

在创建网站之前，往往需要对整个网站的结果进行规划，如果需要制作大型网站，其分类繁多，则更需要做好前期规划。本节将详细介绍站点的规划与操作方面的知识。

3.3.1 站点规划

站点规划是为了使网站的结构更清晰，方便访问者的浏览。下面介绍站点规划时需要注意的几点。

1. 划分站点目录

将站点划分为多个目录，并将相关或者具有相同属性的文件放置在一个目录内。如"公司简介""商品展示""招聘人才"或"联系方式"等，均可放置在一个目录内。当真正涉及网站具体内容的时候，再放置在各自的文件夹中。

2. 不同种类的文件放在不同的文件夹中

随着网络的日趋发达，多媒体网站已经司空见惯了，除了具有标准的 HTML 文件以外，在网站中还会出现 Flash 文件、MP3 文件等。对于这些不同种类的文件，可以选择将其放置在不同的文件夹中。最常见的是将所有图片文件放置在一个文件夹内，并取名为 image。而国外的大量网站在管理过程中，经常把非 HTML 文件放在一个称为 Assets 的二级目录下，或者在每个分类下再建立 Assets 目录。

3. 本地站点和远程服务器站点使用统一的目录结构

本地站点必须和远程服务器站点使用统一的目录结构，这是因为只有做到统一才会使本地制作的站点原封不动地上传至服务器。如果使用的是 Dreamweaver 自身的上传功能，则 Dreamweaver 会自动将这一切做好。

3.3.2 在站点中新建文件夹

刚刚建立的站点内部是空的，用户可以通过添加文件或者文件夹增加站点内的内容。下面详细介绍新建文件夹的操作方法。

素材文件 ※ 无
效果文件 ※ 第 3 章\效果文件\我的网站

step 1 ① 在【文件】面板中，使用鼠标右击站点的根目录，② 在弹出的快捷菜单中，选择【新建文件夹】菜单项，如图 3-28 所示。

step 2 系统会自动在根目录下新建一个文件夹，此时文件夹名称为可编辑状态，修改文件夹名称并按 Enter 键，即可完成在站点中新建文件夹的操作，如图 3-29 所示。

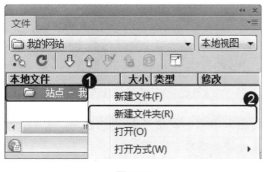

图 3-28

图 3-29

3.3.3 在站点中新建网页文件

在很多情况下文件夹代表网站的子栏目，而每个子栏目都需要有自己对应的网页文件。下面详细介绍在站点中新建网页文件的操作方法。

素材文件❀无

效果文件❀第 3 章\效果文件\我的网站

step 1 ① 在【文件】面板中，使用鼠标右击站点的根目录，② 在弹出的快捷菜单中，选择【新建文件】菜单项，如图 3-30 所示。

step 2 系统会自动新建一个网页文件，此时文件名称为可编辑状态，修改文件名称为 index.html，并按 Enter 键，即可完成在站点中新建网页文件的操作，如图 3-31 所示。

图 3-30

图 3-31

3.3.4 使用【新建文档】对话框新建文件

在 Dreamweaver CS6 中，还可以通过【新建文档】对话框新建文件。下面详细介绍使用【新建文档】对话框新建文件的操作方法。

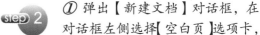

素材文件 ✳ 无
效果文件 ✳ 第 3 章\效果文件\我的网站

 step 1　① 在 Dreamweaver CS6 界面中，单击【文件】菜单，② 在弹出的下拉菜单中，选择【新建】菜单项，如图 3-32 所示。

step 2　① 弹出【新建文档】对话框，在对话框左侧选择【空白页】选项卡，② 在【页面类型】列表框中，选择准备使用的文件类型，如 HTML，③ 单击【创建】按钮，即可完成使用【新建文档】对话框新建文件的操作，如图 3-33 所示。

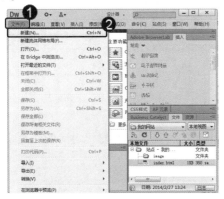

图 3-32

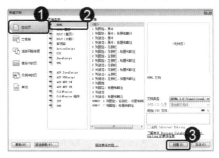

图 3-33

3.3.5 移动和复制文件或文件夹

在编辑网站的时候，可以根据实际工作需要将文件或者文件夹移动或者复制到其他位置，下面分别予以详细介绍。

1. 移动文件或文件夹

移动文件或者文件夹是指，将选中的文件或者文件夹移动到目标位置后，原文件或文件夹不做保留。下面详细介绍移动文件或文件夹的操作方法。

素材文件 ✳ 无
效果文件 ✳ 第 3 章\效果文件\我的网站

 step 1　① 在【文件】面板中，右击准备移动的文件，② 在弹出的快捷菜单中，选择【编辑】菜单项，③ 在弹出的子菜单中，选择【剪切】子菜单项，如图 3-34 所示。

 step 2　① 右击准备移动到的目标位置，② 在弹出的快捷菜单中，选择【编辑】菜单项，③ 在弹出的子菜单中，选择【粘贴】子菜单项，如图 3-35 所示。

图 3-34

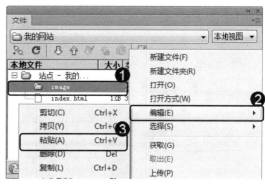

图 3-35

 step 3 弹出【更新文件】对话框，单击【更新】按钮，如图 3-36 所示。

 step 4 通过以上方法，即可完成移动文件的操作，如图 3-37 所示。

图 3-36

图 3-37

 用户也可以使用快捷键来移动文件或文件夹，单击选中准备移动的文件或者文件夹，按 Ctrl+X 组合键，然后选择移动到的目标位置，然后按 Ctrl+V 组合键，同样可以完成移动文件或文件夹的操作。

2. 复制文件或文件夹

复制文件或文件夹是指，将选中的文件或文件夹移动到目标位置后，原文件或文件夹仍做保留。下面详细介绍移动文件或文件夹的操作方法。

素材文件 无
效果文件 第 3 章\效果文件\我的网站

 step 1 ① 在【文件】面板中，右击准备复制的文件，② 在弹出的快捷菜单中，选择【编辑】菜单项，③ 在弹出的子菜单中，选择【拷贝】子菜单项，如图 3-38 所示。

 step 2 ① 右击准备复制到的目标位置，② 在弹出的快捷菜单中，选择【编辑】菜单项，③ 在弹出的子菜单中，选择【粘贴】子菜单项，如图 3-39 所示。

图 3-38

图 3-39

step 3 通过以上方法，即可完成复制文件的操作，如图 3-40 所示。

图 3-40

 请您根据上述方法移动或者复制其他文件或文件夹，测试一下您的学习效果。

用户也可以使用快捷键来复制文件或文件夹，单击选中准备复制的文件或文件夹，按 Ctrl+C 组合键，然后选择复制到的目标位置，然后按 Ctrl+V 组合键，同样可以完成复制文件或文件夹的操作。

3.3.6 重命名文件或文件夹

在创建好文件或文件夹之后，用户可以对文件或文件夹进行重命名，以满足工作中的需要。下面详细介绍重命名文件或文件夹的操作方法。

素材文件❀ 无
效果文件❀ 第 3 章\效果文件\我的网站

step 1 ① 在【文件】面板中，右击准备重命名的文件，② 在弹出的快捷菜单中，选择【编辑】菜单项，③ 在弹出的子菜单中，选择【重命名】子菜单项，如图 3-41 所示。

step 2 选中的文件名称变为可编辑状态，重新输入准备使用的文件名称，并按 Enter 键，通过以上方法，即可完成重命名文件的操作，如图 3-42 所示。

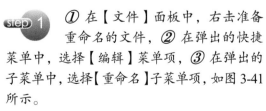

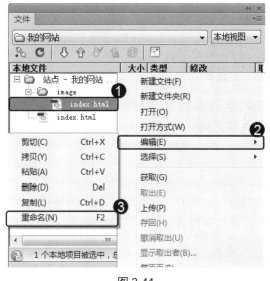

图 3-41

图 3-42

3.3.7　删除文件或文件夹

如果准备不再使用某个文件或文件夹，可以选择将其删除。下面详细介绍删除文件或文件夹的操作方法。

素材文件❋　无
效果文件❋　第 3 章\效果文件\我的网站

① 在【文件】面板中，右击准备删除的文件，② 在弹出的快捷菜单中，选择【编辑】菜单项，③ 在弹出的子菜单中，选择【删除】子菜单项，如图 3-43 所示。

通过以上方法，即可完成删除文件的操作，如图 3-44 所示。

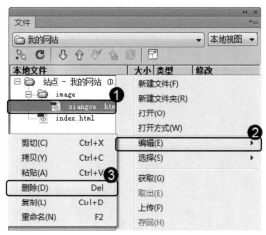

图 3-43

图 3-44

3.4 范例应用与上机操作

通过本章的学习，读者基本可以掌握创建与管理本地站点的基础知识，下面通过一些实例，达到巩固与提高的目的。

3.4.1 在站点中新建音乐文件夹

在创建网站的过程中，经常会遇到使用音乐的情况，用户可以将音乐统一放置在一个文件夹中，以方便查找。下面详细介绍在站点中新建音乐文件的操作方法。

素材文件 第3章\素材文件\影音赏析
效果文件 第3章\效果文件\影音赏析

 ① 在【文件】面板中，右击站点的根目录，② 在弹出的快捷菜单中，选择【新建文件夹】菜单项，如图 3-45 所示。

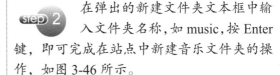 在弹出的新建文件夹文本框中输入文件夹名称，如 music，按 Enter 键，即可完成在站点中新建音乐文件夹的操作，如图 3-46 所示。

图 3-45

图 3-46

3.4.2 在站点中新建视频网页文件

在创建影音类网站的时候，用户可以在站点中创建一个视频网页并命名，以方便规划。下面详细介绍在站点中新建视频网页文件的操作方法。

素材文件 第3章\素材文件\影音赏析
效果文件 第3章\效果文件\影音赏析

step 1 ① 在【文件】面板中，右击站点的根目录，② 在弹出的快捷菜单中，选择【新建文件】菜单项，如图 3-47 所示。

step 2 在弹出的新建文件文本框中输入文件名称，如 vod.html，按 Enter 键，即可完成在站点中新建视频网页文件的操作，如图 3-48 所示。

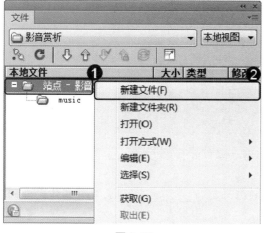

图 3-47

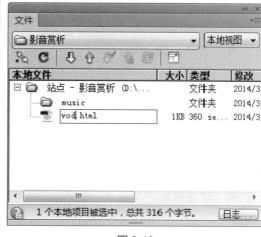

图 3-48

3.4.3 使用站点地图

站点地图是以树形结构图方式显示站点中文件的链接关系，在站点地图中可以添加、修改、删除文件间的链接关系。下面介绍使用站点地图的操作方法。

素材文件 ❀ 第 3 章\素材文件\影音赏析
效果文件 ❀ 第 3 章\效果文件\影音赏析

step 1 在【文件】面板中，单击【展开以显示本地和远端站点】按钮，如图 3-49 所示。

step 2 展开【文件】面板后，在窗口左侧显示站点地图，右侧以列表形式显示站点中的文件，通过以上方法即可完成使用站点地图的操作，如图 3-50 所示。

图 3-49

图 3-50

3.5　课后练习

3.5.1　思考与练习

一、填空题

1. 在 Dreamweaver CS6 中，用户可以对本地站点进行管理，如＿＿＿＿、编辑、＿＿＿＿和复制站点等操作。

2. 在创建网站之前，往往需要对整个网站的结果进行＿＿＿＿，如果需要制作大型网站，其分类繁多，则更需要做好＿＿＿＿。

二、判断题(正确画"√"，错误画"×")

1. 在很多情况下文件夹代表网站的子栏目，而每个子栏目都需要有对应的网页文件。(　　)
2. 在创建好文件或者文件夹之后，用户不可以对文件或文件夹进行重命名。　(　　)

三、思考题

1. 如何打开【管理站点】对话框？
2. 站点规划包括哪些内容？

3.5.2　上机操作

1. 启动 Dreamweaver CS6 软件，在【文件】面板中，使用鼠标右击站点的根目录，在弹出的快捷菜单中，选择【新建文件夹】菜单项，完成新建文件夹的操作。效果文件可参考"配套素材\第 3 章\效果文件\图赏"。

2. 启动 Dreamweaver CS6 软件，在【文件】面板中，使用鼠标右击站点的根目录，在弹出的快捷菜单中，选择【新建文件】菜单项，完成建立名为"tushang.html"的网页文件的操作。效果文件可参考"配套素材\第 3 章\效果文件\图赏"。

范例导航
系列丛书

第4章

创建结构清晰的文本网页

本章介绍文本与文档方面的知识，同时还讲解如何插入特殊文本对象、项目符号和编号列表和页面的头部内容。

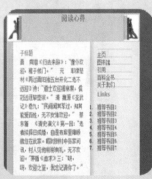

范例导航

1. 文本与文档
2. 插入特殊文本对象
3. 项目符号和编号列表
4. 插入页面的头部内容

4.1 文本与文档

文本是网页的基本元素，所以掌握文本的基本操作，对用户起着至关重要的作用，本节将重点介绍文本与文档操作方面的知识。

4.1.1 输入文本

在网页中创建文本，不仅可以在网页中传递网站制作者的思想，同时还有存储信息量大、输入修改方便、生成方便等特点。下面详细介绍输入文本的操作方法。

 素材文件🌸 第4章\素材文件\个人介绍
效果文件🌸 第4章\效果文件\个人介绍

step 1 ① 打开素材文件，将光标定位在准备输入文本的位置，② 在弹出的快捷菜单中，选择【新建文件】菜单项，如图4-1所示。

step 2 在光标定位处输入准备输入的文本，通过以上方法，即可完成输入文本的操作，如图4-2所示。

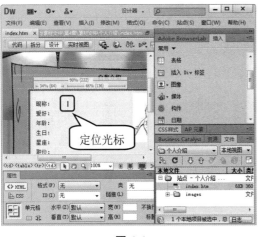

图 4-1

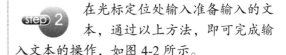

图 4-2

4.1.2 设置文本属性

在输入文本完成后，即可对文本进行属性设置，包括设置字体、字号、字体颜色、对齐方式、文本样式、段落文本和插入换行符等，下面分别予以详细介绍。

1. 设置字体

在输入文本完成之后，即可对输入的文本进行字体设置，下面详细介绍设置字体的操

作方法。

素材文件※ 第 4 章\素材文件\个人介绍

效果文件※ 第 4 章\效果文件\个人介绍

 ①将准备设置字体的文本选中，②在
【属性】面板中，单击【字体】下
拉按钮 ，③在弹出的下拉列表中，选择【编
辑字体列表】列表项，如图 4-3 所示。

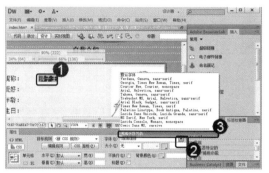

图 4-3

 ①返回到主界面，单击【字体】下
拉按钮 ，②在弹出的下拉列表
中，选择刚刚添加的字体列表项，如图 4-5
所示。

图 4-5

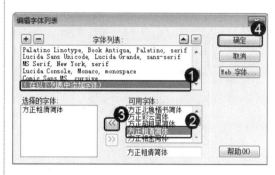 ①弹出【编辑字体列表】对话框，
在【字体列表】框中，选择【在
以下列表中添加字体】选项，②在【可用字
体】列表框中，选择准备应用的字体，③单
击【导入】按钮 ，④单击【确定】按钮，
如图 4-4 所示。

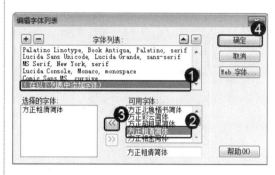

图 4-4

 可以看到，选中的字体已经发生
改变，通过以上方法，即可完成
设置字体的操作，如图 4-6 所示。

图 4-6

2. 设置字号

在设置字体完成后，用户可以对字号进行设置，以达到美观网页的目的。下面详细介
绍设置字号的操作方法。

素材文件※ 第 4 章\素材文件\个人介绍

效果文件※ 第 4 章\效果文件\个人介绍

第 4 章 创建结构清晰的文本网页

step 1 ① 将准备设置字号的文本选中，② 在【属性】面板中，单击【大小】下拉按钮，③ 在弹出的下拉列表中，选择准备使用的字号列表项，如图 4-7 所示。

step 2 可以看到，选中的文本字号已经发生改变，通过以上方法，即可完成设置字号的操作，如图 4-8 所示。

图 4-7

图 4-8

 3. 设置字体颜色

在设置字体的同时，用户还可以对字体的颜色进行设置。下面详细介绍设置字体颜色的操作方法。

素材文件 第 4 章\素材文件\个人介绍
效果文件 第 4 章\效果文件\个人介绍

step 1 ① 将准备设置字体颜色的文本选中，② 在【属性】面板中，单击【文本颜色】按钮，③ 在弹出的【调色板】中，选择准备应用的字体颜色，如图 4-9 所示。

step 2 可以看到，选中文本的字体颜色已经发生改变，通过以上方法，即可完成设置字体颜色的操作，如图 4-10 所示。

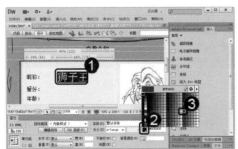

图 4-9

图 4-10

4. 设置对齐方式

文本的对齐方式分为水平和垂直两种。下面以设置水平右对齐为例，详细介绍对文本的对齐方式。

素材文件❀ 第4章\素材文件\个人介绍

效果文件❀ 第4章\效果文件\个人介绍

step 1 ①将准备设置对齐方式的文本选中，②在【属性】面板中，单击【水平】下拉按钮，③在弹出的下拉列表中，选择【右对齐】列表项，如图4-11所示。

step 2 可以看到，选中文本的对齐方式已经发生改变，通过以上方法，即可完成设置文本对齐方式的操作，如图4-12所示。

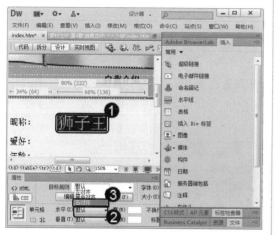

图 4-11

图 4-12

知识精讲

文本的对齐方式分为水平对齐方式和垂直对齐方式两种。其中，水平对齐方式包括水平左对齐、水平居中对齐和水平右对齐3种；垂直对齐方式包括垂直顶端、垂直居中、垂直底部和垂直基线4种。用户可以根据实际工作需要选择相应的对齐方式。如果用户不希望改变文本的对齐方式，或者选择的对齐方式不美观，可以选择水平对齐方式或者垂直对齐方式中的"默认"，这样即可恢复文本对齐方式的初始状态。

5. 设置文本样式

常见的文本样式包括粗体和斜体，用户可以根据实际的工作需要选择相应的文本样式，下面以设置斜体为例，详细介绍设置文本样式的操作方法。

素材文件❀ 第4章\素材文件\个人介绍

效果文件❀ 第4章\效果文件\个人介绍

step 1　① 将准备设置样式的文本选中，② 在【属性】面板中，单击【斜体】按钮 I，如图4-13所示。

step 2　可以看到，选中文本的文本样式已经发生改变，通过以上方法，即可完成设置文本样式的操作，如图4-14所示。

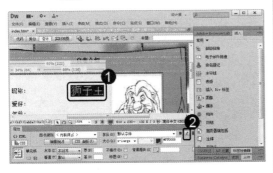

图 4-13

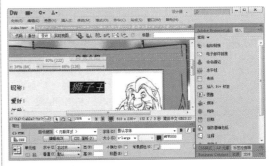

图 4-14

6. 设置段落文本

在 HTML 中，段落共定义 6 级标题，从 1 级到 6 级每级标题的字体依次递减，在【属性】面板中，单击【格式】下拉按钮，即可在弹出的下拉列表中选择相应的段落标题，如图 4-15 所示。

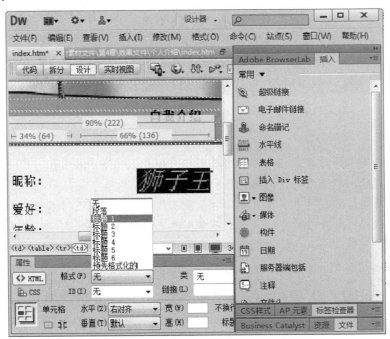

图 4-15

在【格式】列表框中，用户可以设置如下参数。

- 【段落】：选择该项，则将插入点所在的文字块定义为普通段落，其两端分别被添加 `<p>`+`</p>` 标记。

- 【预先格式化的】：选择该项，则将插入点所在的段落设置为格式化文本。其两端分别被<pre>和</pre>标记。这时候在文字中间的所有空格和回车等格式全部被保留。

- **【无】**：选择该项，则取消对段落的指定。

7. 设置插入换行符

换行符的作用是开始新的一行，在 HTML 中换行符的符号为
。下面详细介绍插入换行符的操作方法。

素材文件※第4章\素材文件\个人介绍

效果文件※第4章\效果文件\个人介绍

step 1 ① 将光标定位在准备插入换行符的位置，② 单击【插入】菜单，③ 在弹出的菜单中，选择 HTML 菜单项，④ 在弹出的子菜单中，选择【特殊字符】子菜单项，⑤ 在弹出的子菜单中，选择【换行符】子菜单项，如图4-16所示。

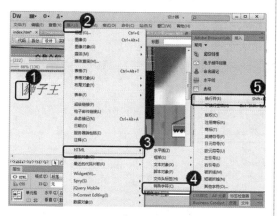

图 4-16

step 2 可以看到已经插入换行符，文本的位置发生改变，通过以上方法，即可完成插入换行符的操作，如图4-17所示。

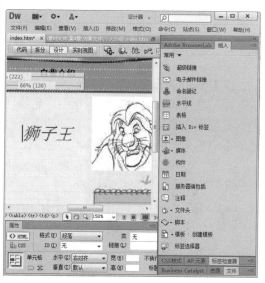

图 4-17

4.1.3 允许输入连续的空格

在通常情况下，Dreamweaver CS6 中是不允许输入连续空格的，通过设置可以改变这一限制。下面详细介绍如何允许输入连续的空格。

素材文件※第4章\素材文件\个人介绍

效果文件※第4章\效果文件\个人介绍

step 1 ① 打开素材文件，选择【编辑】菜单，② 在弹出的菜单中，选择

step 2 ① 弹出【首选参数】对话框，在【分类】列表框中，选择【常规】

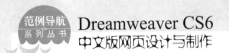

【首选参数】菜单项，如图 4-18 所示。

列表项，② 在【编辑选项】区域中，启用【允许多个连续的空格】复选框，③ 单击【确定】按钮，这样即可完成允许输入连续的空格的操作，如图 4-19 所示。

图 4-18

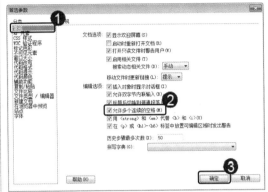

图 4-19

4.1.4　设置是否显示不可见元素

在 Dreamweaver CS6 中，还可以设置是否显示不可见元素参数，这样可以方便用户编辑网页。在【首选参数】对话框中，选择【不可见元素】列表项，在【不可见元素】区域中，根据需要启用或取消启用右侧的多个复选框，单击【确定】按钮，即可完成设置是否显示不可见元素的操作，如图 4-20 所示。

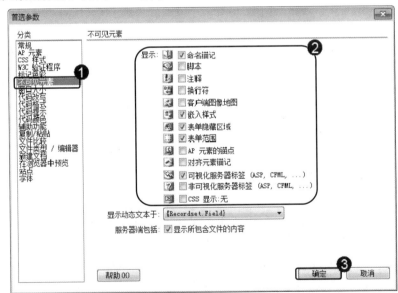

图 4-20

4.1.5 设置页边距

在 Dreamweaver CS6 中，用户还可以对当前页面的页边距进行设置，以达到满意的效果。下面详细介绍设置页边距的操作方法。

素材文件 ❀ 第 4 章\素材文件\个人介绍
效果文件 ❀ 第 4 章\效果文件\个人介绍

step 1 打开素材文件，在【属性】面板中，单击【页面属性】按钮，如图 4-21 所示。

图 4-21

step 3 通过以上方法，即可完成设置页边距的操作，如图 4-23 所示。

图 4-23

step 2 ① 弹出【页面属性】对话框，在【分类】列表框中，选择【外观（CSS）】列表项，② 分别在【左边距】、【右边距】、【上边距】和【下边距】文本框中输入相应的数值，③ 单击【确定】按钮，如图 4-22 所示。

图 4-22

考考您

请您根据上述方法重新设置页边距，测试一下您的学习效果。

知识精讲

在设置页边距的时候，用户还可以对页边距的单位进行设置，其中 px 代表像素、pt 代表点（Points）（1 点=1/72 英寸）、in 代表英寸（1 英寸=2.54 厘米）、cm 代表厘米、mm 代表毫米、pc 代表皮卡（Picas）（1 皮卡=12 点）、em 代表字母 x 的高度和%代表百分比。

4.1.6 设置网页的标题

网页标题是对一个网页的高度概括。一般来说，网站首页的标题就是网站的正式名称。下面详细介绍设置网页标题的操作方法。

素材文件 ❀ 第 4 章\素材文件\个人介绍
效果文件 ❀ 第 4 章\效果文件\个人介绍

step 1　打开素材文件，在【属性】面板中，单击【页面属性】按钮，如图 4-24 所示。

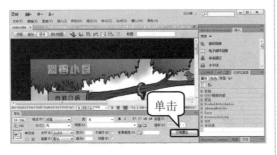

图 4-24

step 3　① 返回到主界面，单击【文件】菜单，② 在弹出的菜单中，选择【在浏览器中预览】菜单项，③ 在弹出的子菜单中，选择 IExplore 子菜单项，如图 4-26 所示。

考考您

请您根据上述方法重新设置网页标题，测试一下您的学习效果。

图 4-26

step 2　① 弹出【页面属性】对话框，在【分类】列表框中，选择【标题/编码】列表项，② 在【标题】文本框中输入准备使用的标题，③ 单击【确定】按钮，如图 4-25 所示。

图 4-25

step 4　弹出 Dreamweaver 对话框，单击【是】按钮，如图 4-27 所示。

图 4-27

step 5　系统会自动在 IE 浏览器中浏览设置的网页，并显示刚刚设置的标题，通过以上方法，即可完成设置网页标题的操作，如图 4-28 所示。

图 4-28

4.1.7　设置网页的默认格式

在 Dreamweaver CS6 中，用户可以对网页的默认格式进行设置，以方便以后的输出。下面详细介绍设置网页默认格式的操作方法。

素材文件❀ 第4章\素材文件\个人介绍

效果文件❀ 第4章\效果文件\个人介绍

step 1 ① 打开素材文件，选择【编辑】菜单，② 在弹出的菜单中，选择【首选参数】菜单项，如图4-29所示。

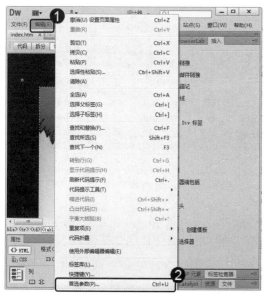

图 4-29

step 2 ① 弹出【首选参数】对话框，在【分类】列表框中，选择【新建文档】列表项，② 在【默认文档】下拉列表框中，选择准备使用的文档类型，③ 在【默认扩展名】文本框中，输入准备使用的文件扩展名，④ 单击【确定】按钮，即可完成设置网页默认格式的操作，如图4-30所示。

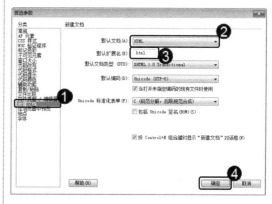

图 4-30

4.2 插入特殊文本对象

在 Dreamweaver CS6 中，用户可以根据实际工作需求插入特殊文本对象，常见的特殊文本对象包括特殊字符、水平线、注释以及日期等。本节将详细介绍插入特殊文本对象的相关知识。

4.2.1 插入特殊字符

特殊字符包括版权、注册商标、商标、英镑符号、日元符号、欧元符号、左引号、右引号、破折线和短破折线等。下面以插入商标为例，详细介绍插入特殊字符的操作方法。

素材文件❀ 第4章\素材文件\个人介绍

效果文件❀ 第4章\效果文件\个人介绍

step 1 ① 打开素材文件,将光标定位在准备插入"商标"的位置,② 单击【插入】菜单,③ 在弹出的菜单中,选择 HTML 菜单项,④ 在弹出的子菜单中,选择【特殊字符】子菜单项,⑤ 在弹出的子菜单中,选择【商标】子菜单项,如图 4-31 所示。

step 2 可以看到,已经插入的"商标"字符,通过以上方法即可完成插入特殊字符的操作,如图 4-32 所示。

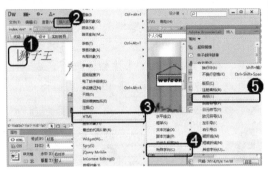

图 4-31

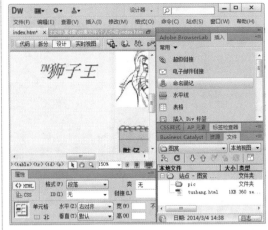

图 4-32

4.2.2 插入水平线

在网页版式设计中,水平线可以用来分隔文本和对象。下面详细介绍插入水平线的操作方法。

素材文件 第 4 章\素材文件\个人介绍
效果文件 第 4 章\效果文件\个人介绍

step 1 ① 打开素材文件,将光标定位在准备插入水平线的位置,② 单击【插入】菜单,③ 在弹出的菜单中,选择 HTML 菜单项,④ 在弹出的子菜单中,选择【水平线】子菜单项,如图 4-33 所示。

step 2 可以看到,已经插入水平线,通过以上方法即可完成插入水平线的操作,如图 4-34 所示。

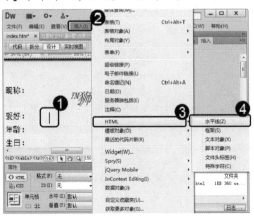

图 4-33

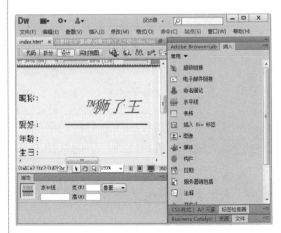

图 4-34

4.2.3 插入注释

注释是在 HTML 代码中插入的描述性文本，用来解释该代码或提供其他信息。注释文本只在"代码"视图中出现，不会显示在浏览器中。下面详细介绍插入注释的操作方法。

素材文件❀ 第4章\素材文件\个人介绍
效果文件❀ 第4章\效果文件\个人介绍

① 打开素材文件,将光标定位在准备插入注释的位置,② 单击【插入】菜单, ③ 在弹出的菜单中，选择【注释】菜单项，如图 4-35 所示。

① 弹出【注释】对话框,在【注释】文本框中输入相关描述,② 单击【确定】按钮,如图 4-36 所示。

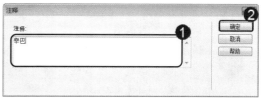

图 4-36

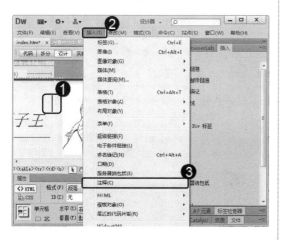

图 4-35

返回到主界面,可以看到已经添加的注释,在【属性】面板中显示注释内容,通过以上方法,即可完成插入注释的操作,如图 4-37 所示。

图 4-37

4.2.4 插入日期

插入日期是指将当前的日期时间插入到网页中，以简化输入的烦琐。下面详细介绍插入日期的操作方法。

素材文件❀ 第4章\素材文件\个人介绍
效果文件❀ 第4章\效果文件\个人介绍

① 打开素材文件,将光标定位在准备插入日期的位置,② 单击【插入】菜单, ③ 在弹出的菜单中，选择【日期】菜单项，如图 4-38 所示。

① 弹出【插入日期】对话框,在【日期格式】列表框中,选择相应的日期格式,② 单击【确定】按钮,如图 4-39 所示。

第4章 创建结构清晰的文本网页

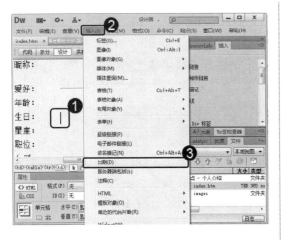

图 4-38

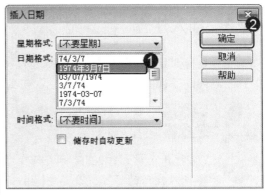

图 4-39

 3 返回到主界面，可以看到已经插入的日期，通过以上方法，即可完成插入日期的操作，如图 4-40 所示。

考考您

请您根据上述方法插入其他格式的日期，测试一下您的学习效果。

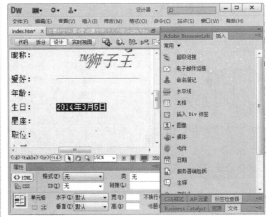

图 4-40

4.3 项目符号和编号列表

在网页设计中，如果遇到需要按条例平铺的并列关系的文本，可以选择使用项目符号或者编号以突出显示。本节将详细介绍项目符号和编号列表的相关知识。

4.3.1 设置项目符号或编号

在网页设计中，为了突出显示并列关系的文本，可以选择使用项目符号或者编号。下面以设置项目编号为例，详细介绍其具体操作方法。

素材文件※ 第 4 章\素材文件\个人介绍
效果文件※ 第 4 章\效果文件\个人介绍

step 1 ① 打开素材文件,将光标定位在准备设置项目编号的位置,② 单击【插入】面板中【编号列表】按钮,如图 4-41 所示。

step 2 可以看到已经设置的项目编号,通过以上方法,即可完成设置项目编号的操作,如图 4-42 所示。

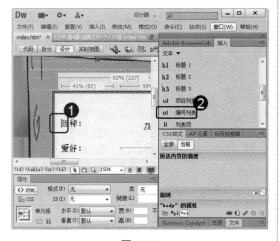

图 4-41

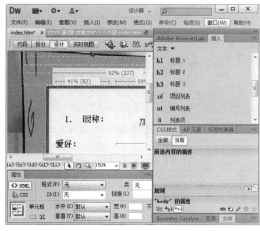

图 4-42

4.3.2 修改项目符号或编号

如果对当前使用的项目符号或者编号不满意,用户可以选择对其进行修改。下面详细介绍修改项目符号或者编号的操作方法。

素材文件※ 第 4 章\素材文件\个人介绍
效果文件※ 第 4 章\效果文件\个人介绍

step 1 ① 右击准备修改的项目编号,② 在弹出的快捷菜单中,选择【列表】菜单项,③ 在弹出的子菜单中,选择【属性】子菜单项,如图 4-43 所示。

step 2 ① 弹出【列表属性】对话框,在【样式】下拉列表框中,选择准备使用的编号样式,② 单击【确定】按钮,如图 4-44 所示。

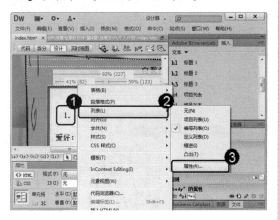

图 4-43

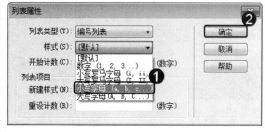

图 4-44

step 3 返回到主界面,可以看到已经更改样式的编号,通过以上方法,即可完成修改项目编号的操作,如图 4-45 所示。

第 4 章 创建结构清晰的文本网页

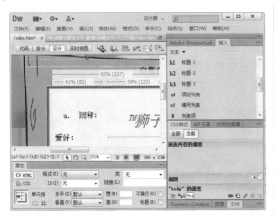

图 4-45

智慧锦囊

在【列表属性】对话框中，用户可以在
【开始计数】文本框中，输入相应的数值，
作为项目编号的起始数值，如图 4-46 所示。

图 4-46

4.3.3 设置文本缩进格式

文本缩进是指调整文本与页面边界之间的距离，通过设置文本缩进格式可以达到美化
网页的效果。下面详细介绍设置文本缩进格式的操作方法。

素材文件※ 第4章\素材文件\个人介绍
效果文件※ 第4章\效果文件\个人介绍

 step 1　① 右击准备设置缩进格式的文本，② 在弹出的快捷菜单中，选择【列表】菜单项，③ 在弹出的子菜单中，选择【缩进】子菜单项，如图 4-47 所示。

step 2　可以看到，文本已经被设置了缩进格式，通过以上方法，即可完成设置文本缩进格式的操作，如图 4-48 所示。

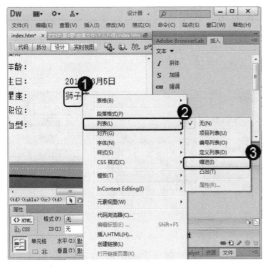

图 4-47

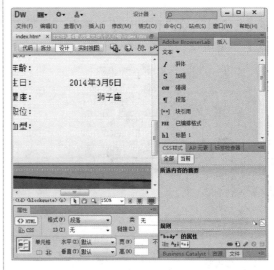

图 4-48

4.4 插入页面的头部内容

在网页设计中，在页面的头部可以插入包括 META、关键字、说明、刷新、基础和链接。本节将详细介绍插入页面头部内容的相关知识。

4.4.1 设置 META

META 是 HTML 中一个辅助标签，一般在代码的头部，可以定义网页的标题、关键字、网页描述等。这些信息在网页上是看不到的，需要查看 HTML 源文件才能看到。下面详细介绍设置 META 的操作方法。

素材文件 第4章\素材文件\个人介绍
效果文件 第4章\效果文件\个人介绍

step 1 ① 打开素材文件，在【插入】面板中，单击【文件头】下拉按钮，② 在弹出的下拉菜单中，选择 META 菜单项，如图 4-49 所示。

step 2 ① 弹出 META 对话框，在【属性】下拉列表框中，选择【名称】列表项，② 在【值】文本框中，输入相关数值，③ 在【内容】文本框中输入 META 内容，④ 单击【确定】按钮，通过以上方法，即可完成设置 META 的操作，如图 4-50所示。

图 4-49

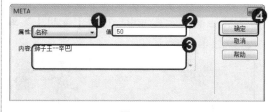

图 4-50

知识精讲

META 标签用来记录当前页面的相关信息，例如字符编码、作者、版权信息或关键字等的 head 元素。这些标签也可以用来向服务器提供信息，如页面的失效日期、刷新间隔和 Power 等级。

4.4.2 插入关键字

所谓关键字，在搜索引擎行业中是指希望访问者了解的产品、服务或者公司等内容名称的用语。设置关键字有助于网站收录在搜索引擎中。下面详细介绍插入关键字的操作方法。

素材文件 第4章\素材文件\个人介绍
效果文件 第4章\效果文件\个人介绍

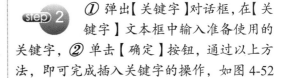

step 1　①打开素材文件，在【插入】面板中，单击【文件头】下拉按钮▼，②在弹出的下拉菜单中，选择【关键字】菜单项，如图 4-51 所示。

step 2　①弹出【关键字】对话框，在【关键字】文本框中输入准备使用的关键字，②单击【确定】按钮，通过以上方法，即可完成插入关键字的操作，如图 4-52 所示。

图 4-51

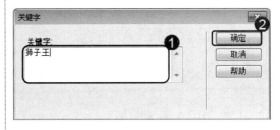

图 4-52

4.4.3　插入说明

说明是用于读取 META 标签的信息，使用该信息将页面编入索引数据库中，而有些还在搜索结果页面中显示该信息。下面详细介绍插入说明的操作方法。

素材文件🌼 第 4 章\素材文件\个人介绍
效果文件🌼 第 4 章\效果文件\个人介绍

step 1　①打开素材文件，在【插入】面板中，单击【文件头】下拉按钮▼，②在弹出的下拉菜单中，选择【说明】菜单项，如图 4-53 所示。

step 2　①弹出【说明】对话框，在【说明】文本框中输入准备使用的网站说明，②单击【确定】按钮，通过以上方法，即可完成插入说明的操作，如图 4-54 所示。

图 4-53

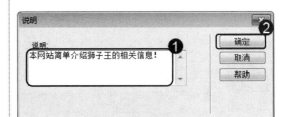

图 4-54

4.4.4　插入刷新

使用刷新元素可以指定浏览器在一定的时间后自动刷新页面，方法是重新加载当前页面或转到不同的页面。下面详细介绍插入刷新的操作方法。

素材文件 第4章\素材文件\个人介绍
效果文件 第4章\效果文件\个人介绍

step 1 ① 打开素材文件，在【插入】面板中，单击【文件头】下拉按钮，② 在弹出的下拉菜单中，选择【刷新】菜单项，如图4-55所示。

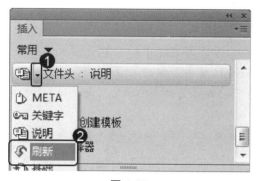

图 4-55

step 2 ① 弹出【刷新】对话框，在【延迟】文本框中输入延迟刷新的秒数，② 在【操作】区域中，选择刷新方式，如【刷新此文档】单选项，③ 单击【确定】按钮，通过以上方法，即可完成插入刷新的操作，如图4-56所示。

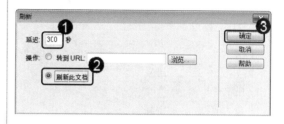

图 4-56

4.4.5 设置基础

使用 Base 元素可以设置页面中所有文档相对路径相对的基础 URL。下面详细介绍设置基础的操作方法。

素材文件 第4章\素材文件\个人介绍
效果文件 第4章\效果文件\个人介绍

step 1 ① 打开素材文件，在【插入】面板中，单击【文件头】下拉按钮，② 在弹出的下拉菜单中，选择【基础】菜单项，如图4-57所示。

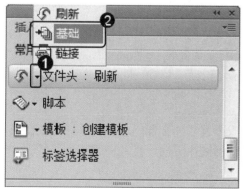

图 4-57

step 2 ① 弹出【基础】对话框，在 HREF 文本框中输入基础 URL，② 在【目标】下拉列表框中，选择目标位置，如 _top 列表项，③ 单击【确定】按钮，通过以上方法，即可完成设置基础的操作，如图4-58所示。

图 4-58

4.4.6 设置链接

设置链接可以定义当前文档与其他文件之间的关系。下面详细介绍设置链接的具体操作方法。

素材文件 ※ 第4章\素材文件\个人介绍
效果文件 ※ 第4章\效果文件\个人介绍

 ① 打开素材文件，在【插入】面板中，单击【文件头】下拉按钮，② 在弹出的下拉菜单中，选择【链接】菜单项，如图4-59所示。

 ① 弹出【链接】对话框，在HREF文本框中输入准备使用的URL，② 分别填写ID、【标题】、Rel和Rev文本框，③ 单击【确定】按钮，通过以上方法，即可完成设置链接的操作，如图4-60所示。

图 4-59

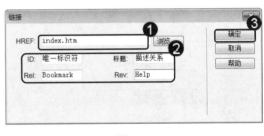

图 4-60

 在【链接】对话框中，HREF为其定义关系的文件的URL；ID为链接指定一个唯一标识符；标题描述的是关系；Rel指定当前文档与HREF文本框中的文档之间的关系；Rev指定当前文档与HREF文本框中的文档之间的反向关系。

4.5 范例应用与上机操作

通过本章的学习，读者基本可以掌握创建结构清晰的文本网页的基础知识。下面通过一些实例，达到巩固与提高的目的。

4.5.1 设置主标题

在网页设计工程中，主标题尤为重要，设置一个醒目的主标题，有利于访问者在访问时明确浏览网站的内容。下面详细介绍设置主标题的操作方法。

素材文件 ※ 第4章\素材文件\阅读心得
效果文件 ※ 第4章\效果文件\阅读心得

step 1 ① 打开素材文件，右击准备设置的主标题，② 在弹出的快捷菜单中，选择【段落格式】菜单项，③ 在弹出的子菜单中，选择【标题 1】子菜单项，如图 4-61 所示。

step 2 可以看到，此时的主标题已经被设置为【标题 1】样式，通过以上方法，即可完成设置主标题的操作，如图 4-62 所示。

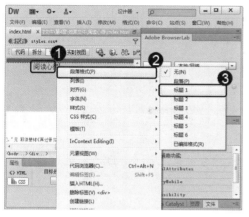

图 4-61

图 4-62

4.5.2　批量设置列表编号

为了突出显示并列关系的文本，可以批量设置列表编号，使网页内容看起来条理清晰。下面详细介绍批量设置列表编号的操作方法。

素材文件 ❀ 第 4 章\素材文件\阅读心得

效果文件 ❀ 第 4 章\效果文件\阅读心得

step 1 ① 打开素材文件，将准备批量设置列表编号的文本选中，并右击，② 在弹出的快捷菜单中，选择【列表】菜单项，③ 在弹出的子菜单中，选择【编号列表】子菜单项，如图 4-63 所示。

step 2 可以看到，选中的文本已经被设置了列表编号，通过以上方法，即可完成批量设置列表编号的操作，如图 4-64 所示。

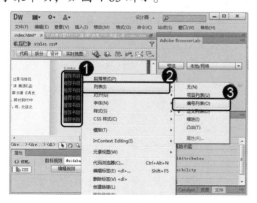

图 4-63

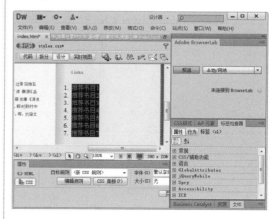

图 4-64

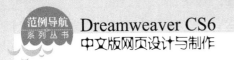
4.6 课后练习

4.6.1 思考与练习

一、填空题

1. 文本属性设置包括设置_____、字号、字体颜色、_____、文本样式、段落文本和插入换行符等。

2. 特殊字符包括版权、_____、商标、英镑符号、日元符号、欧元符号、左引号、右引号、破折线和_____等。

二、判断题(正确画"√"，错误画"×")

1. Dreamweaver CS6 中是允许输入连续空格的。 （   ）
2. 文本缩进是指调整文本与页面边界之间的距离。 （   ）

三、思考题

1. 如何设置是否显示不可见元素？
2. 什么是 META？

4.6.2 上机操作

1. 启动 Dreamweaver CS6 软件，使用【调色板】命令，完成将欢迎词字体颜色设置为"紫色"的操作。效果文件可参考"配套素材\第 4 章\效果文件\个人主页"。

2. 启动 Dreamweaver CS6 软件，使用【页面属性】对话框，完成设置页边距各值为"30px"的操作。效果文件可参考"配套素材\第 4 章\效果文件\个人主页"。

第**5**章

应用超链接

本章介绍超链接方面的知识，同时还讲解如何创建超链接的相关知识，最后还介绍管理与设置超级链接以及添加锚点链接方面的知识。

关于　展示　服务　链接　联系

范 例 导 航

1. 超链接基础知识
2. 什么是链接路径
3. 创建超链接
4. 创建不同种类的超链接
5. 管理与设置超链接
6. 添加锚点链接

个人简历　搜索引擎　联系方式　返回主页

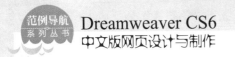

 # 5.1　超链接基础知识

　　超链接是网页中最重要的元素之一。网站中每个网页都是通过超链接的形式关联在一起的。本节将详细介绍超链接的基础知识。

5.1.1　超链接的定义

　　超链接属于一个网页的一部分，它是一种允许其他网页或站点之间进行连接的元素。各个网页链接在一起后，才能真正构成一个网站。所谓的超链接，是指从一个网页指向一个目标的连接关系，这个目标可以是另一个网页，也可以是相同网页上的不同位置，还可以是一个图片，一个电子邮件地址，一个文件，甚至是一个应用程序。而在一个网页中对应超链接的对象，可以是一段文本或者是一个图片。当浏览者单击已经链接的文字或图片后，链接目标将显示在浏览器上，并且根据目标的类型来打开或运行。

5.1.2　内部、外部与脚本链接

　　在网页中，按照超链接的使用路径不同，可以分为内部链接、外部链接和脚本链接 3 种，下面分别予以详细介绍。

1. 内部链接

　　内部链接是指链接站点内部的文件，在【属性】面板的【链接】文本框中，用户需要输入文件的相对路径，一般使用"指向文件"和"浏览文件"的方式来创建，如图 5-1 所示。

图 5-1

2. 外部链接

　　外部链接是相对于本地链接而言的，不同的是外部链接的连接目标文件不在站点内，所以只需要输入链接的网址即可，如图 5-2 所示。

图 5-2

3. 脚本链接

脚本链接是通过脚本来控制链接结果的。

一般而言，执行 JavaScript 代码或调用 JavaScript 函数。脚本链接能够在不离开当前 Web 页面的情况下为访问者提供有关某项的附加信息。脚本链接还可用于在访问者单击特定项时，执行计算、验证表单或完成其他处理任务，如图 5-3 所示。

图 5-3

5.1.3 超链接的类型

超链接的类型按照使用对象的不同，可以分为文本超链接、图像超链接、E-mail 链接、锚点链接、多媒体文件链接和空链接 6 种，下面分别予以详细介绍。

1. 文本超链接

建立一个文本超链接的方法非常简单，首先选中要建立成超链接的文本，然后在【属性】面板的【链接】文本框中输入要跳转至的目标网页的路径及名字即可。

2. 图像超链接

创建图像超链接的方法和创建文本超链接的方法大致相同，选中准备设置链接的图像，然后在【属性】面板的【链接】文本框中输入链接地址即可。较大的图片如果需要实现多个链接，可以使用【热点】功能。

3. E-mail 链接

在网页中添加 E-mail 链接的方法是，利用"mailto"功能，在【属性】面板的【链接】文本框中输入要提交的邮箱地址即可，如图 5-4 所示。

图 5-4

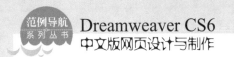

4. 锚点链接

锚点是在文档中设置的标记，并给该位置设置一个名称，以便引用。通过创建锚点可以使链接指向当前文档中的指定位置。锚点常常被用作跳转到指定的主题或者文档的顶部，使访问者能够快速浏览到指定的位置，加快信息检索的速度。

5. 多媒体文件链接

多媒体文件链接分为链接和嵌入两种方式。使用与外连图像类似的语句，可以把影视文件链接到 HTML 文档中，差别只是文件的扩展名不同。与链接影视不同，对嵌入有影视文件的 HTML 文档，浏览器在从网络上下载该文档的时候，会把影视文件一并下载下来，如果影视文件过大，则下载时间会变长。

6. 空链接

在网页制作过程中，有时候需要利用空链接来模拟链接，这主要是用来影响鼠标事件，可以防止页面出现各种问题，在【属性】面板的【链接】文本框中输入"#"符号即可创建空链接，如图 5-5 所示。

图 5-5

 # 5.2　什么是链接路径

在 Dreamweaver CS6 中提供了多种创建超链接的方法，网页中的超链接按照链接的路径不同可以分为绝对路径、文档相对路径和站点根目录相对路径，本节将分别予以介绍。

5.2.1　绝对路径

绝对路径为文件提供完全的路径，包括使用的协议，如 http、ftp 和 rtsp 等。一般常见的绝对路径如 http://baidu.com 或者 ftp://202.118.224.241，如图 5-6 所示。

本地链接也可以使用绝对路径，但不建议采用这种方式，因为一旦将整个站点移动至其他服务器，则所有本地链接都将断开。

图 5-6

　　绝对路径也会出现在尚未保存的网页上，如果在没有保存的网页上插入图像或者添加链接，Dreamweaver 会暂时使用绝对路径，在网页保存后，Dreamweaver 会自动将绝对路径转换为相对路径。

5.2.2 文档相对路径

　　文档相对路径最适合作为网站的内部链接。只要在同一网站之内，即使在不同的目录下，相对路径也非常合适，一个站点的内部结构如图 5-7 所示。

图 5-7

　　如果链接到同一目录下，只需要输入链接文档的名称即可，如图 5-8 所示。

图 5-8

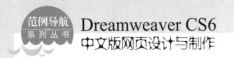

如果链接到下一级目录中的文件，需要先输入目录名，然后加"/"符号再输入文件名即可，如图 5-9 所示。

图 5-9

如果需要链接上一级目录中的文件，则需要先输入"../"，然后再输入目录名、文件名即可，如图 5-10 所示。

图 5-10

5.2.3　站点根目录相对路径

站点根目录相对路径可以作为内部链接，但大多数情况下不推荐使用，通常使用站点根目录相对路径只有以下两种情况。

- 站点的规模非常之大，放置在几个服务器上；
- 一个服务器上同时放置多个站点。

站点根目录相对路径以"\"开始，然后是根目录下的目录名，如图 5-11 所示。

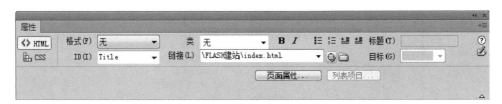

图 5-11

 ## 5.3　创建超链接

在网页中使用超链接除了可以实现文件之间的跳转之外，还可以实现文件中的跳转、文件下载链接、E-mail 链接、图像映射等其他一些链接形式。本节将详细介绍创建超链接的相关知识。

5.3.1 使用菜单创建链接

在 Dreamweaver CS6 中，用户可以通过菜单来创建链接。下面详细介绍使用菜单创建链接的操作方法。

素材文件✿ 第 5 章\素材文件\我的主页
效果文件✿ 第 5 章\效果文件\我的主页

step 1 ① 打开素材文件，将准备设置链接的文本选中，② 单击【插入】菜单，③ 在弹出的下拉菜单中，选中【超级链接】菜单项，如图 5-12 所示。

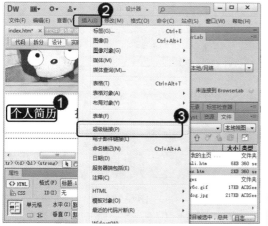

图 5-12

step 3 ① 返回到主界面，单击【在浏览器中预览/调试】下拉按钮 ⬇，② 在弹出的下拉菜单中，选择【预览在 IExplore】菜单项，如图 5-14 所示。

图 5-14

step 2 ① 弹出【超级链接】对话框，在【链接】文本框中，输入准备链接的文件名称，② 单击【确定】按钮，如图 5-13 所示。

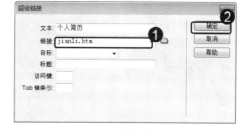

图 5-13

step 4 弹出 Dreamweaver 对话框，单击【是】按钮，如图 5-15 所示。

图 5-15

step 5 通过以上方法，即可完成使用菜单创建链接的操作，如图 5-16 所示。

图 5-16

第 5 章 应用超链接

5.3.2 使用【属性】面板创建链接

在 Dreamweaver CS6 中，用户还可以通过【属性】面板来创建链接。下面详细介绍使用【属性】面板创建链接的操作方法。

素材文件❀ 第 5 章\素材文件\我的主页
效果文件❀ 第 5 章\效果文件\我的主页

 ① 打开素材文件，将准备设置链接的文本选中，② 在【属性】面板的【链接】文本框中，输入连接地址，如"http://www.baidu.com/"，如图 5-17 所示。

图 5-17

 弹出 Dreamweaver 对话框，单击【是】按钮，如图 5-19 所示。

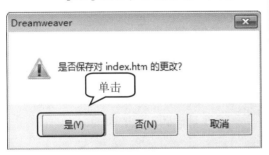

图 5-19

 ① 返回到主界面，单击【在浏览器中预览/调试】下拉按钮，② 在弹出的下拉菜单中，选择【预览在 IExplore】菜单项，如图 5-18 所示。

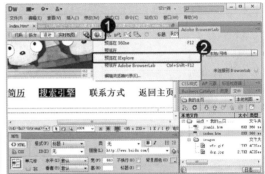

图 5-18

 通过以上方法，即可完成使用【属性】面板创建链接的操作，如图 5-20 所示。

图 5-20

5.3.3 使用指向文件图标创建链接

使用指向文件图标可以非常快速地创建链接。下面详细介绍使用指向文件图标创建链接的操作方法。

素材文件❀ 第 5 章\素材文件\我的主页
效果文件❀ 第 5 章\效果文件\我的主页

step 1 ① 打开素材文件，将准备设置链接的文本选中，② 使用鼠标左键按住【指向文件】按钮 并拖曳，拖曳至目标位置后释放鼠标左键，如图 5-21 所示。

step 2 ① 单击【在浏览器中预览/调试】下拉按钮 ，② 在弹出的下拉菜单中，选择【预览在 IExplore】菜单项，如图 5-22 所示。

图 5-21

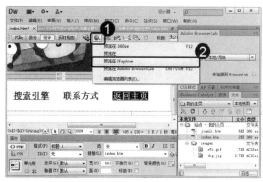

图 5-22

step 3 弹出 Dreamweaver 对话框，单击【是】按钮，如图 5-23 所示。

step 4 通过以上方法，即可完成使用指向文件图标创建链接的操作，如图 5-24 所示。

图 5-23

图 5-24

5.4 创建不同种类的超链接

在 Dreamweaver CS6 中，可以根据实际情况不同而创建不同种类的超链接。本节将分别予以详细介绍。

5.4.1 创建文本链接

创建文本链接是以文字作为媒介的链接，是网页中最常见的连接方式，具有制作简单、便于维护的特点。下面详细介绍创建文本链接的操作方法。

素材文件 第 5 章\素材文件\stationr
效果文件 第 5 章\效果文件\stationr

step 1　① 打开素材文件，将准备设置链接的文本选中，② 在【属性】面板的【链接】文本框中输入准备使用的链接地址，如"http://www.so.com/"，如图 5-25 所示。

step 2　① 单击【在浏览器中预览/调试】下拉按钮 ，② 在弹出的下拉菜单中，选择【预览在 IExplore】菜单项，如图 5-26 所示。

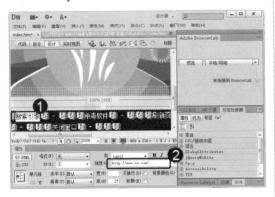

图 5-25

图 5-26

step 3　弹出 Dreamweaver 对话框，单击【是】按钮，如图 5-27 所示。

step 4　通过以上方法，即可完成创建文本链接的操作，如图 5-28 所示。

图 5-27

图 5-28

　　创建文本链接，上面知识点创建的是绝对链接，除了可以创建绝对链接外，用户还可以利用本章中链接路径中的知识，创建相对路径和站点根目录相对路径。用户可以根据实际工作需要创建需要的连接路径。

5.4.2　创建 E-mail 链接

　　无论是个人网站还是商业网站，通常都会在网页的最下方留下站长或者公司的 E-mail，以方便访问者发送邮件。下面详细介绍创建 E-mail 链接的操作方法。

素材文件❀ 第 5 章\素材文件\stationr
效果文件❀ 第 5 章\效果文件\stationr

step 1　① 打开素材文件，将准备设置链接的文本选中，② 在【属性】面板的【链接】文本框中输入"mailto:wenjieshuyuan @126.com"，如图 5-29 所示。

step 2　① 单击【在浏览器中预览/调试】下拉按钮 ，② 在弹出的下拉菜单中，选择【预览在 IExplore】菜单项，如图 5-30 所示。

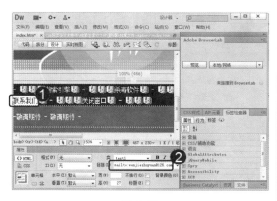

图 5-29

图 5-30

 3 弹出 Dreamweaver 对话框，单击【是】按钮，如图 5-31 所示。

 4 通过以上方法，即可完成创建 E-mail 链接的操作，如图 5-32 所示。

图 5-31

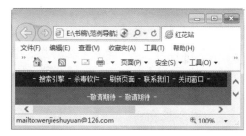

图 5-32

5.4.3 创建下载文件链接

当链接的文件为 exe 文件或者 ZIP 之类的文件，浏览器不支持这些文件的浏览时，该文件则会被下载。下面详细介绍创建下载文件链接的操作方法。

素材文件 第 5 章\素材文件\stationr
效果文件 第 5 章\效果文件\stationr

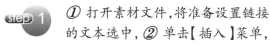 **1** ① 打开素材文件，将准备设置链接的文本选中，② 单击【插入】菜单，③ 在弹出的下拉菜单中，选择【超级链接】菜单项，如图 5-33 所示。

 2 弹出【超级链接】对话框，单击【浏览】按钮，如图 5-34 所示。

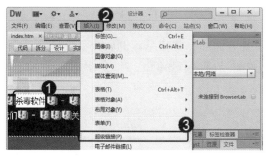

图 5-33

图 5-34

step 3 ① 弹出【选择文件】对话框，选择文件存放的位置，② 选择准备添加的文件，③ 单击【确定】按钮，如图 5-35 所示。

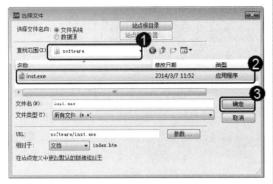

图 5-35

step 5 ① 保存文件，单击【在浏览器中预览/调试】下拉按钮，② 在弹出的下拉菜单中，选择【预览在 IExplore】菜单项，如图 5-37 所示。

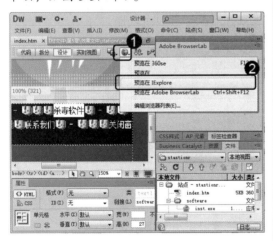

图 5-37

step 4 返回到【超级链接】对话框，单击【确定】按钮，如图 5-36 所示。

图 5-36

step 6 在 IE 浏览器中，单击刚刚设置的超链接，如图 5-38 所示。

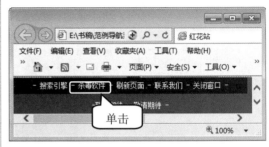

图 5-38

step 7 在 IE 浏览器中弹出下载对话框，通过以上方法，即可完成创建下载文件链接的操作，如图 5-39 所示。

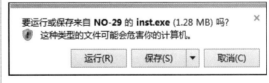

图 5-39

5.4.4 创建脚本链接

脚本链接一般是在当前页面中，给予访问者某方面的一些信息，例如校验表单等。脚本链接具有执行 JavaScript 代码的功能。下面以关闭当前窗口为例，详细介绍创建脚本链接的操作方法。

素材文件 第 5 章\素材文件\stationr
效果文件 第 5 章\效果文件\stationr

step 1 ① 打开素材文件,将准备设置脚本链接的文本选中,② 在【属性】面板中,在【链接】文本框中,输入脚本代码"JavaScript:window.close()",如图 5-40 所示。

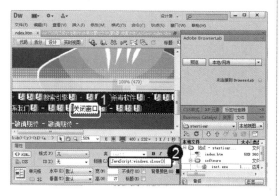

图 5-40

step 3 弹出 Dreamweaver 对话框,单击【是】按钮,如图 5-42 所示。

图 5-42

step 5 弹出 Windows Internet Explorer 对话框,单击【是】按钮即可关闭当前页面,通过以上方法,即可完成创建脚本链接的操作,如图 5-44 所示。

图 5-44

step 2 ① 单击【在浏览器中预览/调试】下拉按钮 ,② 在弹出的下拉菜单中,选择【预览在 IExplore】菜单项,如图 5-41 所示。

图 5-41

step 4 在 IE 浏览器中,单击刚刚设置的超链接,如图 5-43 所示。

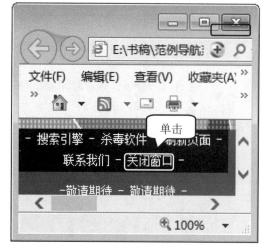

图 5-43

 考考您

请您根据上述方法创建其他脚本链接,测试一下您的学习效果。

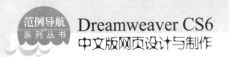

5.4.5 创建空链接

空链接是未指派的链接。空链接用于向页面上的对象或文本附加行为。访问者单击网页中的空链接，将不会打开任何文件。下面详细介绍创建空链接的操作方法。

素材文件 ❀ 第 5 章\素材文件\stationr
效果文件 ❀ 第 5 章\效果文件\stationr

 ① 打开素材文件，将准备设置空链接的文本选中，② 在【属性】面板中，在【链接】文本框中，输入符号"#"，如图 5-45 所示。

 ① 单击【在浏览器中预览/调试】下拉按钮，② 在弹出的下拉菜单中，选择【预览在 IExplore】菜单项，如图 5-46 所示。

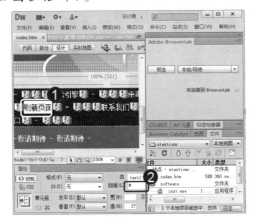

图 5-45

图 5-46

 弹出 Dreamweaver 对话框，单击【是】按钮，如图 5-47 所示。

 通过以上方法，即可完成创建空链接的操作，如图 5-48 所示。

图 5-47

图 5-48

5.5 管理与设置超链接

在创建超链接之后，用户可以对超链接进行管理和设置。本节将详细介绍管理与设置超级链接的相关知识。

5.5.1　自动更新链接

在 Dreamweaver CS6 中，用户可以对编辑中的网页进行自动更新链接设置的操作。启动 Dreamweaver CS6 程序，单击【编辑】菜单，在弹出的下拉菜单中选择【首选参数】菜单项，弹出【首选参数】对话框，选择【常规】列表项，单击【移动文件时更新链接】下拉按钮，在弹出的下拉列表中，选择不同的选项即可进入不同的设置，如图 5-49 所示。

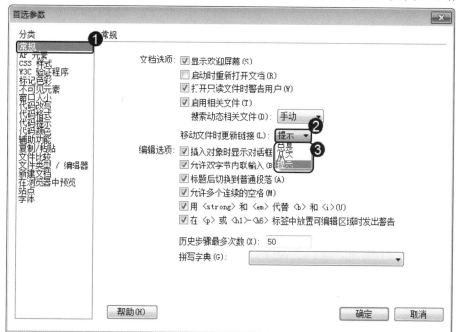

图 5-49

在【移动文件时更新链接】下拉列表框中，各个选项介绍如下。

- 【总是】选项：每当移动或重命名选定文档时，将自动更新其指向该文档的所有链接。

- 【从不】选项：在用户移动或重命名选定文档时，不自动更新其指向该文档的所有链接。

- 【提示】选项：显示一个对话框，列出此更改影响到的所有文件。单击【更新】按钮可更新这些文件中的链接，而单击【不更新】按钮将保留原文件不变。

　　每当在本地站点内移动或重命名文档时，Dreamweaver 都可更新其指向该文档的链接，在将整个站点存储在本地磁盘上时，此项功能最适用。

　　Dreamweaver 不更改远程文件夹中的文件，除非将这些本地文件放在或者存回到远程服务器上。为了加快更新过程，Dreamweaver 可创建一个缓存文件，用于存储有关本地文件夹中所有链接的信息，在添加、更改或删除指向本地站点上的文件的链接时，该缓存文件以可见的方式进行更新。

第 5 章　应用超链接

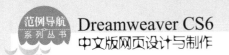
5.5.2 在站点范围内更改链接

除每次移动或重命名文件时让 Dreamweaver 自动更新链接外，用户还可以手动更改链接。下面详细介绍在站点范围内手动更改链接的操作方法。

素材文件※ 第 5 章\素材文件\我的主页

效果文件※ 第 5 章\效果文件\我的主页

 ① 打开素材文件，单击【站点】菜单，② 在弹出的下拉菜单中，选择【改变站点范围的链接】菜单项，如图 5-50 所示。

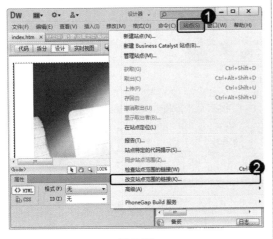

图 5-50

 弹出【更新文件】对话框，单击【更新】按钮，如图 5-52 所示。

图 5-52

 ① 弹出【更改整个站点链接】对话框，在【变成新链接】文本框中，输入准备更新的链接文件，② 单击【确定】按钮，如图 5-51 所示。

图 5-51

 通过以上方法，即可完成在站点范围内更改链接的操作，如图 5-53 所示。

图 5-53

5.5.3 检查站点中的链接错误

在 Dreamweaver CS6 中，用户还可以检查站点中的链接错误。下面详细介绍检查站点中的链接错误的操作方法。

素材文件 ※ 第 5 章\素材文件\我的主页

效果文件 ※ 第 5 章\效果文件\我的主页

step 1 ① 打开素材文件，单击【站点】菜单，② 在弹出的下拉菜单中，选择【检查站点范围的链接】菜单项，如图 5-54 所示。

step 2 在【链接检查器】面板中，在【显示】下拉列表框中，选择相应的列表项，即可检查相应的链接信息，这样即可完成检查站点中的链接错误的操作，如图 5-55 所示。

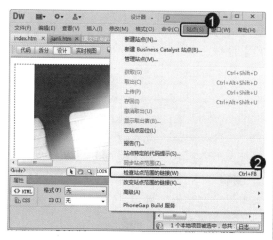

图 5-54

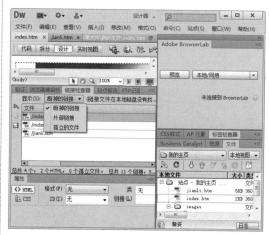

图 5-55

5.6 添加锚点链接

通过添加锚点链接，可以快速地将当前页面转至当前页面的指定位置。本节将详细介绍添加锚点链接的相关知识。

5.6.1 什么是锚点链接

锚点链接也叫书签链接，常常用于那些内容庞大烦琐的网页。通过单击命名锚点，不仅能指向文档，还能指向页面里的特定段落，更能当作"精准链接"的便利工具，让链接对象接近焦点，便于访问者查看网页内容。锚点链接类似于阅读书籍时的目录页码或章回提示。

如果说超链接是用于说明网页在互联网上位置的对象，那么锚点链接就是用于描述网页内的位置的对象。

一个锚点链接定义了网页中的一个位置，通过引用锚点所在网页的超链接，可访问此锚点所定义的网页内位置。例如，某个锚点的名称为"a1"，其所在页面的地址为 index.html，那么，在加入一个地址是 index.html#a1 的超链接后，单击此超链接，不但可以打开页面 index.html，而且在页面打开之后，将自动滚动到该锚点所在的位置。

第 5 章 应用超链接

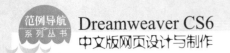

5.6.2 在同一页面中添加锚点链接

在同一页面添加锚点链接，可以直接、快速的访问所指向的文档位置。下面详细介绍在同一页面中添加锚点链接的操作方法。

素材文件❀ 第 5 章\素材文件\blog
效果文件❀ 第 5 章\效果文件\blog

 ① 打开素材文件，将光标定位在准备添加锚点链接的位置，② 单击【插入】菜单，③ 在弹出的下拉菜单中，选择【命名锚记】菜单项，如图 5-56 所示。

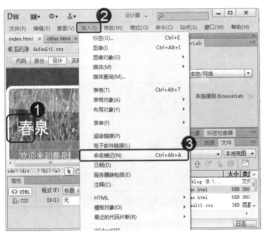

图 5-56

 返回到主界面，在光标定位处可以看到，已经添加的锚点标记，如图 5-58 所示。

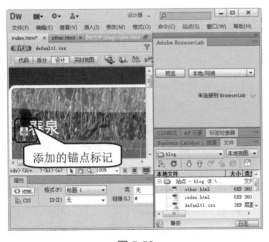

图 5-58

 ① 弹出【命名锚记】对话框，在【锚记名称】文本框中，输入准备使用的锚记名称，如"top"，② 单击【确定】按钮，如图 5-57 所示。

图 5-57

④ ① 选中准备跳转至锚点标记的文本，② 在【属性】面板的【链接】文本框中，输入"#top"，如图 5-59 所示。

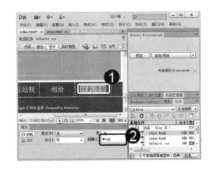

图 5-59

⑤ ① 单击【在浏览器中预览/调试】下拉按钮，② 在弹出的下拉菜单中，选择【预览在 IExplore】菜单项，如图 5-60 所示。

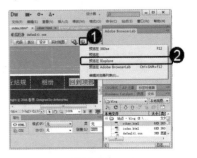

图 5-60

step 6 弹出 Dreamweaver 对话框，单击【是】按钮，如图 5-61 所示。

图 5-61

step 8 浏览器会自动跳转至设置了锚点链接的位置，这样即可完成在同一页面中添加锚点链接的操作，如图 5-63 所示。

 step 7 弹出 IE 浏览器，单击刚刚设置的锚点链接，如图 5-62 所示。

图 5-62

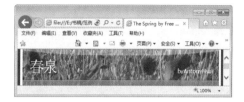

图 5-63

 添加锚点链接也可以使用本章介绍过的指向页面的方法。选中页面中需要设置锚点链接的图像或者文字，在【属性】面板中，使用鼠标左键按【链接】文本框后的【指向文件】按钮 进行拖曳，拖曳至锚点标记位置后，释放鼠标左键，同样可以使链接指向锚点标记。

 在命名锚点标记的时候，需要注意：锚点标记可以是中文、英文或者数字组合，但锚点标记不能以数字开头，不能含有空格，而且更不能置于 Div 中。

5.6.3 在不同的页面上使用锚点链接

如果将锚点定位在其他网页中，通过引用锚点所在网页的超链接，可访问此锚点所定义的网页内位置。下面详细介绍在不同页面上使用锚链接的操作方法。

素材文件❀ 第 5 章\素材文件\blog
效果文件❀ 第 5 章\效果文件\blog

step 1 ① 打开 "other.html" 网页文件，② 将光标定位在准备设置锚点的位置，③ 单击【插入】菜单，④ 在弹出的下拉菜单中，选择【命名锚记】菜单项，如图 5-64 所示。

step 2 ① 弹出【命名锚记】对话框，在【锚记名称】文本框中，输入准备使用的锚记名称，如 "sqzg"，② 单击【确定】按钮，如图 5-65 所示。

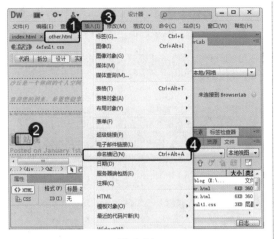

图 5-64

step 3 　① 打开 "index.html" 网页文件，
② 选中准备设置锚点链接的文本，③ 在【属性】面板的【链接】文本框中，输入 "other.html#sqzg"，如图 5-66 所示。

图 5-66

step 5 　弹出 Dreamweaver 对话框，单击【是】按钮，如图 5-68 所示。

图 5-68

图 5-65

step 4 　① 单击【在浏览器中预览/调试】下拉按钮，② 在弹出的下拉菜单中，选择【预览在 IExplore】菜单项，如图 5-67 所示。

图 5-67

step 6 　弹出 IE 浏览器，单击刚刚设置的锚点链接，如图 5-69 所示。

图 5-69

step 7 　浏览器会自动跳转至设置了锚点链接的位置，这样即可完成在不同的页面上使用锚点链接的操作，如图 5-70 所示。

图 5-70

5.7 范例应用与上机操作

通过本章的学习，读者基本可以掌握应用超链接的基础知识，下面通过一些实例，达到巩固与提高的目的。

5.7.1 创建图像超链接

创建图像超链接的方法和创建文本超链接的方法大致相同。下面详细介绍创建图像超链接的操作方法。

> **素材文件** ❀ 第 5 章\素材文件\food
> **效果文件** ❀ 第 5 章\效果文件\food

 ① 打开素材文件，选中准备设置超链接的图像，② 使用鼠标左键按住【属性】面板中的【指向文件】按钮，③ 拖曳鼠标左键至目标位置后释放鼠标左键，如图 5-71 所示。

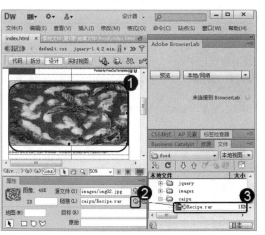

图 5-71

 弹出 Dreamweaver 对话框，单击【是】按钮，如图 5-73 所示。

图 5-73

 ① 单击【在浏览器中预览/调试】下拉按钮，② 在弹出的下拉菜单中，选择【预览在 IExplore】菜单项，如图 5-72 所示。

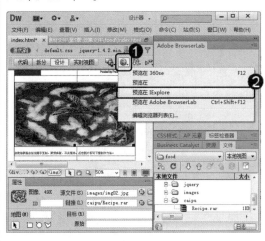

图 5-72

 弹出 IE 浏览器，单击刚刚设置的图像超链接，浏览器显示下载信息，这样即可完成创建图像超链接的操作，如图 5-74 所示。

图 5-74

5.7.2 利用锚点链接分段阅读

在一个网页中，可以添加多个锚点链接，利用这一特性可以对当前网页进行分段阅读，下面详细介绍其操作方法。

素材文件❀第 5 章\素材文件\writings

效果文件❀第 5 章\效果文件\writings

① 打开素材文件，将光标定位在准备添加锚点链接的位置，② 单击【插入】菜单，③ 在弹出的下拉菜单中，选择【命名锚记】菜单项，如图 5-75所示。

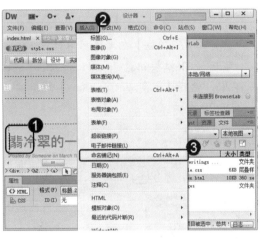

图 5-75

返回到主界面，在光标定位处可以看到已经添加的锚点标记，如图 5-77所示。

图 5-77

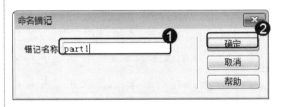① 弹出【命名锚记】对话框，在【锚记名称】文本框中，输入准备使用的锚记名称，如"part1"，② 单击【确定】按钮，如图 5-76 所示。

图 5-76

① 选中准备跳转至锚点标记的文本，② 在【属性】面板的【链接】文本框中，输入"#part1"，如图 5-78 所示。

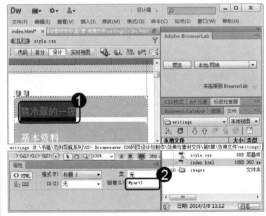

图 5-78

使用同样的方法，将其他两项分别设置锚点链接，如图 5-79 所示。

图 5-79

step 7 　弹出 Dreamweaver 对话框，单击
　　　【是】按钮，如图 5-81 所示。

图 5-81

step 9 　这样即可完成利用锚点链接进行分
　　　段阅读的操作，如图 5-83 所示。

图 5-83

step 6 　① 当全部的锚点链接设置完成
　　　后，单击【在浏览器中预览/调试】
下拉按钮，② 在弹出的下拉菜单中，选
择【预览在 IExplore】菜单项，如图 5-80
所示。

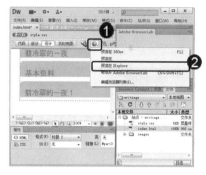

图 5-80

step 8 　在弹出的浏览器中，单击任意一项
　　　锚点链接，如"基本资料"，如
图 5-82 所示。

图 5-82

第 5 章　应用超链接

5.8　课后练习

5.8.1　思考与练习

一、填空题

1. _____ 属于网页的一部分，它是一种允许其他网页或 _____ 之间进行连接的元素。

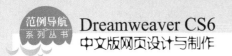

2. _____也叫书签链接，常常用于那些内容庞大烦琐的网页，通过单击命名_____，不仅能指向文档，还能指向页面里的特定段落，更能当作"精准链接"的便利工具，让链接对象接近焦点，便于访问者查看网页内容。

二、判断题(正确画"√"，错误画"×")

1. 在网页中，按照超链接的使用路径不同，可以分为内部链接和外部链接两种。(   )
2. 绝对路径为文件提供完全的路径，包括使用的协议。   (   )

三、思考题

1. 超链接的类型有几种？分别是什么？
2. 超链接按照链接的路径不同可以分为几种？分别是什么？

5.8.2 上机操作

1. 启动 Dreamweaver CS6 软件，使用【链接】文本框，完成将"联系"创建为 E-mail 链接的操作。效果文件可参考"配套素材\第 5 章\效果文件\ Hot Air Balloon"。

2. 启动 Dreamweaver CS6 软件，使用【检查站点范围的链接】命令，完成检查站点中的链接错误的操作。效果文件可参考"配套素材\第 5 章\效果文件\ Hot Air Balloon"。

第6章

使用图像与多媒体丰富网页内容

本章介绍插入与设置图像方面的知识，同时还讲解了插入其他图像元素和使用热区方面的知识，最后还介绍了编辑图像以及多媒体在网页中的应用方面的知识，通过本章的学习，读者可以掌握使用图像与多媒体丰富网页内容方面的知识，为深入学习 Dreamweaver CS6 网页设计与制作奠定基础。

范 例 导 航

1. 网页中常使用的图像格式
2. 插入与设置图像
3. 插入其他图像元素
4. 使用热区
5. 编辑图像
6. 多媒体在网页中的应用

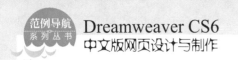
 # 6.1　网页中常使用的图像格式

在网页中，常见的图像格式包括 JPEG、GIF 和 PNG。本节将详细介绍这些图像格式方面的知识。

6.1.1　JPEG 格式图像

JPEG 是常见的一种图像格式，它由联合照片专家组(Joint Photographic Experts Group)开发并命名为"ISO 10918-1"，JPEG 是一种通俗名称。

JPEG 文件的扩展名为.jpg 或.jpeg，其压缩技术十分先进，它用有损压缩方式去除冗余的图像和彩色数据，获得极高的压缩率的同时能展现十分丰富生动的图像，换句话说，是可以用最少的磁盘空间得到较好的图像质量。

同时 JPEG 还是一种很灵活的格式，具有调节图像质量的功能，允许用不同的压缩比例对这种文件进行压缩，可以在图像质量和文件尺寸之间找到平衡点。

JPG/JPEG 图像支持 24 位真彩色，普遍用于显示摄影图片和其他连续色调图像的高级格式。若对图像颜色要求较高，应采用这种类型的图像。目前各类浏览器均支持 JPEG 这种图像格式，因为 JPEG 格式的文件尺寸较小，下载速度快。

6.1.2　GIF 格式图像

GIF(Graphics Interchange Format)的原义是"图像互换格式"，是 CompuServe 公司在 1987 年开发的图像文件格式。GIF 文件的数据，是一种基于 LZW 算法的连续色调的无损压缩格式。其压缩率一般在 50%左右，它不属于任何应用程序。目前几乎所有相关软件都支持它，公共领域有大量的软件在使用 GIF 图像文件。GIF 图像文件的数据是经过压缩的，而且是采用了可变长度等压缩算法。GIF 格式的另一个特点是其在一个 GIF 文件中可以存多幅彩色图像。如果把存于一个文件中的多幅图像数据逐幅读出并显示到屏幕上，就可构成一种最简单的动画。

GIF 分为静态 GIF 和动画 GIF 两种，扩展名为".gif"，是一种压缩位图格式，支持透明背景图像。适用于多种操作系统，"体型"很小，网上很多小动画都是 GIF 格式。

GIF 只支持 8 位颜色(256 种颜色)，不能用于存储真彩色的图像文件，适合显示色调不连续或有大面积单一颜色的图像，如导航条、按钮、图标等。通常情况下，GIF 图像的压缩算法是有版权的。

6.1.3　PNG 格式图像

PNG 图像文件存储格式，其目的是试图替代 GIF 和 TIFF 文件格式，同时增加一些 GIF 文件格式所不具备的特性。可移植网络图形格式(Portable Network Graphic Format，PNG)名称来源于非官方的"PNG's Not GIF"，是一种位图文件(bitmap file)存储格式，读成"ping"。

PNG 用来存储灰度图像时，灰度图像的深度可多达 16 位，存储彩色图像时，彩色图像的深度可多达 48 位，并且还可存储多达 16 位的 Alpha 通道数据。PNG 使用从 LZ77 派生的无损数据压缩算法，一般应用于 Java 程序中，或网页或 S60 程序中，是因为它压缩比高，生成文件容量小。

PNG 图像格式文件由一个 8 字节的 PNG 文件署名(PNG file signature)域和按照特定结构组织的 3 个以上的数据块(chunk)组成。

PNG 格式有 8 位、24 位、32 位三种形式，其中 8 位 PNG 支持两种不同的透明形式(索引透明和 Alpha 透明)，24 位 PNG 不支持透明，32 位 PNG 在 24 位基础上增加了 8 位透明通道，因此可展现 256 级透明程度。

PNG8 和 PNG24 后面的数字则是代表这种 PNG 格式最多可以索引和存储的颜色值。"8"代表 2 的 8 次方也就是 256 色，而"24"则代表 2 的 24 次方大概有 1 600 多万色。

PNG 格式图像的特点如下。

- 体积小：网络通信中因受带宽制约，在保证图片清晰、逼真的前提下，网页中不可能大范围的使用文件较大的 bmp、jpg 格式文件。
- 无损压缩：PNG 文件采用 LZ77 算法的派生算法进行压缩，其结果是获得高的压缩比，不损失数据。它利用特殊的编码方法标记重复出现的数据，因而对图像的颜色没有影响，也不可能产生颜色的损失，这样就可以重复保存而不降低图像质量。
- 索引彩色模式：PNG-8 格式与 GIF 图像类似，同样采用 8 位调色板将 RGB 彩色图像转换为索引彩色图像。图像中保存的不再是各个像素的彩色信息，而是从图像中挑选出来的具有代表性的颜色编号，每一编号对应一种颜色，图像的数据量也因此减少，这对彩色图像的传播非常有利。
- 更优化的网络传输显示：PNG 图像在浏览器上采用流式浏览，即使经过交错处理的图像会在完全下载之前提供浏览者一个基本的图像内容，然后再逐渐清晰起来。它允许连续读出和写入图像数据，这个特性很适合于在通信过程中显示和生成图像。
- 支持透明效果：PNG 可以为原图像定义 256 个透明层次，使得彩色图像的边缘能与任何背景平滑地融合，从而彻底地消除锯齿边缘。这种功能是 GIF 和 JPEG 没有的。
- PNG 同时还支持真彩和灰度级图像的 Alpha 通道透明度。

6.2　插入与设置图像

在网页设计中，插入图像是必不可少的，插入合适的图像文件可以达到美化网页的目的。本节将详细介绍插入与设置图像的相关知识。

6.2.1　在设计视图中插入图片

在 Dreamweaver CS6 中，在设计视图界面可以很方便地插入图片。下面详细介绍在设计视图中插入图片的操作方法。

素材文件※ 第 6 章\素材文件\vodsation
效果文件※ 第 6 章\效果文件\vodsation

step 1　① 打开素材文件，将光标定位在准备插入图片的位置，② 单击【插入】菜单，③ 在弹出的下拉菜单中，选择【图像】菜单项，如图 6-1 所示。

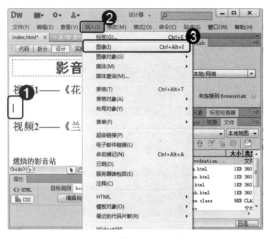

图 6-1

step 3　① 弹出【图像标签辅助功能属性】对话框，在【替换文本】下拉列表中，选择【空】列表项，② 单击【确定】按钮，如图 6-3 所示。

图 6-3

step 2　① 弹出【选择图像源文件】对话框，选择准备插入的图像，② 单击【确定】按钮，如图 6-2 所示。

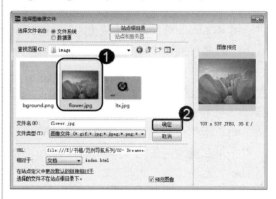

图 6-2

step 4　返回主界面，可以看到已经插入的图像，通过以上方法，即可完成在设计视图中插入图片的操作，如图 6-4 所示。

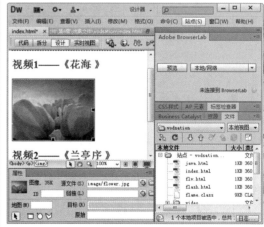

图 6-4

6.2.2　从【资源】面板中插入图片

在 Dreamweaver CS6 中，不仅可以在设计视图中插入图片，还可以从【资源】面板中插入图片，下面详细介绍其具体操作方法。

素材文件※ 第 6 章\素材文件\vodsation
效果文件※ 第 6 章\效果文件\vodsation

step 1 打开素材文件,将光标定位在准备插入图片的位置,如图 6-5 所示。

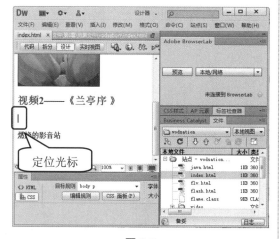

图 6-5

step 3 ① 弹出【图像标签辅助功能属性】对话框,在【替换文本】下拉列表中,选择【空】列表项,② 单击【确定】按钮,如图 6-7 所示。

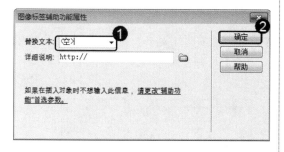

图 6-7

step 2 ① 在【资源】面板中,单击【图像】按钮,② 选择准备插入的图像文件,③ 单击【插入】按钮,如图 6-6 所示。

图 6-6

step 4 返回主界面,可以看到已经插入的图像,这样即可完成从【资源】面板中插入图片的操作,如图 6-8 所示。

图 6-8

 知识精讲

在【资源】面板中,单击【图像】按钮,在图像资源列表中,右击准备插入的图片,在弹出的快捷菜单中,选择【插入】菜单项,同样可以插入图片。

6.2.3 在代码视图中插入图片

在 Dreamweaver CS6 的代码视图中,用户可以通过 HTML 语言插入图片,下面详细介绍其具体操作方法。

 素材文件 第 6 章\素材文件\vodsation

效果文件 第 6 章\效果文件\vodsation

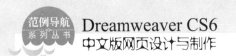
step 1　① 打开素材文件，切换到【代码】视图，② 将光标定位在准备插入图片的位置，输入代码 " <p><img src="image/fire.jpg" width="200" height="108" /></p>"，如图 6-9 所示。

step 2　单击【实时视图】按钮，可以看到已经插入的图片，通过以上方法，即可完成在代码视图中插入图片的操作，如图 6-10 所示。

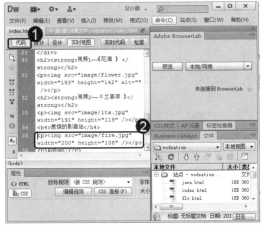

图 6-9

图 6-10

6.2.4　图像对齐方式

图像常见的对齐方式包括左对齐、居中对齐、右对齐和两端对齐，在 Dreamweaver CS6 中，单击【格式】菜单，在弹出的下拉菜单中，选择【对齐】菜单项，在弹出的子菜单中，用户可以选择相应的对齐方式，如图 6-11 所示。

图 6-11

- 【左对齐】：选择该菜单项，图像文件将位于文档左侧。
- 【居中对齐】：选择该菜单项，图像文件将在文档中居中显示。
- 【右对齐】：选择该菜单项，图像文件将位于文档右侧。
- 【两端对齐】：选择该菜单项，如果文本与两个边缘对齐，则为两端对齐。

6.2.5 设置图像属性

在 Dreamweaver CS6 中，插入图像文件之后，用户可以对其属性进行设置，选择图片后的【属性】面板，如图 6-12 所示。

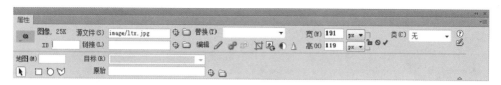

图 6-12

在图像【属性】面板中，用户可以对图像进行以下设置。

- 【源文件】文本框：显示当前图像文件的具体路径。
- 【链接】文本框：指定单击图像时要显示的网页文件。
- 【替换】列表框：指定文本，在浏览设置为手动下载图像前，用它来替换图像的显示。在某些浏览器中，当鼠标指针滑过图像时也会显示替代文本。
- 【编辑】按钮组：编辑图像文件，包括编辑、设置、从源文件更新、裁剪、重新取样、亮度和对比度、锐化功能。
- 【地图】文本框：名称和【热点工具】标注以及创建客户端图像地图。
- 【宽】和【高】文本框：可以输入数值，以便于设置图像文件的宽度和高度。
- 【目标】列表框：指定链接页面应该在其中载入的框架或窗口。
- 【原始】文本框：为了节省浏览者浏览网页的时间，可以通过此选项指定在载入主图像之前可快速载入的低品质图像。

 # 6.3 插入其他图像元素

在 Dreamweaver CS6 中，还可以通过添加其他图像元素达到美化网页的目的，包括插入图像占位符、制作鼠标指针经过图像以及添加背景图像等。本节将详细介绍插入其他图像元素的相关知识。

6.3.1 插入图像占位符

所谓图像占位符，即在网页中插入一个"空"的图像，而该图像并没有真正的源文件。在网页中，如果找不到合适的图像，可以先找一个临时代替的图像，放在最终图像的位置上，作为临时的替代，它只是临时的、替补的图形。下面详细介绍插入图像占位符的具体操作方法。

素材文件 第 6 章\素材文件\vodsation
效果文件 第 6 章\效果文件\vodsation

step 1 ① 打开素材文件，将光标定位在准备插入图像占位符的位置，② 单击【插入】菜单，③ 在弹出的下拉菜单中，选择【图像对象】菜单项，④ 在弹出的子菜单中，选择【图像占位符】子菜单项，如图 6-13 所示。

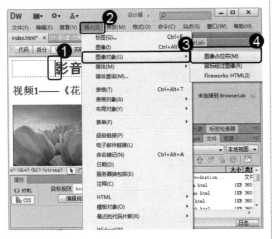

图 6-13

step 3 返回到主界面，可以看到已经插入的图像占位符，通过以上方法，即可完成插入图像占位符的操作，如图 6-15 所示。

step 2 ① 弹出【图像占位符】对话框，在【名称】文本框中，输入准备使用的图像占位符名称，② 设置图像占位符的【宽度】与【高度】，③ 设置图像占位符的【颜色】，④ 单击【确定】按钮，如图 6-14 所示。

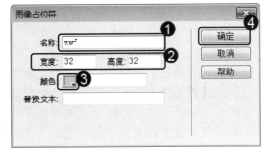

图 6-14

图 6-15

6.3.2　制作鼠标指针经过图像

在网页中，鼠标经过图像经常被用来制作动态效果，当鼠标移动到图像上时，该图像就变为另一幅图像。下面详细介绍插入鼠标经过图像的操作方法。

 素材文件※第 6 章\素材文件\vodsation
效果文件※第 6 章\效果文件\vodsation

step 1 ① 打开素材文件，将光标定位在准备制作鼠标指针经过图像的位置，② 单击【插入】菜单，③ 在弹出的下拉菜单中，选择【图像对象】菜单项，④ 在弹出的子菜单中，选择【鼠标经过图像】子菜单项，如图 6-16 所示。

step 2 ① 弹出【插入鼠标经过图像】对话框，在【图像名称】文本框中，输入准备使用的图像名称，② 单击【原始图像】区域中的【浏览】按钮，如图 6-17 所示。

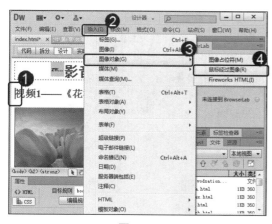

图 6-16

step 3 ① 弹出【原始图像】对话框，选择图像的存储位置，② 选择原始图像，③ 单击【确定】按钮，如图 6-18 所示。

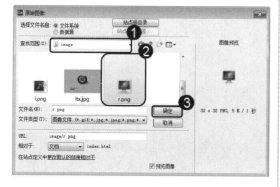

图 6-18

step 5 ① 弹出【鼠标经过图像】对话框，选择图像的存储位置，② 选择鼠标经过图像，③ 单击【确定】按钮，如图 6-20 所示。

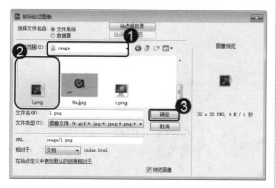

图 6-20

图 6-17

step 4 返回到【插入鼠标经过图像】对话框，单击【鼠标经过图像】区域中的【浏览】按钮，如图 6-19 所示。

图 6-19

step 6 返回到【插入鼠标经过图像】对话框，单击【确定】按钮，如图 6-21 所示。

图 6-21

step 7 返回到软件主界面，单击【实时视图】按钮，如图 6-22 所示。

图 6-22

step 8 可以看到，插入的图像显示为刚刚选择的原始图像，如图 6-23 所示。

图 6-23

step 9 当鼠标经过图像时，图像会发生变化，通过以上方法，即可完成制作鼠标指针经过图像的操作，如图 6-24 所示。

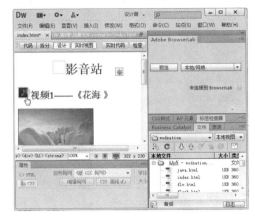

图 6-24

6.3.3 添加背景图像

在 Dreamweaver CS6 中，添加背景图像可以达到美化网页的目的。下面详细介绍添加背景图像的操作方法。

 素材文件 第 6 章\素材文件\vodsation
 效果文件 第 6 章\效果文件\vodsation

step 1 打开素材文件，在【属性】面板中，单击【页面属性】按钮，如图 6-25 所示。

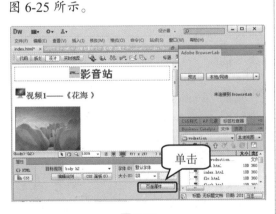

图 6-25

step 2 ① 弹出【页面属性】对话框，在【分类】列表框中，选择【外观(HTML)】列表项，② 单击【背景图像】区域中【浏览】按钮，如图 6-26 所示。

图 6-26

step 3 ① 弹出【选择图像源文件】对话框，选择图像文件存储位置，② 选择准备添加的背景图像，③ 单击【确定】按钮，如图 6-27 所示。

step 4 返回到【页面属性】对话框，单击【确定】按钮，如图 6-28 所示。

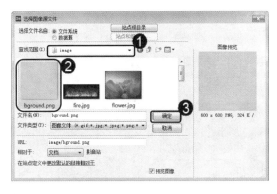

图 6-27

图 6-28

图 6-29

 返回到软件主界面，可以看到已经添加的背景图像，通过以上方法，即可完成添加背景图像的操作，如图 6-29 所示。

 在添加背景之后，通过代码可以对背景进行相关的设置，其循环代码为 background-repeat：no-repeat(不循环背景)、repeat-x(背景无限循环)、repeat-x(背景横向循环)、repeat-y(背景纵向循环)；背景对齐位置代码为 background-position：left(背景居左)、center(背景居中)、right(背景居右)这些指横向可写数值 60px；top(背景居顶)、center(背景居中)、bottom(背景居底)这些指纵向可写数值 50px；背景固定或滚动代码为 background-attachment：fixed(固定背景)、 scroll(背景滚动)。

6.4 使用热区

在浏览网页的时候，当鼠标指向图片的不同部位时，可以打开不同的超链接，这种功能称为网页图片热区。本节将详细介绍使用热区的相关知识。

6.4.1 绘制热区

热区是在图片上绘制出来的，相当于在图像上添加一层图层，当鼠标指针移动到热区的时候，鼠标指针变为可点击状态，单击即可打开超链接，热区可以是矩形、圆形或者多边形。下面详细介绍介绍绘制热区的操作方法。

 素材文件 第 6 章\素材文件\vodsation
效果文件 第 6 章\效果文件\vodsation

step 1 ① 打开素材文件，选择准备绘制热区的图像，② 在【属性】面板中，单击选择任意热点工具，如【矩形热点工具】，如图 6-30 所示。

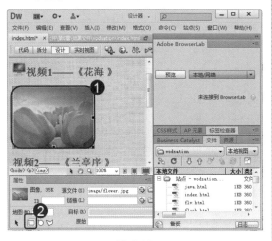

图 6-30

step 3 弹出 Dreamweaver 对话框，单击【确定】按钮，如图 6-32 所示。

图 6-32

step 5 将鼠标指针放置在热区位置，可以看到鼠标的变化，通过以上方法即可完成绘制热区的操作，如图 6-34 所示。

图 6-34

step 2 使用鼠标左键在图像上拖曳出一个矩形，如图 6-31 所示。

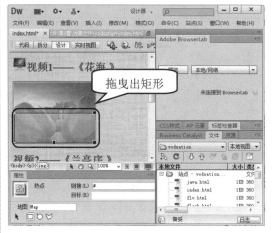

图 6-31

step 4 ① 在【链接】文本框中输入热点的链接地址，② 单击【实时视图】按钮，如图 6-33 所示。

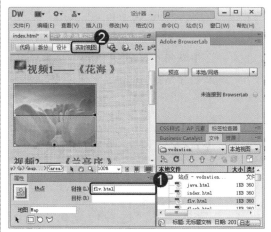

图 6-33

智慧锦囊

在绘制热点区域之后，用户可以通过鼠标左键对热点区域进行大小、位置等调整，以符合工作需要。

考考您

请您根据上述方法对其他图像进行热区绘制，测试一下您的学习效果。

6.4.2 在标签检查器中设置热区

利用标签检查器可以对绘制好的热区进行设置，包括设置热区的位置、大小、链接路径等。单击选择热区，在【标签检查器】面板中，单击【常规】处的【展开】按钮，即可显示当前热区的常规设置选项，如图 6-35 所示。

图 6-35

在【常规】选项中，用户可以对热区进行以下设置。

- alt：定义热点区域的替换文本。
- coords：定义热点区域的坐标，三项参数从左到右依次为：热区的水平位置、垂直位置和热区大小。
- href：定义热点区域的目标 URL。
- name：热点区域的名称。
- nohref：从图像映射排除某个区域。
- shape：定义热点区域的形状。
- target：规定在何处打开 href 属性指定的目标 URL。

 # 6.5 编辑图像

在网页中插入图像之后，用户可以对插入的图像进行编辑，以达到满意的效果。本节将详细介绍编辑图像的相关知识。

6.5.1 裁剪图像

在网页设计中，为了使图像更符合页面的要求，可以通过裁剪来完成。下面详细介绍裁剪图像的操作方法。

第 6 章\素材文件\vodsation

效果文件 第 6 章\效果文件\vodsation

step 1 ① 打开素材文件，选择准备裁剪的图像，② 在【属性】面板中，单击【裁剪】按钮[N]，如图 6-36 所示。

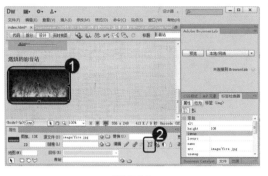

图 6-36

step 3 此时图像上会出现多个控制点的线框，使用鼠标左键对控制点进行调整，调整完成后双击图像，如图 6-38 所示。

图 6-38

step 2 弹出 Dreamweaver 对话框，单击【确定】按钮，如图 6-37 所示。

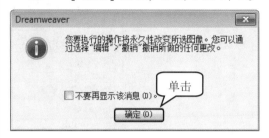

图 6-37

step 4 可以看到图像已经裁剪完成，通过以上方法，即可完成裁剪图像的操作，如图 6-39 所示。

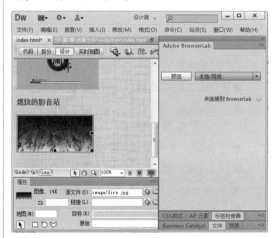

图 6-39

6.5.2 重新取样图像

在网页设计中，经常会对图像进行一系列的调整，而调整后的图像像素不会即时调整，通过重新取样功能可以对这样的图像进行一定的像素补充，以达到美化图像的效果。重新取样功能特别对裁剪之后或者强烈拉伸之后的图像有着很好的效果。下面详细介绍重新取样的操作方法。

 第 6 章\素材文件\vodsation

效果文件 第 6 章\效果文件\vodsation

step 1　① 打开素材文件,选择准备重新取样的图像,② 在【属性】面板中,单击【重新取样】按钮🔲,如图 6-40 所示。

step 2　可以看到,重新取样的图像像素有了一定的补充,通过以上方法即可完成重新取样的操作,如图 6-41 所示。

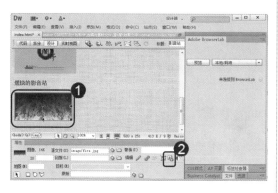

图 6-40

图 6-41

6.5.3　调整图像亮度和对比度

亮度是图片的明亮程度;对比度是颜色之间的对比程度,通过调整亮度和对比度可以美化图像。下面详细介绍调整亮度和对比度的操作方法。

素材文件❀ 第 6 章\素材文件\vodsation

效果文件❀ 第 6 章\效果文件\vodsation

step 1　① 打开素材文件,选择准备调整亮度和对比度的图像,② 在【属性】面板中,单击【亮度和对比度】按钮🔲,如图 6-42 所示。

step 2　① 弹出【亮度/对比度】对话框,在【亮度】文本框中输入准备调整的数值,② 在【对比度】文本框中输入准备调整的数值,③ 单击【确定】按钮,如图 6-43 所示。

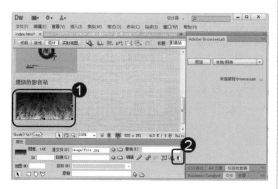

图 6-42

step 3　返回到软件主界面,可以看到选中的图像的亮度和对比度已经发生了变化,通过以上方法,即可完成调整图像亮度和对比度的操作,如图 6-44 所示。

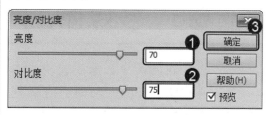

图 6-43

图 6-44

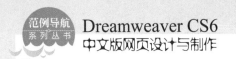

6.5.4　锐化图像

图像锐化是指补偿图像的轮廓，增强图像的边缘及灰度跳变的部分，使图像变得清晰。下面详细介绍锐化图像的操作方法。

素材文件 ❀ 第 6 章\素材文件\vodsation
效果文件 ❀ 第 6 章\效果文件\vodsation

 step 1　① 打开素材文件，选择准备锐化的图像，② 在【属性】面板中，单击【锐化】按钮，如图 6-45 所示。

图 6-45

 step 3　返回到软件主界面，可以看到选中的图像已经发生了变化，通过以上方法，即可完成锐化图像的操作，如图 6-47 所示。

 step 2　① 弹出【锐化】对话框，在【锐化】文本框中输入准备调整的数值，② 单击【确定】按钮，如图 6-46 所示。

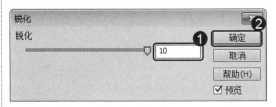

图 6-46

图 6-47

6.6　多媒体在网页中的应用

在网页中，除了使用文本和图像元素表达信息外，用户还可以在网页中插入 Flash 动画、FLV 视频等。本节将详细介绍多媒体在网页中的应用方面的知识。

6.6.1　插入 Flash 动画

在 Dreamweaver CS6 中，用户可以将一些制作完成的 Flash 动画插入到网页中，这样既可展示制作精美的 Flash 动画，又可以达到美化网页、传达信息的作用。下面详细介绍插入 Flash 动画的操作方法。

step 1 ① 打开素材文件,打开"flash.html" 文件,② 单击【插入】菜单,③ 在弹出的下拉菜单中,选择【媒体】菜单项,④ 在弹出的子菜单中,选择 SWF 子菜单项,如图 6-48 所示。

图 6-48

step 3 弹出【对象标签辅助功能属性】对话框,单击【确定】按钮,如图 6-50 所示。

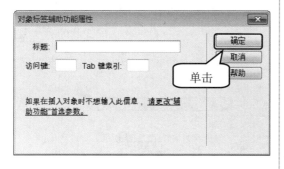

图 6-50

step 2 ① 弹出【选择 SWF】对话框,选择 SWF 文件存储的位置,② 选择准备插入的 SWF 文件,③ 单击【确定】按钮,如图 6-49 所示。

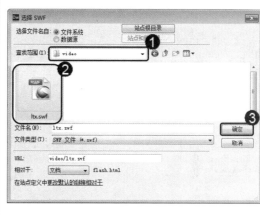

图 6-49

step 4 返回到软件主界面,单击【实时视图】按钮,即可查看插入的 Flash 动画,这样即可完成插入 Flash 动画的操作,如图 6-51 所示。

图 6-51

6.6.2 插入 FLV 视频

　　FLV 是 FLASH VIDEO 的简称,FLV 流媒体格式是随着 Flash MX 的推出发展而来的视频格式。FLV 被众多新一代视频分享网站所采用,是目前增长最快、应用最为广泛的视频传播格式。下面详细介绍插入 FLV 视频的操作方法。

第 6 章　使用图像与多媒体丰富网页内容

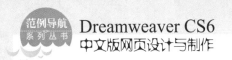

素材文件 ❀ 第 6 章\素材文件\vodsation
效果文件 ❀ 第 6 章\效果文件\vodsation

 step 1　① 打开素材文件，打开 "flv.html" 文件，② 单击【插入】菜单，③ 在弹出的下拉菜单中，选择【媒体】菜单项，④ 在弹出的子菜单中，选择 FLV 子菜单项，如图 6-52 所示。

图 6-52

step 3　① 弹出【选择 FLV】对话框，选择 FLV 文件存储位置，② 选择准备插入的 FLV 视频文件，③ 单击【确定】按钮，如图 6-54 所示。

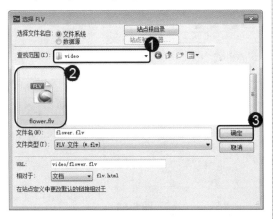

图 6-54

step 5　① 返回到软件主界面，单击【在浏览器中调试/预览】下拉按钮，② 在弹出的下拉菜单中，选择【预览在 IExplore】菜单项，如图 6-56 所示。

step 2　弹出【插入 FLV】对话框，单击【浏览】按钮，如图 6-53 所示。

图 6-53

step 4　① 返回【插入 FLV】对话框，在【外观】下拉列表中，选择准备使用的外观样式，② 单击【检测大小】按钮，③ 单击【确定】按钮，如图 6-55 所示。

图 6-55

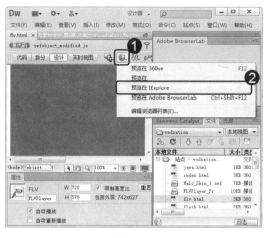

图 6-56

step 6　通过以上方法，即可完成插入 FLV 视频的操作，如图 6-57 所示。

图 6-57

6.6.3　插入背景音乐

在网页中插入背景音乐，可以使访问者在浏览网页的同时欣赏歌曲，为访问者带去美妙的享受。下面详细介绍插入背景音乐的操作方法。

素材文件※ 第 6 章\素材文件\vodsation
效果文件※ 第 6 章\效果文件\vodsation

step 1　① 打开素材文件，打开"index.html"文件，② 打开【代码】视图，③ 将光标定位在<body></body>标记中的位置，如图 6-58 所示。

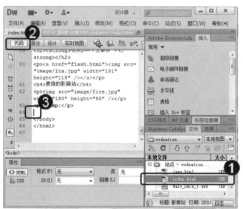

图 6-58

step 3　① 单击【在浏览器中调试/预览】下拉按钮，② 在弹出的下拉菜单中，选择【预览在 IExplore】菜单项，如图 6-60 所示。

step 2　输入代码"<BGSOUND src="bgsound/bgsound.wma"loop=infinite>"，如图 6-59 所示。

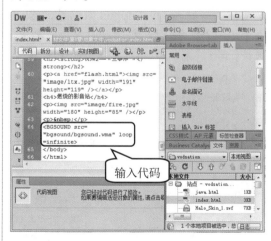

输入代码

图 6-59

step 4　弹出 IE 浏览器，在显示的网页中，可以听到刚刚添加的音乐，通过以上方法即可完成在网页中插入背景音乐的操作，如图 6-61 所示。

123

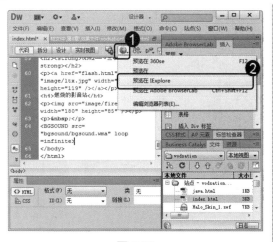

图 6-60 图 6-61

6.6.4 插入 Java Applet

Java Applet 是采用 Java 编程语言编写的程序。在 Java Applet 中，可以实现图形绘制，字体和颜色控制，动画和声音的插入，人机交互及网络交流等功能，可以大大提高 Web 页面的交互能力和动态执行能力。该程序可以设置在 HTML 语言中，与在网页中插入图像的方式大致相同。下面详细介绍插入 Java Applet 的操作方法。

素材文件◈ 第 6 章\素材文件\vodsation
效果文件◈ 第 6 章\效果文件\vodsation

 step 1
① 打开素材文件，将光标定位在准备插入 Java Applet 的位置，② 单击【插入】菜单，③ 在弹出的下拉菜单中，选择【媒体】菜单项，④ 在弹出的子菜单中，选择 Applet 子菜单项，如图 6-62 所示。

 step 2
① 弹出【选择文件】对话框，选择 Applet 程序文件所在位置，② 选择 Applet 程序文件，③ 单击【确定】按钮，如图 6-63 所示。

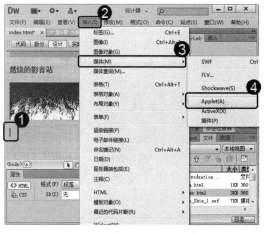

图 6-62

图 6-63

Step 3 ① 弹出【Applet 标签辅助功能属性】对话框，在【替换文本】文本框中输入替换文本，② 在【标题】文本框中输入程序标题，③ 单击【确定】按钮，如图 6-64 所示。

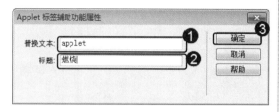

图 6-64

Step 5 ① 保存文件，单击【在浏览器中调试/预览】下拉按钮，② 在弹出的下拉菜单中，选择【预览在 IExplore】菜单项，如图 6-66 所示。

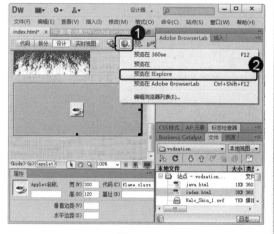

图 6-66

Step 4 返回到软件主界面，可以看到已经添加的 Applet 占位符，在【属性】面板中，设置程序的【宽】和【高】，如图 6-65 所示。

图 6-65

Step 6 通过以上方法，即可完成插入 Java Applet 的操作，如图 6-67 所示。

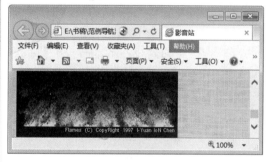

图 6-67

6.7 范例应用与上机操作

通过本章的学习，读者基本可以掌握使用图像与多媒体的基础知识。下面通过一些实例，达到巩固与提高的目的。

6.7.1 在网页中嵌入音乐

在网页中嵌入音乐可以显示播放器的外观，访问者可以对音乐进行播放、暂停、停止或者调节音量等操作。下面详细介绍在网页中嵌入音乐的操作方法。

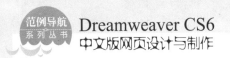

素材文件◈ 第 6 章\素材文件\tea
效果文件◈ 第 6 章\效果文件\tea

step 1 ① 打开素材文件,将光标定位在准备嵌入音乐的位置,② 单击【插入】菜单,③ 在弹出的下拉菜单中,选择【媒体】菜单项,④ 在弹出的子菜单中,选择【插件】子菜单项,如图 6-68 所示。

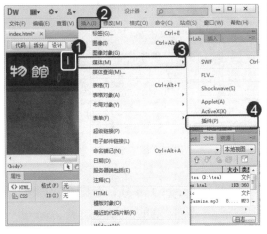

图 6-68

step 2 ① 弹出【选择文件】对话框,选择音乐文件所在位置,② 选择音乐文件,③ 单击【确定】按钮,如图 6-69 所示。

图 6-69

step 3 ① 返回到软件主界面,在【属性】面板中,调整设置插件占位符的【宽】和【高】,② 单击【在浏览器中调试/预览】下拉按钮，③ 在弹出的下拉菜单中,选择【预览在 IExplore】菜单项,如图 6-70 所示。

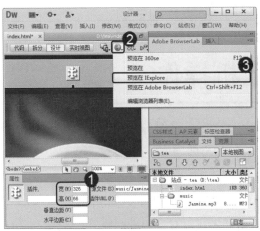

图 6-70

step 4 弹出 IE 浏览器,在页面中显示音乐播放器,单击【播放】按钮，即可播放音乐,通过以上方法,即可完成在网页中嵌入音乐的操作,如图 6-71 所示。

图 6-71

6.7.2 在网页中嵌入常见视频格式

常见的视频格式包括 MPEG、AVI、WMV、RMVB 和 MP4 等，每种视频格式都有其自身的特点。下面以嵌入 RMVB 格式的视频为例，详细介绍在网页中嵌入视频的操作方法。

素材文件 第 6 章\素材文件\tea

效果文件 第 6 章\效果文件\tea

 step 1 ① 打开素材文件，将光标定位在准备嵌入视频的位置，② 单击【插入】菜单，③ 在弹出的下拉菜单中，选择【媒体】菜单项，④ 在弹出的子菜单中，选择【插件】子菜单项，如图 6-72 所示。

step 2 ① 弹出【选择文件】对话框，选择视频文件所在位置，② 选择视频文件，③ 单击【确定】按钮，如图 6-73 所示。

图 6-72

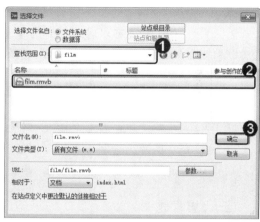

图 6-73

step 3 ① 返回软件主界面，在【属性】面板中，调整插件的【宽】和【高】，② 单击【在浏览器中调试/预览】下拉按钮，③ 在弹出的下拉菜单中，选择【预览在 IExplore】菜单项，如图 6-74 所示。

step 4 弹出 IE 浏览器，在页面中显示播放器插件，单击【播放】按钮，即可播放视频，通过以上方法，即可完成在网页中嵌入视频的操作，如图 6-75 所示。

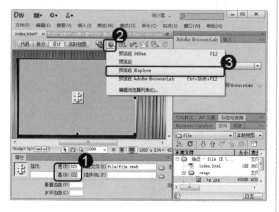

图 6-74

图 6-75

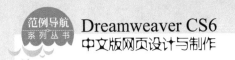
6.8 课后练习

6.8.1 思考与练习

一、填空题

1. 在网页中，常见的图像格式包括_____格式图像、GIF 格式图像和_____格式图像。

2. _____功能可以对这样的图像进行一定的像素补充，以达到美化图像的效果，重新取样功能特别对_____之后或者强烈拉伸之后的图像有着很好的效果。

二、判断题(正确画"√"，错误画"×")

1. 图像占位符，即在网页中插入一个图像，而该图像具有相应的源文件。（　　）

2. 热区是在图片上绘制出来的，相当于在图像上添加一层图层，当鼠标指针移动到热区的时候，鼠标指针变为可点击状态，单击即可打开超链接。（　　）

三、思考题

1. 什么是 FLV 视频？
2. 什么是 Java Applet？

6.8.2 上机操作

1. 启动 Dreamweaver CS6 软件，将光标定位在文本的下方，单击【插入】菜单，在弹出的下拉菜单中，选择【图像】菜单项，弹出【选择图像源文件】对话框，完成在文本下方插入图像的操作。效果文件可参考"配套素材\第 6 章\效果文件\ story"。

2. 启动 Dreamweaver CS6 软件，将光标定位在标题前方，单击【插入】菜单，在弹出的下拉菜单中，选择【图像对象】菜单项，完成在标题前方便插入图像占位符的操作。效果文件可参考"配套素材\第 6 章\效果文件\ story"。

第7章

使用表格排版网页

本章介绍使用表格排版网页方面的知识，同时还讲解如何设置表格和调整表格结构，最后还介绍处理表格数据以及应用数据表格样式控制方面的知识。

范 例 导 航

1. 表格的创建与应用
2. 设置表格
3. 调整表格结构
4. 处理表格数据
5. 应用数据表格样式控制

7.1 表格的创建与应用

表格是网页设计中最常见的工具，利用表格工具可以使网页的排版更精细，更具有条理。本节将详细介绍表格创建与应用方面的相关知识。

7.1.1 表格的基本概念

表格是由一些粗细不同的横线和竖线构成的格子的集合，横向排列的格子集合称为行，纵向排列的格子集合称为列，每一个格子称为单元格，每一个单元格都是一个独立的正文输入区域，可以输入文字和图形，并单独进行排版和编辑，如图7-1所示。

图 7-1

7.1.2 创建表格

在了解了表格的基本概念之后，即可在 Dreamweaver 中创建表格。下面详细介绍创建表格的操作方法。

素材文件❄第 7 章\素材文件\ tabulation
效果文件❄第 7 章\效果文件\ tabulation

 打开素材文件，将光标定位在准备创建表格的位置，如图7-2所示。

 ①单击【插入】菜单，②在弹出的下拉菜单中，选择【表格】菜单项，如图7-3所示。

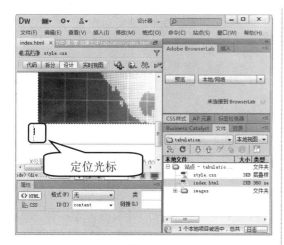

图 7-2

 ① 弹出【表格】对话框，在【行数】文本框中，输入表格的行数，② 在【列】文本框中，输入表格的列数，③ 单击【确定】按钮，如图 7-4 所示。

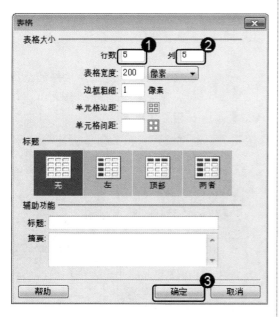

图 7-4

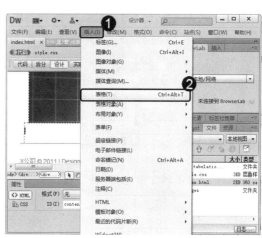

图 7-3

step 4 可以看到，在页面中显示刚刚创建的表格，通过以上方法，即可完成创建表格的操作，如图 7-5 所示。

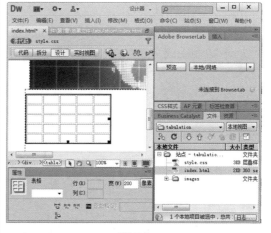

图 7-5

考考您

请您根据上述方法创建一个表格，测试一下您的学习效果。

在【表格】对话框中，用户可以进行以下设置。

- 【行数】：用来设置表格的行数。
- 【列】：用来设置表格的列数。
- 【表格宽度】：用来设置表格的宽度，可以填入数值，紧随其后的下拉列表框用来设置宽度的单位，有两个选项：百分比和像素。当宽度的单位选择百分比时，表格的宽度会随浏览器窗口的大小而改变。
- 【边框粗细】：用来设置表格边框粗细的大小。

第 7 章 使用表格排版网页

131

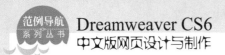
■ 【单元格边距】：用来设置单元格的内部空白的大小。

■ 【单元格间距】：用来设置单元格与单元格之间的距离。

■ 【边框粗细】：用来设置表格的边框的宽度。

■ 【页眉】：定义页眉样式，可以在 4 种样式中选择一种。

■ 【标题】：定义表格的标题。

■ 【对齐标题】按钮：定义表格标题的对齐方式。

■ 【摘要】：可以在这里对表格进行注释。

7.1.3 在表格中输入内容

在创建完表格后，用户可以在表格中输入相关内容，而最常见的是输入文本和插入图像，下面分别予以详细介绍。

1. 在表格中输入文本

在表格中输入文本内容，与在网页文档中输入文本内容大致相同。下面详细介绍在表格中输入文本的操作方法。

素材文件 🎴 第 7 章\素材文件\ tabulation
效果文件 🎴 第 7 章\效果文件\ tabulation

 选择准备输入文本的单元格，调整好输入法之后，即可在单元格内输入文本，如图 7-6 所示。

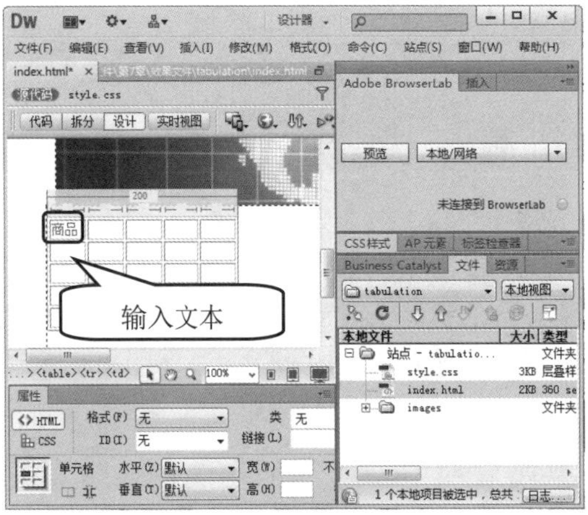

输入文本

图 7-6

 当输入的文本超出单元格的范围时，单元格会自动调整大小，以适应文本，如图 7-7 所示。

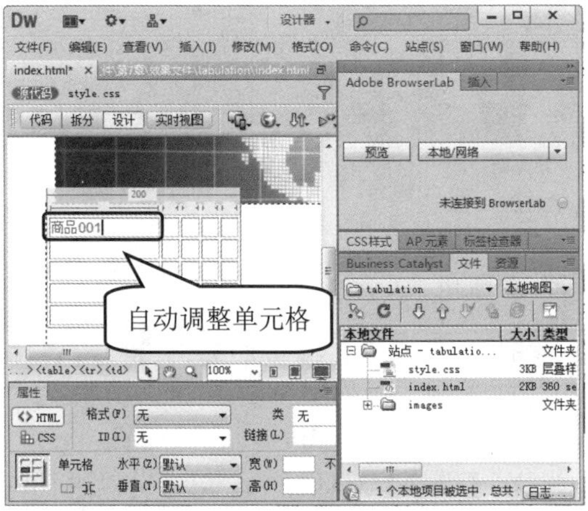

自动调整单元格

图 7-7

2. 在表格中插入图像

除了可以在表格中输入文本之外，还可以在表格中插入图像文件，以丰富网页。下面详细介绍在表格中插入图像的操作方法。

素材文件 ❀ 第 7 章\素材文件\ tabulation
效果文件 ❀ 第 7 章\效果文件\ tabulation

 step 1 ① 选择准备插入图像的单元格，② 单击【插入】菜单，③ 在弹出的下拉菜单中，选择【图像】菜单项，如图 7-8 所示。

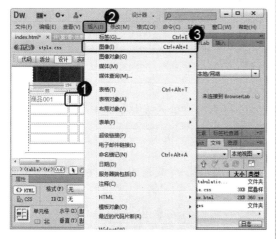

图 7-8

step 3 ① 弹出【图像标签辅助功能属性】对话框，在【替换文本】下拉列表中，选择【空】列表项，② 单击【确定】按钮，如图 7-10 所示。

图 7-10

step 2 ① 弹出【选择图像源文件】对话框，选择图像文件存储位置，② 选择准备插入的图像文件，③ 单击【确定】按钮，如图 7-9 所示。

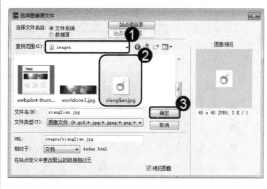

图 7-9

step 4 通过以上方法，即可完成在表格中插入图像的操作，如图 7-11 所示。

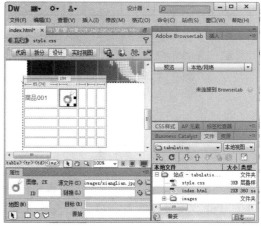

图 7-11

7.2 设置表格

　　插入表格后，用户可以对其进行设置，通过设置表格和单元格属性，能够满足网页设计的需要，本节将详细介绍设置表格的相关知识。

第 7 章 使用表格排版网页

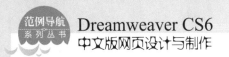

7.2.1 设置表格属性

在插入表格之后，即可对插入的表格属性进行设置。将表格选中之后，即可在【属性】面板中进行设置，如图 7-12 所示。

图 7-12

在表格【属性】面板中，用户可以设置以下参数。

- 【表格】：表格即表格名称，在该下拉列表框中可以输入表格的名称。
- 【行】：可以设置表格的行数。
- 【列】：可以设置表格的列数。
- 【宽】：可以设置表格的宽度。单击文本框右侧下拉列表框的下拉按钮，在弹出的列表中可以选择表格宽度的单位。
- 【填充】：可以输入单元格内容与单元格边框之间的像素值。
- 【间距】：可以相邻单元格之间的像素值。
- 【对齐】：可以设置表格相对于同一段落中其他元素的显示位置。
- 【类】：可以将 CSS 规则应用于对象。
- 【边框】：可以设置表格边框宽度的数值。
- 表格设置区域：其中包括【清除列宽】按钮 ，用于清除表格中设置的列宽；【将表格宽度设置成像素】按钮 ，用于将当前表格的宽度单位转换为像素；【将表格当前宽度转换成百分比】按钮 ，用于将当前表格的宽度单位转换为文档窗口的百分比单位；【清除行高】按钮 ，用于清除表格中设置的行宽。

7.2.2 设置单元格属性

在创建表格之后，不仅可以对表格属性进行设置，还可以对单个单元格属性进行设置，单击准备设置属性的单元格，即可在【属性】面板中对选中的单元格属性进行设置，如图 7-13 所示。

图 7-13

在单元格【属性】面板中，可以设置以下参数。

- 【不换行】：可以将单元格中所输入的文本显示在同一行，防止文本换行。
- 【标题】：可以将单元格中的文本设置为表格的标题，默认情况下，表格标题显示为粗体。
- 【合并】：选中表格中的连续多个单元格，单击【合并】按钮▣，将所选的单元格进行合并。
- 【拆分】：选中表格中的单个单元格，单击【拆分】按钮▨，弹出【拆分单元格】对话框，设置【拆分单元格】对话框之后单击【确定】按钮。
- 【水平】：单击【水平】下拉列表框右侧的下拉按钮，在弹出的列表中选择任意菜单项用于设置单元格内容的水平对齐方式。
- 【垂直】：单击【垂直】下拉列表框右侧的下拉按钮，在弹出的列表中选择任意选项用于设置单元格内容的垂直对齐方式。
- 【宽】和【高】：在【宽】和【高】文本框中输入表格宽度和高度的数值。
- 【背景颜色】：单击该下拉按钮，在弹出的颜色调板中选择相应的色块。
- 【页面属性】按钮：单击此按钮，可以弹出【页面属性】对话框，用于设置网页文档的属性。

 # 7.3　调整表格结构

　　在创建表格之后，用户可以根据实际需要对表格的结构进行调整，包括选择表格和单元格、调整单元格和表格大小、添加与删除行与列、拆分单元格、合并单元格和复制、剪切、粘贴表格等。本节将详细介绍调整表格结构的相关知识。

7.3.1　选择表格和单元格

对表格或者单元格进行设置之前，首先要知道如何选择表格或单元格。下面分别详细介绍选择表格和单元格的相关操作方法。

1. 选择表格

选择表格的方法包括单击外边框选择表格、通过菜单选择表格、单击折角选择表格和通过快捷菜单选择表格，下面分别予以详细介绍。

(1) 单击外边框选择表格

单击准备选择的表格上任意一个外边框，这样即可将该表格全部选中，如图7-14所示。

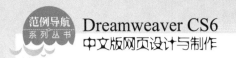
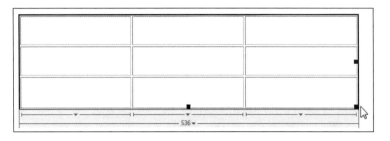

图 7-14

(2) 通过菜单选择表格

将光标定位在表格内的任意位置，在菜单栏中，选择【修改】→【表格】→【选择表格】菜单项，这样同样可以选中该表格，如图 7-15 所示。

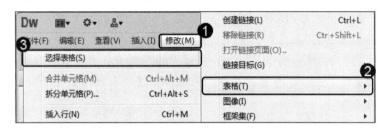

图 7-15

(3) 单击折角选择表格

将鼠标指针移动到表格任意一个折角，当鼠标指针变成网格形状时，单击鼠标即可选中全部表格，如图 7-16 所示。

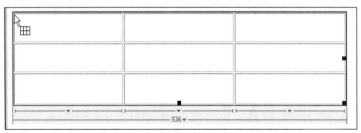

图 7-16

(4) 通过快捷菜单选择表格

在表格中任意单元格上右击，在弹出的快捷菜单中选择【表格】→【选择表格】菜单项，即可选中全部表格，如图 7-17 所示。

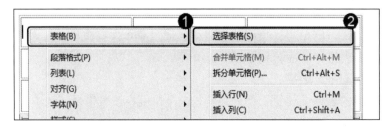

图 7-17

2. 选择单元格

选择单元格的方法包括选择单个单元格、选择连续的多个单元格和选择不连续的多个单元格，下面分别予以详细介绍。

(1) 选择单个单元格

按住 Ctrl 键，将鼠标指针移动至准备选择的单元格，单击即可将单元格选中，如图 7-18 所示。

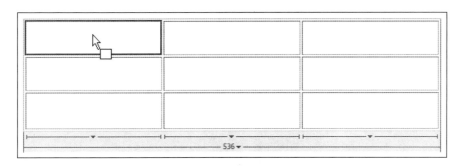

图 7-18

(2) 选择连续的多个单元格

将光标定位在准备选择的起始单元格内，然后按住 Shift 键，单击指定单元格，即可选择连续的多个单元格，如图 7-19 所示。

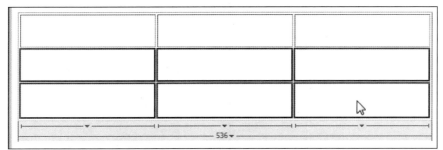

图 7-19

(3) 选择不连续的多个单元格

按住 Ctrl 键，依次单击准备选择的单元格，这样即可不连续选择单元格，如图 7-20 所示。

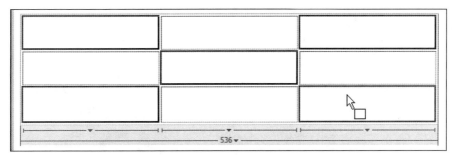

图 7-20

第 7 章 使用表格排版网页

7.3.2 调整单元格和表格的大小

在文档中插入表格后，即可对单元格或表格的宽高进行调整。下面分别详细介绍调整单元格和表格大小的操作方法。

1. 调整表格大小

将整个表格选中，在表格的外边框上会出现 3 个控制点，用户可以利用 3 个控制点对表格的大小进行调整，下面详细介绍其具体操作方法。

素材文件※ 第 7 章\素材文件\ tabulation
效果文件※ 第 7 章\效果文件\ tabulation

 ① 打开素材文件，将整个表格选中，将鼠标指针移动至控制点，② 鼠标指针变为双箭头 ↕ 形状，按住鼠标左键并拖曳，如图 7-21 所示。

 在拖曳至目标位置后，释放鼠标左键，通过以上方法，即可完成调整表格大小的操作，如图 7-22 所示。

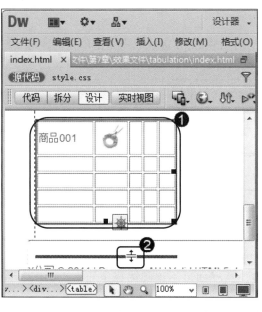

图 7-21

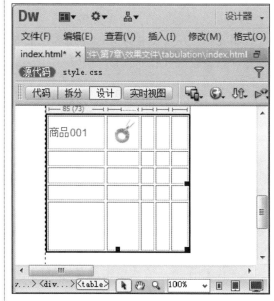

图 7-22

2. 调整单元格大小

调整单元格大小与调整表格大小的方法大致相同，但也可以通过在【属性】面板中设置单元格的宽高值来调整大小。下面详细介绍调整单元格大小的操作方法。

素材文件※ 第 7 章\素材文件\ tabulation
效果文件※ 第 7 章\效果文件\ tabulation

step 1　①打开素材文件，选择准备调整大小的单元格，②在【属性】面板中，分别设置【宽】、【高】的值，如图 7-23 所示。

step 2　可以看到选中的单元格大小已经改变，通过以上方法，即可完成调整单元格大小的操作，如图 7-24 所示。

图 7-23　　　　　　　　　　　　　　图 7-24

7.3.3　添加与删除行与列

如果插入的表格的行或者列不够或者多余，用户可以选择添加或者删除行或列，下面分别详细介绍。

1. 添加行或列

在实际工作中，如果插入的表格的行或列不能满足需要，可以选择添加。下面以添加行为例，详细介绍添加行或列的操作方法。

素材文件❀第 7 章\素材文件\ tabulation

效果文件❀第 7 章\效果文件\ tabulation

step 1　①打开素材文件，将光标定位在准备添加行的位置，②单击【插入】菜单，③在弹出的下拉菜单中，选择【表格对象】菜单项，④在弹出的子菜单中，选择【在上面插入行】子菜单项，如图 7-25 所示。

step 2　可以看到在表格中新插入的行，通过以上方法，即可完成添加行的操作，如图 7-26 所示。

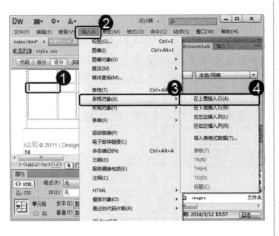

图 7-25

图 7-26

2. 删除行或列

在实际工作中，如果插入的表格的行或列多余，可以选择删除。下面以删除列为例，详细介绍删除行或列的操作方法。

素材文件❀ 第 7 章\素材文件\ tabulation
效果文件❀ 第 7 章\效果文件\ tabulation

 ① 打开素材文件，将光标定位在准备删除列的位置，② 单击【修改】菜单，③ 在弹出的下拉菜单中，选择【表格】菜单项，④ 在弹出的子菜单中，选择【删除列】子菜单项，如图 7-27 所示。

 通过以上方法，即可完成删除列的操作，如图 7-28 所示。

图 7-28

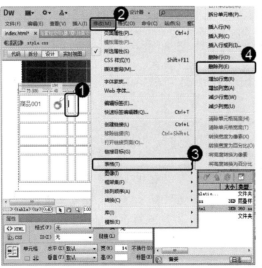

图 7-27

 考考您

请您根据上述方法添加或删除行或列，测试一下您的学习效果。

7.3.4　拆分单元格

拆分单元格是将一个单元格分为两个或者多个单元格的行为。下面详细介绍拆分单元格的操作方法。

素材文件 第7章\素材文件\ tabulation
效果文件 第7章\效果文件\ tabulation

step 1 ① 打开素材文件，将光标定位在准备拆分的位置，② 单击【修改】菜单，③ 在弹出的下拉菜单中，选择【表格】菜单项，④ 在弹出的子菜单中，选择【拆分单元格】子菜单项，如图7-29所示。

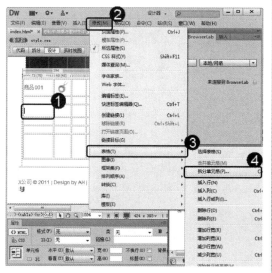

图7-29

step 3 返回到软件主界面，可以看到已经将选中的单元格拆分，通过以上方法，即可完成拆分单元格的操作，如图7-31所示。

step 2 ① 弹出【拆分单元格】对话框，在【把单元格拆分】区域中，选择单元格拆分方式，如【行】单选项，② 在【行数】文本框中，输入准备拆分的数量，③ 单击【确定】按钮，如图7-30所示。

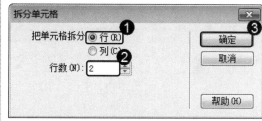

图7-30

图7-31

7.3.5　合并单元格

合并单元格与拆分单元格正好相反，合并单元格是将多个单元格合并为一个单元格，下面详细介绍其具体操作方法。

素材文件 第7章\素材文件\ tabulation
效果文件 第7章\效果文件\ tabulation

第 7 章　使用表格排版网页

141

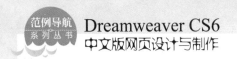
step 1　① 打开素材文件，选中多个相邻的单元格，② 单击【修改】菜单，③ 在弹出的下拉菜单中，选择【表格】菜单项，④ 在弹出的子菜单中，选择【合并单元格】子菜单项，如图 7-32 所示。

step 2　可以看到选中的多个单元格已经合并为一个单元格，通过以上方法，即可完成合并单元格的操作，如图 7-33 所示。

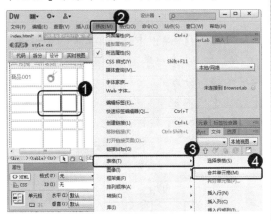

图 7-32　　　　　　　　　　　　　　图 7-33

7.3.6　复制、剪切和粘贴表格

在表格的编辑过程中，如果准备使用相同的表格数据，可以选择复制；如果准备移动表格中的数据，可以选择剪切；在复制或者剪切之后，即可使用粘贴功能来完成操作。

1. 复制和粘贴

在表格编辑中，如果准备使用相同的表格数据，用户可以选择复制和粘贴来完成，下面详细介绍其具体操作方法。

　素材文件：第 7 章\素材文件\ tabulation
　　效果文件：第 7 章\效果文件\ tabulation

step 1　① 打开素材文件，选中准备复制数据的单元格，② 单击【编辑】菜单，③ 在弹出的下拉菜单中，选择【拷贝】菜单项，如图 7-34 所示。

step 2　① 选择准备粘贴表格数据的单元格，② 单击【编辑】菜单，在③ 弹出的下拉菜单中，选择【粘贴】菜单项，如图 7-35 所示。

图 7-34　　　　　　　　　　　　　　图 7-35

step 3 通过以上方法，即可完成复制和粘贴的操作，如图 7-36 所示。

图 7-36

在复制单元格数据的时候，可以将准备复制数据的单元格选中，按 Ctrl+C 组合键；在粘贴单元格数据的时候，可以选中准备复制到的单元格，按 Ctrl+V 组合键，这样也可以完成复制和粘贴的操作。

2. 剪切和粘贴

在表格编辑中，如果准备移动表格数据，用户可以选择剪切和粘贴来完成，下面详细介绍其具体操作方法。

素材文件 第 7 章\素材文件\ tabulation
效果文件 第 7 章\效果文件\ tabulation

 step 1 ① 打开素材文件，选中准备剪切数据的单元格，② 单击【编辑】菜单，③ 在弹出的下拉菜单中，选择【剪切】菜单项，如图 7-37 所示。

step 2 ① 选择准备粘贴表格数据的单元格，② 单击【编辑】菜单，③ 在弹出的下拉菜单中，选择【粘贴】菜单项，如图 7-38 所示。

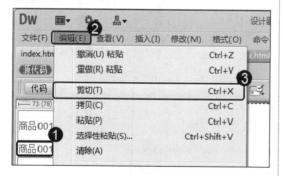

图 7-37

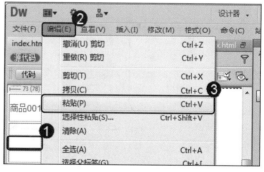

图 7-38

step 3 通过以上方法，即可完成剪切和粘贴的操作，如图 7-39 所示。

图 7-39

智慧锦囊

在剪切单元格数据的时候，可以将准备剪切数据的单元格选中，按 Ctrl+X 组合键；在粘贴单元格数据的时候，可以选中准备剪切到的单元格，按 Ctrl+V 组合键，这样也可以完成剪切和粘贴的操作。

第 7 章 使用表格排版网页

7.4 处理表格数据

在 Dreamweaver CS6 中，用户还可以对表格数据进行处理，包括排序表格和导入 Excel 表格数据等。本节将详细介绍表格数据的处理方面的知识。

7.4.1 排序表格

在 Dreamweaver CS6 中，可以方便地将表格内的数据排序，这一般是针对具有格式数据的表格而言的。下面详细介绍排序表格的操作方法。

素材文件 第 7 章\素材文件\ tabulation
效果文件 第 7 章\效果文件\ tabulation

step 1 ① 打开素材文件，选中准备排序的表格，② 单击【命令】菜单，③ 在弹出的下拉菜单中，选择【排序表格】菜单项，如图 7-40 所示。

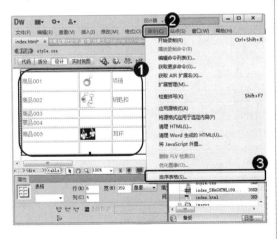

图 7-40

step 3 返回到软件主界面，可以看到选中的表格已经按照设置的方式排序，通过以上方法，即可完成排序表格的操作，如图 7-42 所示。

step 2 ① 弹出【排序表格】对话框，在【排序按】下拉列表中，选择需要按顺序排序的列，如【列 1】，② 在【顺序】区域中，分别设置排序规则和方式，③ 单击【确定】按钮，如图 7-41 所示。

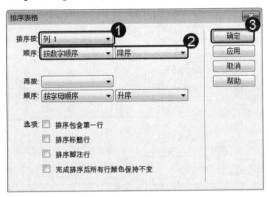

图 7-41

图 7-42

7.4.2　导入 Excel 表格数据

在 Dreamweaver CS6 中，用户可以将 Excel 表格数据导入到网页文档中，以方便引用数据。下面详细介绍导入 Excel 表格数据的操作方法。

素材文件❀ 第 7 章\素材文件\juanzeng
效果文件❀ 第 7 章\效果文件\ juanzeng

 ① 打开素材文件，单击【文件】菜单，② 在弹出的下拉菜单中，选择【导入】菜单项，③ 在弹出的子菜单中，选择【Excel 文档】子菜单项，如图 7-43 所示。

 ① 弹出【导入 Excel 文档】对话框，选择准备导入文档的存储位置，② 选择 Excel 文档文件，③ 单击【打开】按钮，如图 7-44 所示。

图 7-44

图 7-45

图 7-43

 返回到软件主界面，可以看到在文档页面已经导入的 Excel 表格数据，通过以上方法，即可完成导入 Excel 表格的操作，如图 7-45 所示。

7.5　应用数据表格样式控制

控制数据表格样式包括表格模型、表格标题以及表格样式控制。本节将详细介绍应用数据表格样式控制方面的知识。

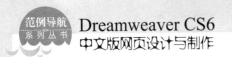

7.5.1 表格模型

在网页设计中，页面布局是一个重要的部分，Dreamweaver CS6 提供了多种方法来创建和控制网页布局，最普通的方法就是使用表格，使用表格可以简化页面布局设计过程、导入表格化数据、设计页面分栏及定位页面上的文本和图像等。

通过使用<theade>、<tbody>、<tfood>元素，将表格行聚集为组，这样可以构建更复杂的表格。<thead>标签用于指定表格标题行；<tfood>是表格标题行的补充，是一组作为脚注的行；<tbody>标签标记的表格正文部分，表格可以有一个或者多个<tbody>部分。

下面详细介绍创建一个包含表格行组的数据表格，具体操作方法为：新建一个文档，在工具栏中，单击【代码】按钮，在【代码】视图中，输入如下代码：

```
<table width="570" height="217" border="1">
  <tr>
    <th colspan="5" scope="col">本周安排</th>
  </tr>
  <tr>
    <td>星期一</td>
    <td>星期二</td>
    <td>星期三</td>
    <td>星期四</td>
    <td>星期五</td>
  </tr>
  <tr>
    <td>学习</td>
    <td>美术</td>
    <td>休息</td>
    <td>音乐</td>
    <td>美术</td>
  </tr>
  <tr>
    <td>上课</td>
    <td>书法</td>
    <td>上课</td>
    <td>休息</td>
    <td>学习</td>
  </tr>
</table>
</body>
```

输入代码后，保存文档，然后按 F12 键，这样即可在浏览器中浏览创建的表格，如图 7-46 所示。

图 7-46

7.5.2　表格标题

caption 元素可定义一个表格标题。caption 标签必须紧随 table 标签之后，只能对每个表格定义一个标题，通常这个标题会在表格上方居中显示。

在一般情况下，可以使用 caption-side 标签，caption-side 用来定义网页中的表格标题显示位置、caption-side 属性值，如表 7-1 所示。

表 7-1

值	效　果
bottom	标题出现在表格之后
top	标题出现在表格之前
inherit	设置 caption-side 值

7.5.3　表格样式控制

在 Dreamweaver CS6 中，要进行表格样式的控制，用户可以对表格进行相应的设置。下面详细介绍表格样式控制方面的知识。

1. <table-layout >标签

表示设置或检索表格的布局算法。其中包括：<auto>和<fixed>。

auto：默认值，默认的自动算法，布局将基于各单元格的内容，表格在每一单元格内所有内容读取计算之后才会显示出来。

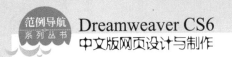

fixed: 固定布局的算法，在这种算法中，表格和列的宽度取决于 col 对象的宽度总和，假如没有指定，则会取决于第一行每个单元格的宽度，假如表格没有指定宽度(width)属性，则表格被呈递的默认宽度为 100%。

2. <COL>标签

指定基于列的表格默认属性，使用 span 属性可以指定 COLGROUP 定义的表格列数，该属性的默认值为 1。

3. <COLGROUP> 标签

指定表格中一列或一组列的默认属性，使用 span 属性可以指定 COLGROUP 定义的表格列数，该属性的默认值为 1。

4. <border-collapse >标签

设置或检索表格的行和单元格的边是合并在一起还是按照标准的 HTML 样式分开，语法包括<separate>和<collapse>，其中前者是默认值。

5. <border-spacing >标签

设置或检索当表格边框独立(例如当 border-collapse 属性等于 separate 时)，行和单元格的边在横向和纵向上的间距，其中<length>由浮点数字和单位标识符组成的长度值，不可为负值。

6. <border-spacing >标签

设置或检索当表格的单元格无内容时，是否显示该单元格的边框。只有当表格行和列的边框独立(例如当 border-collapse 属性等于 separate 时)时，此属性才起作用。

7.6　范例应用与上机操作

通过本章的学习，读者基本可以掌握使用表格排版网页的基础知识。下面通过一些实例，达到巩固与提高的目的。

7.6.1　利用表格设计网页

使用表格制作网页，可以使网页更具有条理，同时也更快捷方便。下面详细介绍利用表格制作网页的操作方法。

素材文件 第 7 章\素材文件\Iron Man

效果文件 第 7 章\效果文件\Iron Man

step 1 ① 打开素材文件，单击【插入】菜单，② 在弹出的下拉菜单中，选择【表格】菜单项，如图 7-47 所示。

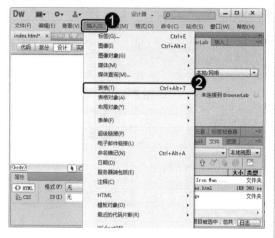

图 7-47

step 3 返回到软件主界面，可以看到已经插入的表格，如图 7-49 所示。

图 7-49

step 5 ① 将光标定位在第一个单元格内，② 单击【插入】菜单，③ 在弹出的下拉菜单中，选择【图像】菜单项，如图 7-51 所示。

step 2 ① 弹出【表格】对话框，分别设置【行数】和【列】，② 设置【表格宽度】，③ 单击【确定】按钮，如图 7-48 所示。

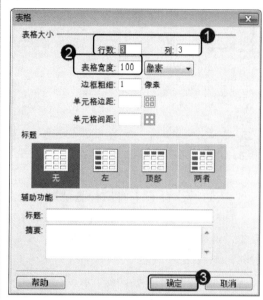

图 7-48

step 4 创建表格后，运用合并表格、拆分表格、插入表格等操作，调整表格的样式，如图 7-50 所示。

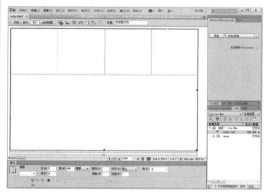

图 7-50

step 6 ① 弹出【选择图像源文件】对话框，选择准备使用的图像文件，② 单击【确定】按钮，如图 7-52 所示。

第 7 章 使用表格排版网页

图 7-51

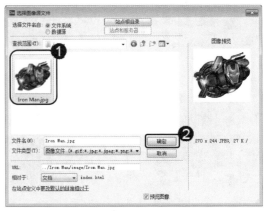

图 7-52

在【设计】视图中，对插入的图
片进行大小以及位置的调整，如
图 7-54 所示。

step 7 ① 弹出【图像标签辅助功能属
性】对话框，在【替换文本】列
表中，选择【空】列表项，② 单击【确定】
按钮，如图 7-53 所示。

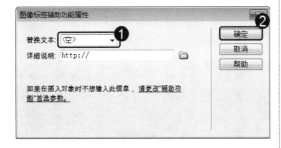

图 7-53

step 9 在其他单元格中，输入相关文
本，并设置大小，如图 7-55 所示。

图 7-54

step 10 保存文档，按 F12 键，这样即可
完成利用表格设计网页的操作，
如图 7-56 所示。

图 7-55

图 7-56

7.6.2　导入影片详细资料

在设计好网页之后，可以通过导入 Excel 表格数据对当前网页的内容进行补充。下面详细介绍导入影片详细资料的操作方法。

素材文件※ 第 7 章\素材文件\Iron Man
效果文件※ 第 7 章\效果文件\Iron Man

step 1　① 打开素材文件，单击【文件】菜单，② 在弹出的下拉菜单中，选择【导入】菜单项，③ 在弹出的子菜单中，选择【Excel 文档】子菜单项，如图 7-57 所示。

step 2　① 弹出【导入 Excel 文档】对话框，选择准备导入文档的存储位置，② 选择 Excel 文档文件，③ 单击【打开】按钮，如图 7-58 所示。

图 7-57

图 7-58

step 3　刚刚导入的数据表格会出现字体不符合网页要求的情况，将所有导入的数据表格选中，并设置字体大小，如图 7-59 所示。

step 4　保存文档，按 F12 键，这样即可完成导入影片详细资料的操作，如图 7-60 所示。

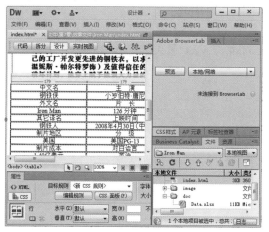

图 7-59

图 7-60

7.7 课后练习

7.7.1 思考与练习

一、填空题

1. _____是由一些粗细不同的横线和竖线构成的格子的集合，横向排列的格子集合称为行，纵向排列的格子集合称为_____。

2. 在创建完_____后，用户可以在表格中输入相关内容，而最常见的是_____和插入图像。

二、判断题(正确画"√"，错误画"×")

1. 表格在创建之后，不能调整大小以及单元格数量。   (   )
2. 拆分单元格是将一个单元格分为两个或者多个单元格的行为。   (   )

三、思考题

1. 如何创建表格？
2. 如何排序表格？

7.7.2 上机操作

1. 启动 Dreamweaver CS6 软件，使用绘制单元格的方法，完成利用表格制作导航栏的操作。效果文件可参考"配套素材\第 7 章\效果文件\ My Blog"。

2. 启动 Dreamweaver CS6 软件，使用【导入 Excel 文档】对话框，完成练习导入个人简历表格数据的操作。效果文件可参考"配套素材\第 7 章\效果文件\ My Blog"。

范例导航
系列丛书

第 **8** 章

使用 CSS 修饰美化网页

本章介绍使用 CSS 修饰美化网页方面的知识，同时还讲解如何创建 CSS 样式和将 CSS 应用到网页方面的知识，最后介绍设置 CSS 样式以及 CSS 滤镜设计特效文字方面的知识。

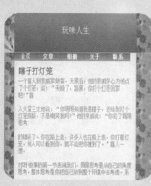

范 例 导 航

1. 什么是 CSS 样式表
2. 创建 CSS 样式
3. 将 CSS 应用到网页
4. 设置 CSS 样式
5. CSS 滤镜设计特效文字

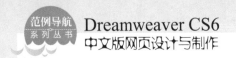

 # 8.1 什么是 CSS 样式表

在制作网页时利用 CSS 样式，可以有效地对页面中的文本、布局、背景以及其他效果进行精准的控制，可以大大减少定义页面的工作量。本节将详细介绍 CSS 样式表的相关知识。

8.1.1 认识 CSS

CSS 即级联样式表，是一种用来表现 HTML 或 XML 等文件样式的计算机语言。相对于传统 HTML 的表现而言，CSS 能够对网页中的对象的位置排版进行像素级的精确控制，支持几乎所有的字体字号样式，拥有对网页对象和模型样式编辑的能力，并能够进行初步交互设计，是目前基于文本展示最优秀的表现设计语言。

简单地说，CSS 的引入是为了使得 HTML 能够更好地适应页面的美工设计。以 HTML 为基础，提供了丰富的格式化功能，并且网页设计者可以针对各种可视化浏览器设置不同的样式风格等。

如今的网页设计越来越复杂，很多效果都需要 CSS 来帮助实现，使用 CSS 样式表的好处在于，除了可以同时链接多个文档之外，在 CSS 样式更新或修改之后，所有应用了此样式表的文档都会被更新或修改。

CSS 样式表的特点如下。

- 可以将网页的显示控制与显示内容分离，从而更加灵活地控制网页中的字体、颜色、大小、风格等。
- 能更有效地控制页面的布局，如设置一段文本的行高、缩进等。
- 可以制作出体积更小、下载更快的网页，使用 CSS 格式的网页，打开速度非常快。
- 可以精准地控制网页中各个元素的位置。
- 可以与脚本语言结合，产生各种动态效果。
- 可以更快、更方便地维护及更新大量的网页。

8.1.2 CSS 样式的类型

在 Dreamweaver CS6 中，可以运用的 CSS 样式分为重定义 HTML 标签样式、自定义样式和 CSS 选择器样式，下面分别予以详细介绍。

1. 重定义 HTML 标签样式

重定义标签的 CSS 实际上重新定义了现有 HTML 标签的默认属性，具有"全局性"。一旦对某个标签重定义样式，页面中所有该标签都会按 CSS 的定义显示。例如，重新定义表格中文本字号为 22，那么表格中所有字号都会被自动修改为 22，修改前与修改后的字号分别如图 8-1、图 8-2 所示。

星期一	数学	语文	物理	英语	化学	政治	自习
星期二	语文	物理	英语	化学	政治	数学	自习
星期三	物理	英语	化学	语文	数学	政治	自习
星期四	政治	数学	语文	化学	英语	化学	自习
星期五	英语	化学	政治	物理	语文	数学	自习

图 8-1

星期一	数学	语文	物理	英语	化学	政治	自习
星期二	语文	物理	英语	化学	政治	数学	自习
星期三	物理	英语	化学	语文	数学	政治	自习
星期四	政治	数学	语文	化学	英语	化学	自习
星期五	英语	化学	政治	物理	语文	数学	自习

图 8-2

2. 自定义样式

自定义样式是指，首先定义一个样式，然后将此样式应用到不同的网页元素中。自定义样式最大的特点就是具有可选择性，可以自由决定将该样式应用于哪些元素，就文本操作而言，可以选择一个字、一行、一段乃至整个页面中的文本添加自定义的样式。

3. CSS 选择器样式

CSS 选择器对应 ID 属性的特定标签应用样式。一般网页中某些特定的网页元素使用CSS 选择器样式，通常用来设置链接文字的样式。对链接文字的控制，有以下 4 种类型。

- ■ "a:link"（链接的初始状态）：用于定义链接的常规状态。
- ■ "a:hover"（鼠标指向的状态）：如果定义了这种状态，当鼠标指针移到链接上时，即按该定义显示，用于增强链接的视觉效果。
- ■ "a:visited"（访问过的链接）：对已经访问过的链接，按此定义显示。为了能正确区分已经访问过的链接。"a:visited"显示方式要不同于普通文本及链接的其他状态。

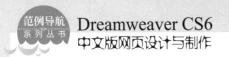

■ "a:active"(在链接上按下鼠标时的状态)：用于表现鼠标按下时的链接状态。实际中应用较少。如果没有特别的需要，可以定义成与"a:link"状态或者"a:hover"状态相同。

8.1.3　CSS 样式基本语法

CSS 样式的基本语法由选择器、属性以及属性值构成，基本写法如下：

选择符{属性 1：属性值 1；属性 2：属性值 2……}

例如，对一段文本内容需要添加属性居中和蓝色字体，其写法为：

p {text-align:center;color:blue}

代码看起来非常繁复，为了提高可读性，可以将代码改写为：

```
p{
text-align: center;
color: blue;
font-family: arial
}
```

8.2　创建 CSS 样式

在了解了 CSS 的基本语法之后，即可创建 CSS 样式，可以创建的 CSS 样式包括标签样式、类样式、复合内容样式、外部样式表以及 ID 样式。本节将详细介绍创建 CSS 样式的相关知识。

8.2.1　建立标签样式

标签样式是比较常见的一种样式，通常在设计网页的时候，会建立一个 body 标签样式，以控制页面的整体效果，下面详细介绍建立标签样式的操作方法。

素材文件※ 第 8 章\素材文件\Soul Story
效果文件※ 第 8 章\效果文件\Soul Story

 打开素材文件，在【CSS 样式】面板中，单击【新建 CSS 规则】按钮，如图 8-3 所示。

 ① 弹出【新建 CSS 规则】对话框，在【选择器类型】下拉列表框中，选择【标签(重新定 HTML 元素)】列表项，② 在【选择器名称】下拉列表框中，选择 strong 列表项，③ 在【规则定义】下拉列表框中，选择【仅限该文档】列表项，④ 单击【确定】按钮，如图 8-4 所示。

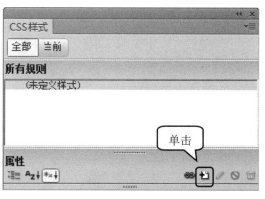

图 8-3

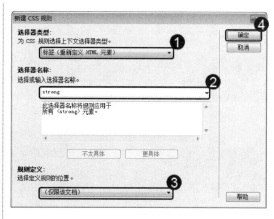

图 8-4

step 3 ① 弹出【strong 的 CSS 规则定义】对话框，在【分类】列表框中，选择各个选项，② 对选择的各个选项进行设置，③ 单击【确定】按钮，如图 8-5 所示。

step 4 可以看到，通过设置标签样式，文本的样式已经发生改变，通过以上方法，即可完成建立标签样式的操作，如图 8-6 所示。

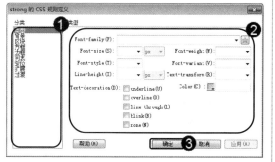

图 8-5

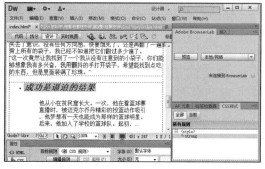

图 8-6

8.2.2 建立类样式

类样式可以对网页中的元素进行更精确的控制，使网页内容在外观上得到统一。下面详细介绍建立类样式的操作方法。

素材文件 第 8 章\素材文件\Soul Story

效果文件 第 8 章\效果文件\Soul Story

step 1 打开素材文件，在【CSS 样式】面板中，单击【新建 CSS 规则】按钮，如图 8-7 所示。

step 2 ① 弹出【新建 CSS 规则】对话框，在【选择器类型】下拉列表框中，选择【类(可应用于任何 HTML 元素)】列表项，② 在【选择器名称】文本框中输入".bg"，③ 在【规则定义】下拉列表框中，选择【仅限该文档】列表项，④ 单击【确定】按钮，如图 8-8 所示。

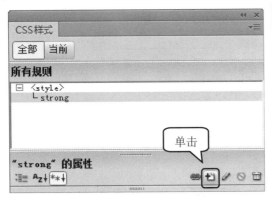

图 8-7

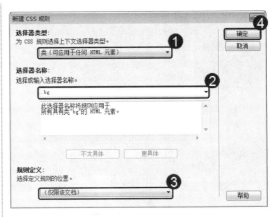

图 8-8

step 3 ① 弹出【.bg 的 CSS 规则定义】对话框,在【分类】列表框中,选择各个选项,② 对选择的各个选项进行设置,③ 单击【确定】按钮,如图 8-9 所示。

step 4 返回到软件主界面,选择准备设置 CSS 样式的文本,如图 8-10 所示。

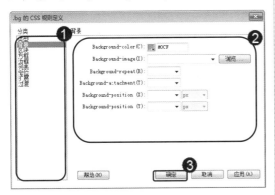

图 8-9

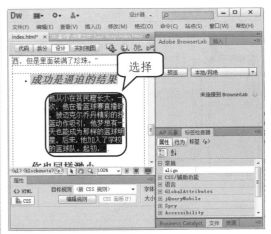

图 8-10

step 5 ① 在【属性】面板中,单击 CSS 按钮,② 在【目标规则】下拉列表中,选择刚刚设置的 bg 列表项,如图 8-11 所示。

step 6 通过以上方法,即可完成建立类样式的操作,如图 8-12 所示。

图 8-11

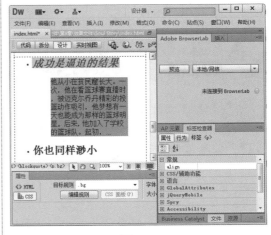

图 8-12

8.2.3 建立复合内容样式

复核内容样式顾名思义，是可以影响两个或者两个以上标签、类或者 ID 的复合规则，如输入 Div p，则 Div 标签内的所有 P 元素都会受到影响。

在【新建 CSS 规则】对话框中，在【选择器类型】下拉列表框中，选择【复合内容(基于选择的内容)】选项，在【选择器名称】下拉列表框中，虽然可以自定义，但通常初始只包含 4 个列表项，如图 8-13 所示。

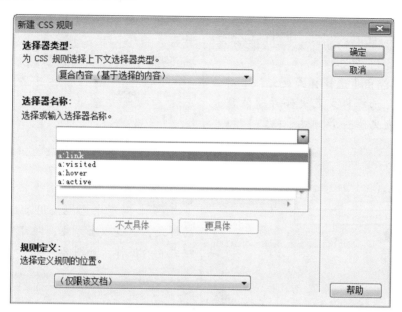

图 8-13

在【选择器名称】下拉列表框中的各项参数如下。

■ a:link：定义了设置有链接的文字的样式。
■ a:visited：定义了浏览者已经访问过的链接样式。
■ a:hover：定义了鼠标停留在链接的文字上时的样式，一般定义文字、颜色等。
■ a:active：定义了链接被激活时的样式，即已经单击链接，但页面还没跳转的样式。

8.2.4 链接外部样式表

CSS 外部样式表是一个包含了样式的外部规范文件，当将网页链接到该文件的时候，网页中的样式都会自动更新为该文件中的样式。下面详细介绍链接外部样式表的操作方法。

素材文件 ❄ 第 8 章\素材文件\Soul Story
效果文件 ❄ 第 8 章\效果文件\Soul Story

 打开素材文件，在【CSS 样式】面板中，单击【附加样式表】按钮 ，如图 8-14 所示。

 弹出【链接外部样式表】对话框，在【文件/URL】区域中，单击【浏览】按钮，如图 8-15 所示。

第 8 章 使用 CSS 修饰美化网页

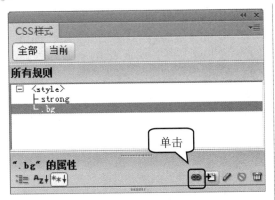

图 8-14

step 3 ① 弹出【选择样式表文件】对话框，选择样式表文件存储位置，② 选择样式表文件，③ 单击【确定】按钮，如图 8-16 所示。

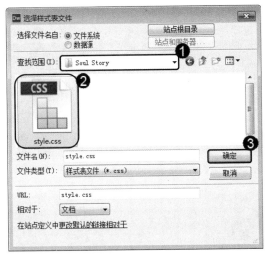

图 8-16

step 5 ① 返回到软件主界面，保存文件，单击【在浏览器中预览/调试】下拉按钮，② 在弹出的下拉菜单中，选择【预览在 IExplore】菜单项，如图 8-18 所示。

图 8-18

图 8-15

step 4 返回【链接外部样式表】对话框，单击【确定】按钮，如图 8-17 所示。

图 8-17

step 6 在弹出的 IE 浏览器中，可以看到网页中已经应用了外部样式表中的样式，通过以上方法，即可完成链接外部样式表的操作，如图 8-19 所示。

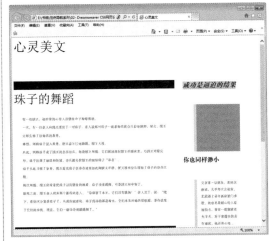

图 8-19

考考您

请您根据上述方法链接其他的外部样式表，测试一下您的学习效果。

8.2.5　建立 ID 样式

ID 样式主要是用于定义包含特定 ID 属性的标签格式。下面详细介绍建立 ID 样式的操作方法。

素材文件 第 8 章\素材文件\Soul Story
效果文件 第 8 章\效果文件\Soul Story

 打开素材文件，在【CSS 样式】面板中，单击【新建 CSS 规则】按钮，如图 8-20 所示。

图 8-20

 ① 弹出【#logo 的 CSS 规则定义】对话框，在【分类】列表框中，选择【方框】列表项，② 分别设置 Width 和 Height 的值，③ 单击【确定】按钮，如图 8-22 所示。

图 8-22

 ① 弹出【新建 CSS 规则】对话框，在【选择器类型】下拉列表框中，选择【ID(仅应用于一个 HTML 元素)】列表项，② 在【选择器名称】下拉列表框中，选择 logo 列表项，③ 在【规则定义】下拉列表框中，选择 style.css 列表项，④ 单击【确定】按钮，如图 8-21 所示。

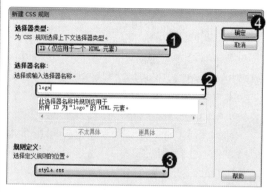

图 8-21

 通过以上方法，即可完成建立 ID 样式的操作，如图 8-23 所示。

图 8-23

 # 8.3　将 CSS 应用到网页

在创建 CSS 样式之后，即可将 CSS 样式应用的网页中。本节将详细介绍 CSS 应用到网页的相关知识。

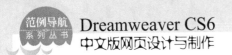

8.3.1 内联样式表

内联样式表通常在代码 body 中使用，在 body 标记中主要是引用如下代码：

```
<font color+"#fff000" style="font-size:22px">文本</font>
```

上面的写法很直观明了，但无法显现层叠样式的优势，故不推荐使用。

8.3.2 外部样式表

外部样式表是在网页代码之外的文件，需要将其链接至网页文件，才可以应用到网页中。创建成文件以后即可应用外部样式表，应用的代码如下：

```
<link href="style/cssv" rel+"stylesheet" type="text/css" />
```

8.3.3 内部样式表

内部样式表一般存在于 head 标签中，即 HTML 文件的头部，并且以<style>开头，以</style>结尾，例如代码如下：

```
<!DOCTYPE html PUBLIC "-//W3C//DTD XHTML 1.0 Transitional//EN"
"http://www.w3.org/TR/xhtml1/DTD/xhtml1-transitional.dtd">
<html xmlns="#">
<head>
<meta http-equiv="Content-Type" content="text/html;
charset=utf-8" />
<title>在 head 中写法</title>
<style type="text/css">
<!--
#box{width:200px;
    height:200px;
    background-color::#3C9;
    text-align:center;
}
.font1{color:#000;
}
-->
</style>
</head>
```

有些低版本的浏览器不能识别 style 标记，意味着低版本的浏览器会忽略 style 标记里的内容，并把 style 标记里的内容以文本直接显示到页面上。为了避免这样的情况发生，一般通过加 HTML 注释的方式(<!-- 注释 -->)隐藏内容而不让其显示。

8.4　设置 CSS 样式

在 Dreamweaver CS6 中，可以对 CSS 样式格式进行相应的设置，从而做出更精美的网页效果。本节将详细介绍设置 CSS 样式的相关知识。

8.4.1　设置文本类型

在设置文本类型中，用户可以对文本的大小、字体、样式、行高以及颜色等进行相应的设置。下面以设置文本颜色为红色为例，详细介绍设置文本类型的操作方法。

素材文件❀ 第 8 章\素材文件\Soul Story
效果文件❀ 第 8 章\效果文件\Soul Story

 打开素材文件，将光标定位在准备设置文本类型的文本处，如图 8-24 所示。

图 8-24

 ① 弹出【#logo h1 的 CSS 规则定义】对话框，在【分类】列表框中，选择【类型】列表项，② 在 color 文本框中输入"#FF000"，③ 单击【确定】按钮，如图 8-26 所示。

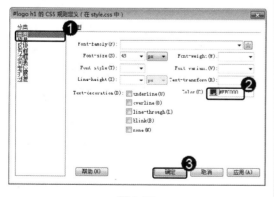

图 8-26

 ① 在【属性】面板中，单击 CSS 按钮，② 单击【编辑规则】按钮，如图 8-25 所示。

图 8-25

 通过以上方法，即可完成设置文本类型的操作，如图 8-27 所示。

图 8-27

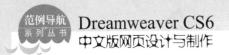

在【类型】区域中，用户可以对各个选项进行设置。

■ Font-family(字体)：用于设置当前样式所使用的字体。

■ Font-size(大小)：定义文本大小。可设置相对大小或者绝对大小，设置绝对大小时还可以在其右边的下拉列表中选择单位，常使用"点数(pt)"为单位，一般把正文字体大小设置为9pt或10.5pt。

■ Font-style(样式)：设置字体的特殊格式，包括"正常"、"斜体"和"偏斜体"三个选项。

■ Line-height(行高)：设置文本所在行的高度。选择"正常"项，则由系统自动计算行高和字体大小；也可以直接在其中输入具体的行高数值，然后在右边的下拉列表中选择单位。注意行高的单位应该和文字的单位一致，行高的值应等于或略大于文字大小。

■ Font-weight(粗细)：设置文字的笔画粗细。选择粗细数值，可以指定字体的绝对粗细程度，选择"粗体"、"特粗"和"细体"则可以指定字体相对的粗细程度。

■ Font-variant(变体)：设置文本的小型大写字母变体。即将小写字母改为大写，但显示尺寸仍按小写字母的尺寸显示。该设置只有在浏览器中才能看到效果。

■ Text-transform(大小写)：将英文单词的首字母大写或全部大写或全部小写。

■ Text-decoration(修饰)：向文本中添加下划线、上划线或删除线，或使文本闪烁，常规文本的默认设置是"无"，链接的默认设置是"下划线"。

■ Color(颜色)：设置文本颜色，可以通过颜色选择器选取，也可以直接在文本框中输入颜色值。

8.4.2 设置背景样式

在设置背景样式中，用户可以对背景颜色、背景图像等进行相应的设置。下面以设置背景图像为例，详细介绍设置背景样式的操作方法。

素材文件 ❀ 第8章\素材文件\Soul Story
效果文件 ❀ 第8章\效果文件\Soul Story

 打开素材文件，将光标定位在准备设置背景样式的位置，如图8-28所示。

图 8-28

 ① 在【属性】面板中，单击CSS按钮，② 单击【编辑规则】按钮，如图8-29所示。

图 8-29

step 3 ① 弹出【#logo h1 的 CSS 规则定义】对话框,选择【背景】列表项,② 单击【浏览】按钮,如图 8-30 所示。

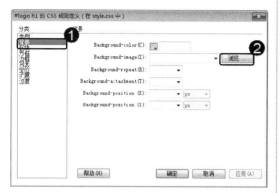

图 8-30

step 5 返回到【#logo h1 的 CSS 规则定义】对话框,单击【确定】按钮,如图 8-32 所示。

图 8-32

step 4 ① 弹出【选择图像源文件】对话框,选择图像保存位置,② 选择准备设置的图像文件,③ 单击【确定】按钮,如图 8-31 所示。

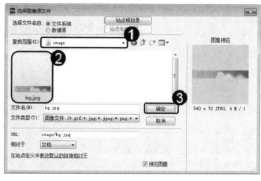

图 8-31

step 6 通过以上方法,即可完成设置背景样式的操作,如图 8-33 所示。

图 8-33

在【类型】区域中,可以对各个选项进行设置。

- Background-color(背景颜色): 设置元素的背景颜色。
- Background-image(背景图像): 设置元素的背景图像。
- Background-repeat(重复): 设置当使用图像作为背景时是否需要重复显示,一般用于图像尺寸小于页面元素面积的情况,包括以下 4 个选项,"不重复": 表示只在元素开始处显示一次图像; "重复": 表示在应用样式的元素背景的水平方向和垂直方向上重复显示该图像; "横向重复": 表示在应用样式的元素背景的水平方向上重复显示该图像; "纵向重复": 表示在应用样式的元素背景的垂直方向上重复显示该图像。
- Background-attachment(附件): 有两个选项,即"固定"和"滚动",分别决定背景图像是固定在原始位置还是可以随内容一起滚动。
- Background-position(x)(水平位置)和 Background-posttion(y)(垂直位置): 指定背景图像相对于元素的对齐方式,可以用于将背景图像与页面中心水平和垂直对齐。

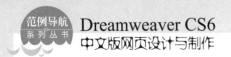
8.4.3 设置方框样式

在设置方框样式中，用户可以对宽、高、填充以及边界等进行相应的设置。下面以设置高为 80px 为例，详细介绍设置方框样式的操作方法。

素材文件 ❀ 第 8 章\素材文件\Soul Story

效果文件 ❀ 第 8 章\效果文件\Soul Story

 step 1 打开素材文件，将光标定位在准备设置方框样式的位置，如图 8-34 所示。

图 8-34

 step 3 ① 弹出【#logo h1 的 CSS 规则定义】对话框，选择【方框】列表项，② 在 Height 文本框中，输入"80"，③ 单击【确定】按钮，如图 8-36 所示。

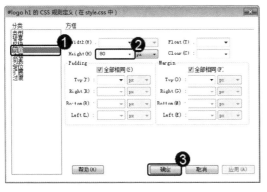

图 8-36

step 2 ① 在【属性】面板中，单击 CSS 按钮，② 单击【编辑规则】按钮，如图 8-35 所示。

图 8-35

step 4 通过以上方法，即可完成设置方框样式的操作，如图 8-37 所示。

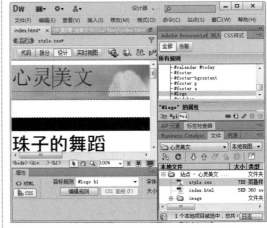

图 8-37

在【方框】区域中，用户可以对各个选项进行设置。

- Width(宽)和 Height(高)：设定宽度和高度，只有在样式应用于图像或层时，才起作用。
- Float(浮动)：设置文本、层、表格等元素在哪个边围绕元素浮动，元素按设置的方式环绕在浮动元素的周围。
- Clear(清除)：设置元素的哪一边不允许有层，如果层出现在被清除的那一边，则元素将移动到层的下面。

- Padding(填充)：指定元素内容与元素边框之间的间距(如果没有边框，则为边距)。【全部相同】复选框为应用此属性元素的"上"、"右"、"下"和"左"侧设置相同的填充属性。取消启用【全部相同】复选框可分别设置元素各个边的填充。

- Margin(边界)：指定一个元素的边框与其他元素之间的间距，只有当样式应用于文本块一类的元素(段落、标题、列表等)时，才起作用。【全部相同】复选框为应用此属性元素的"上"、"右"、"下"和"左"侧设置相同的边距属性。取消启用【全部相同】复选框可分别设置元素各个边的边距。

8.4.4　设置区块样式

在设置区块样式中，用户可以对单词间距、字母间距、文本对齐方式以及文字缩进等进行相应的设置。下面以设置"对齐方式居中"为例，详细介绍设置区块样式的操作方法。

> 素材文件 ✿ 第 8 章\素材文件\Soul Story
> 效果文件 ✿ 第 8 章\效果文件\Soul Story

 打开素材文件，将光标定位在准备设置区块样式的位置，如图 8-38 所示。

图 8-38

 ① 弹出【#logo h1 的 CSS 规则定义】对话框，选择【区块】列表项，② 在 Text-align 下拉列表框中，选择 center 列表项，单击【确定】按钮，如图 8-40 所示。

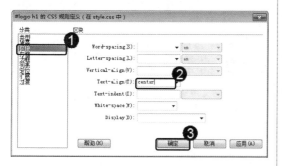

图 8-40

 ① 在【属性】面板中，单击 CSS 按钮，② 单击【编辑规则】按钮，如图 8-39 所示。

图 8-39

通过以上方法，即可完成设置区块样式的操作，如图 8-41 所示。

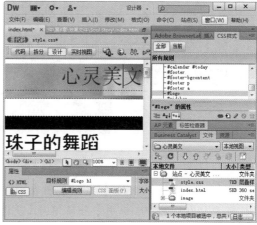

图 8-41

在【区块】区域中，用户可以对各个选项进行设置。

- Word-spacing(单词间距)：设置英文单词之间的距离。
- Letter-spacing(字母间距)：增加或减小文字之间的距离，若要减小字符间距，可以指定一个负值。
- Vertical-align(垂直对齐)：设置应用元素的垂直对齐方式。
- Text-align(文本对齐)：设置应用元素的水平对齐方式，包括"居左"、"居右"、"居中"和"两端对齐" 4 个选项。
- Text-indent(文字缩进)：指定每段中的第一行文本缩进的距离，可以使用负值创建文本凸出，但显示方式取决于浏览器。
- White-space(空格)：确定如何处理元素中的空格。包括 3 个选项："正常"：按正常的方法处理其中的空格，即将多个空格处理为一个；"保留"：将所有的空格都作为文本用<pre>标记进行标识，保留应用样式元素原始状态；"不换行"：文本只有在遇到
标记时才换行。
- Display(显示)：设置是否以及如何显示元素，如果选择"无"则会关闭应用此属性的元素的显示。

8.4.5 设置边框样式

在设置边框样式中，用户可以对边框的样式、宽度以及颜色进行相应的设置。下面以设置边框宽度为 15px 为例，详细介绍设置边框样式的操作方法。

素材文件 ❀ 第 8 章\素材文件\Soul Story
效果文件 ❀ 第 8 章\效果文件\Soul Story

 打开素材文件，将光标定位在准备设置边框样式的位置，如图 8-42 所示。

 ① 在【属性】面板中，单击 CSS 按钮，② 单击【编辑规则】按钮，如图 8-43 所示。

图 8-42

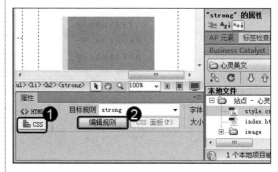

图 8-43

 ① 弹出【strong 的 CSS 规则定义】对话框，选择【边框】列表项，② 在 Width 区域中，启用【全部相同】复选框，③ 在文本框中输入数值"15"，④ 单击【确定】按钮，如图 8-44 所示。

 通过以上方法，即可完成设置边框样式的操作，如图 8-45 所示。

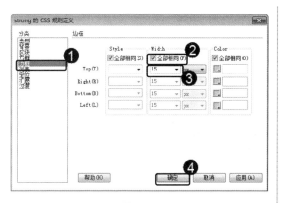

图 8-44

图 8-45

在【边框】区域中，用户可以对各个选项进行设置。

- Style(样式)：设置边框的外观样式，边框样式包括【无】、【点划线】、【虚线】、【实线】、【双线】、【槽状】、【脊状】、【凹陷】和【凸出】等，所定义的样式只有在浏览器中才呈现出效果，且实际显示方式还与浏览器有关。
- Width(宽度)：设置元素边框的粗细，包括【细】、【中】、【粗】，也可设定具体数值。
- Color(颜色)：设置边框的颜色。

8.4.6 设置定位样式

在设置定位样式中，用户可以对"层"进行定位等相关的设置。下面以设置层高度为 100px 为例，详细介绍设置定位样式的操作方法。

素材文件 第 8 章\素材文件\Soul Story

效果文件 第 8 章\效果文件\Soul Story

step 1 打开素材文件，将光标定位在准备设置定位样式的位置，如图 8-46 所示。

step 2 ① 在【属性】面板中，单击 CSS 按钮，② 单击【编辑规则】按钮，如图 8-47 所示。

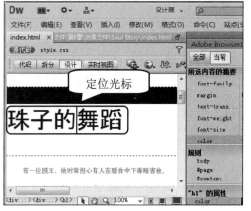

图 8-46

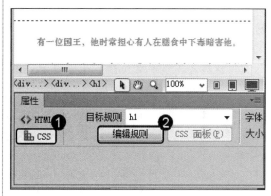

图 8-47

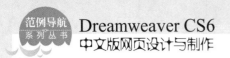
step 3 ① 弹出【h1 的 CSS 规则定义】对话框，选择【定位】列表项，② 在 Height 文本框中，输入数值 "100"，③ 单击【确定】按钮，如图 8-48 所示。

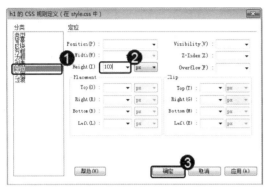

图 8-48

step 4 通过以上方法，即可完成设置定位样式的操作，如图 8-49 所示。

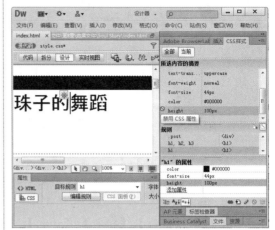

图 8-49

在【定位】区域中，用户可以对各个选项进行设置。

- Position(类型)：包括 3 个选项：【绝对】使用绝对坐标定位层，在【定位】文本框中输入相对于页面左上角的坐标值；【相对】使用相对坐标定位层，在【定位】文本框中输入相对于应用样式的元素在网页中原始位置的偏离值，这一设置无法在编辑窗口中看到效果；【静态】使用固定位置，设置层位置不移动。
- Visibility(显示)：确定层的可见性，如果不指定显示属性，则默认情况下大多数浏览器都继承父级的属性。
- Z-Index(Z 轴)：确定层的叠加顺序。
- Overflow(溢位)：确定当层的内容超出层的大小时的处理方式。
- Placement(置入)：指定层的位置和大小，具体含义主要根据在【类型】下拉列表框中的设置，由于层是矩形的，需要两个点就可以准确地描绘层的位置和形状。第 1 个是左上角的顶点，由 "左" 和 "上" 两项进行设置；第 2 个是右下角的顶点，用 "下" 和 "右" 两项进行调协。
- Clip(裁切)：设置限定层中可见区域的位置和大小。

8.4.7 设置扩展样式

在设置扩展样式中，用户可以分页、鼠标效果以及 CSS 滤镜等进行相关的设置。下面以设置鼠标效果为例，详细介绍设置扩展样式的操作方法。

素材文件 ❀ 第 8 章\素材文件\Soul Story
效果文件 ❀ 第 8 章\效果文件\Soul Story

step 1 打开素材文件，将光标定位在准备设置扩展样式的位置，如图 8-50 所示。

step 2 ① 在【属性】面板中，单击 CSS 按钮，② 单击【编辑规则】按钮，如图 8-51 所示。

图 8-50

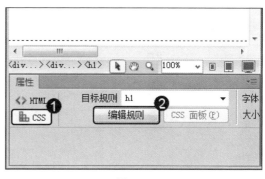

图 8-51

step 3 ① 弹出【h1 的 CSS 规则定义】对话框,选择【扩展】列表项,② 在 Cursor 下拉列表框中,选择相应的鼠标效果,如 help,③ 单击【确定】按钮,如图 8-52 所示。

step 4 返回软件主界面,单击【实时视图】按钮,并将鼠标指针移动至设置扩展样式的文本处,可以看到鼠标的样式发生了改变,这样即可完成设置扩展样式的操作,如图 8-53 所示。

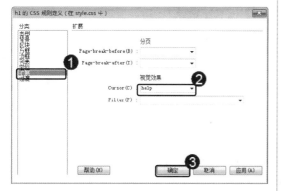

图 8-52

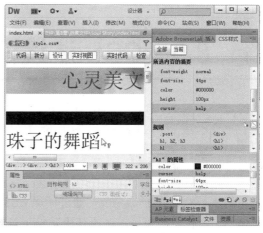

图 8-53

在【扩展】区域中,用户可以对各个选项进行设置。

- 　【分页】: 打印时在样式所控制的对象之前或者之后强行分页。
- 　Cursor(鼠标效果): 指针位于样式所控制的对象上时改变指针图像。
- 　Filter(CSS 滤镜): 又称过滤器,可以为网页中的元素添加各种效果。

8.4.8　设置过渡样式

在设置过渡样式中,用户可以对 CSS 动画效果进行相关的设置,如图 8-54 所示。在【过渡】区域中,用户可以对各个选项进行设置。

- 　【所有可动画属性】: 可以设置所有的动画属性。
- 　【属性】: 可以为 CSS 过渡效果添加属性。
- 　【持续时间】: 设置 CSS 过渡效果的持续时间。
- 　【延迟】: 设置 CSS 过渡效果的延迟时间。

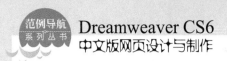

■ 【计时功能】：设置动画的计时方式。

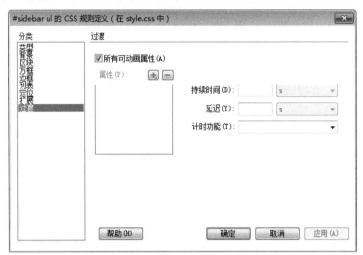

图 8-54

8.5　CSS 滤镜设计特效文字

在 Dreamweaver CS6 中，灵活运用 CSS 滤镜可以制作出特效文字，以丰富网页显示。本节将详细介绍 CSS 滤镜设计特效文字的相关知识。

8.5.1　滤镜概述

滤镜是 CSS 的扩展功能，通过使用 CSS 滤镜可以对页面中的文字进行特效处理。在网页制作中，使用滤镜可以在不使用其他工具软件的基础上使网页内容看起来非常生动。

在【分类】列表框中，选择【扩展】列表项，在 Filter 下拉列表框中，即可选择相应的滤镜效果，如图 8-55 所示。

图 8-55

常见的滤镜属性如表 8-1 所示。

表 8-1

滤　　镜	描　　述
Alpha	设置透明度
Blur	建立模糊效果
Chroma	将制定掉颜色设置为透明
DropShadow	建立投射影像
FlipH	水平翻转
FlipV	垂直翻转
Glow	为对象外边界设置光效
Gray	降低图片色彩度
Invert	建立底片效果
Light	建立一个灯光投影
Mask	建立透明膜
Shadow	建立阴影效果
Wave	利用正弦波打乱图像
Xray	只显示轮廓

8.5.2　光晕(Glow)

光晕(Glow)属性是用于设置在对象周围发光的效果，在【分类】列表框中选择【扩展】列表项，在 Filter 下拉列表中，选择 Glow(Color=?, Strength=?)列表项并设置其参数，即可完成创建光晕的效果，其参数如表 8-2 所示。

表 8-2

参　　数	描　　述
Color	在对象周围发光的颜色
Strength	设置发光强度，取值 1~255，默认 5

8.5.3　模糊(Blur)

模糊(Blur)主要是用于设置对象方向和位置上的模糊效果，在【分类】列表框中选择【扩展】列表项，在 Filter 下拉列表中，选择 Blur(Add=?, Direction=?, Strength=?)列表项，并设置其参数，即可完成创建模糊的效果，其参数如表 8-3 所示。

表 8-3

参　　数	描述
Add	布尔值，设置滤镜是否激活，取值 true 和 false
Direction	设置模糊参数，顺时针方向 45° 累积
Strength	受影响的小像素个数，默认为 5

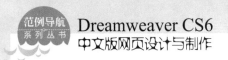

8.5.4　遮罩(Mask)

遮罩(Mask)主要是用于建立一个覆盖在对象表面的膜，在【分类】列表框中选择【扩展】列表项，在 Filter 下拉列表中，选择 Mask(Color=?)列表项，并设置其参数，即可完成创建遮罩的效果，其参数 Color 为准备设置遮罩的颜色。

8.5.5　透明色(Chroma)

透明色(Chroma)主要是用于设置对象对指定的颜色为透明，在【分类】列表框中选择【扩展】列表项，在 Filter 下拉列表中，选择【透明色(Chroma)】列表项，并设置其参数，即可完成创建透明色的效果，其参数 Color 为对象中准备设置透明的颜色。

8.5.6　阴影(Dropshadow)

阴影(Dropshadow)主要是用于创建对象的固定影子，在【分类】列表框中选择【扩展】列表项，在 Filter 下拉列表中，选择 DropShadow(Color=?, OffX=?, OffY=?, Positive=?)列表项，并设置其参数，即可完成创建阴影的效果，其参数如表 8-4 所示。

表 8-4

参　数	描　述
Color	设置阴影的颜色
OffX	用于设置阴影相对图像移动的水平距离
OffY	用于设置阴影相对图像移动的垂直距离
Positive	尔值取值 0 和 1，0 为透明像素生成阴影，1 为不透明像素生成阴影

8.5.7　波浪(Wave)

波浪(Wave)主要是用于为对象创建波浪效果，在【分类】列表框中选择【扩展】列表项，在 Filter 下拉列表中，选择 Wave(Add=?, Freq=?, LightStrength=?, Phase=?, Strength=?)列表项，并设置其参数，即可完成创建波浪的效果，其参数如表 8-5 所示。

表 8-5

参　数	描　述
Add	是否将对象设置为波浪样式，默认为 true
Freq	设置波浪数目
LightStrength	设置波纹的增强效果，取值 0~100
Phase	设置正弦波开始处的相位偏移
Strength	设置对象为基准的在运动方向上的向外扩展距离

8.5.8　X 射线(X-ray)

X 射线(X-ray)主要是用于加亮对象的轮廓，呈现出 "X 光片" 的效果，在【分类】列表框中选择【扩展】列表项，在 Filter 下拉列表框中，选择 X-ray 列表项即可完成创建 X 射线的效果。

 # 8.6　范例应用与上机操作

通过本章的学习，读者基本可以掌握使用 CSS 修饰美化网页的基础知识。下面通过一些实例，达到巩固与提高的目的。

8.6.1　应用 CSS 设置固定字体、字号以及字体颜色

利用 CSS 可以将网页中文本的字体、字号以及字体颜色进行固定，以保证不随浏览器的改变而发生变化，下面详细介绍其具体操作方法。

> 素材文件※ 第 8 章\素材文件\玩味人生
> 效果文件※ 第 8 章\效果文件\玩味人生

 打开素材文件，在【CSS 样式】面板中，单击【新建 CSS 规则】按钮□，如图 8-56 所示。

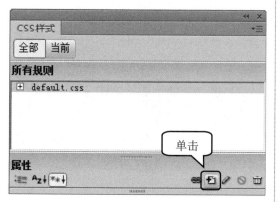

图 8-56

 ① 弹出【.ziti 的 CSS 规则定义】对话框，在【分类】列表框中，选择【类型】列表项，② 分别设置字体、字号和字体颜色，③ 单击【确定】按钮，如图 8-58所示。

① 弹出【新建 CSS 规则】对话框，在【选择器类型】下拉列表框中，选择【类(可应用于任何 HTML 元素)】列表项，② 在【选择器名称】文本框中输入.ziti，③ 在【规则定义】下拉列表框中，选择 default.css 列表项，④ 单击【确定】按钮，如图 8-57 所示。

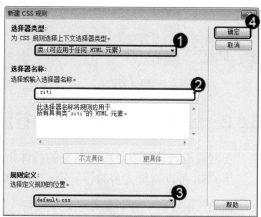

图 8-57

第 8 章　使用 CSS 修饰美化网页

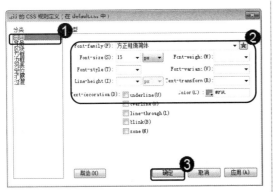

图 8-58

 step 5 ① 在【CSS 样式】面板中，右击刚刚建立的类样式，② 在弹出的快捷菜单中，选择【应用】菜单项，如图 8-60 所示。

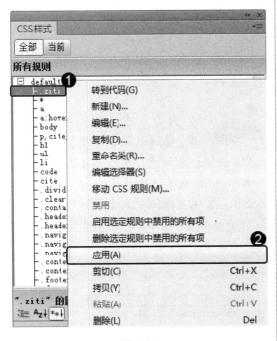

图 8-60

step 4 返回软件主界面，选中准备设置固定字体、字号以及字体颜色的文本，如图 8-59 所示。

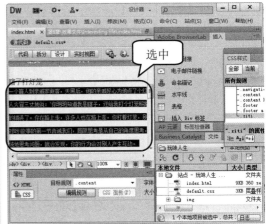

图 8-59

step 6 返回软件主界面，可以看到选中的文本已经发生改变，通过以上方法，即可完成应用 CSS 设置固定字体、字号以及字体颜色的操作，如图 8-61 所示。

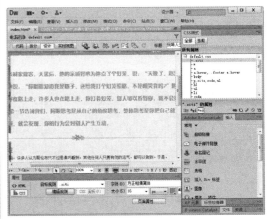

图 8-61

8.6.2 应用 CSS 设置文本的行间距

在网页设计的时候，根据网页的具体需要，有时候需要将文本的行间距进行设置，通过应用 CSS 可以设置文本的行间距，下面详细介绍其具体操作方法。

素材文件 ❀ 第 8 章\素材文件\玩味人生
效果文件 ❀ 第 8 章\效果文件\玩味人生

step 1 打开素材文件，在【CSS 样式】面板中，单击【新建 CSS 规则】按钮，如图 8-62 所示。

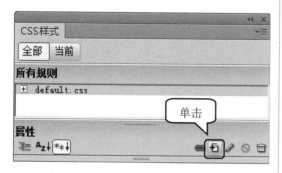

图 8-62

step 3 ① 弹出【.juanju 的 CSS 规则定义】对话框，在【分类】列表框中，选择【类型】列表项，② 在 Line-height 文本框中输入行间距数值，如"40"，③ 单击【确定】按钮，如图 8-64 所示

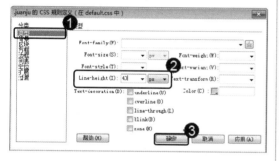

图 8-64

step 5 ① 在【CSS 样式】面板中，右击刚刚建立的类样式，② 在弹出的快捷菜单中，选择【应用】菜单项，如图 8-66 所示。

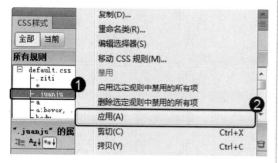

图 8-66

step 2 ① 弹出【新建 CSS 规则】对话框，在【选择器类型】下拉列表框中，选择【类(可应用于任何 HTML 元素)】列表项，② 在【选择器名称】文本框中输入.juanju，③ 在【规则定义】下拉列表框中，选择 default.css 列表项，④ 单击【确定】按钮，如图 8-63 所示。

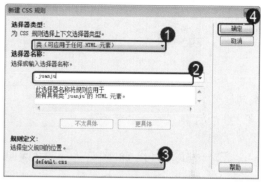

图 8-63

step 4 返回软件主界面,选中准备设行间距的文本，如图 8-65 所示。

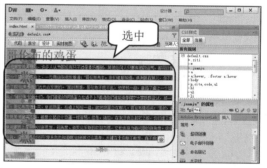

图 8-65

step 6 通过以上方法，即可完成应用 CSS 设置文本的行间距的操作，如图 8-67 所示。

图 8-67

第8章 使用 CSS 修饰美化网页

177

8.7　课后练习

8.7.1　思考与练习

一、填空题

1. 在制作网页时利用_____样式，可以有效地对页面中的_____、布局、背景以及其他效果进行精准的控制。

2. CSS 样式包括标签样式、_____、复合内容样式、_____以及 ID 样式。

二、判断题(正确画"√"，错误画"×")

1. 复核内容样式顾名思义，是可影响两个或者两个以上标签、类或者 ID 的复合规则。(　　)

2. CSS 外部样式表是一个包含了样式的外部规范文件，当将网页链接到该文件的时候，网页中的样式需要手动更新为该文件中的样式。　　　　　　　　　　　　　(　　)

三、思考题

1. 什么是 CSS？
2. 滤镜的作用是什么？

8.7.2　上机操作

1. 启动 Dreamweaver CS6 软件，将光标定位在准备设置文本类型的标题处，使用【CSS】按钮和【编辑规则】按钮，完成设置标题字体的操作。效果文件可参考"配套素材\第 8 章\效果文件\ Butterfly"。

2. 启动 Dreamweaver CS6 软件，将光标定位在准备设置准星样式的位置，使用【CSS】按钮和【编辑规则】按钮，完成设置鼠标效果为准星样式的操作。效果文件可参考"配套素材\第 8 章\效果文件\ Butterfly"。

第 **9** 章

应用 CSS+Div 布局网页

本章介绍应用 CSS+Div 布局网页方面的知识，同时还讲解 CSS 定位和 Div 布局理念方面的知识，最后介绍常见的布局类型。

范 例 导 航

1. 什么是 Div
2. CSS 定位
3. Div 布局理念
4. 常见的布局类型

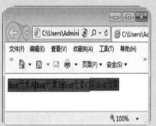

9.1 什么是 Div

CSS+Div 是网站标准中常用的术语之一，在出现 CSS+Div 结构之后，很多设计者都放弃了表格而使用 CSS 来布局页面。本节将详细介绍 Div 的相关知识。

9.1.1 Div 概述

Div 元素是用来为 HTML 文档内大块(block-level)的内容提供结构和背景的元素。Div 的起始标签和结束标签之间的所有内容都是用来构成这个块的，其中所包含元素的特性由 Div 标签的属性来控制，或者是通过使用样式表格式化这个块来进行控制。Div 标签称为区隔标记。作用：设定字、画、表格等的摆放位置。如果把文字、图像，或其他的放在 Div 中，它可称作为"Div block"，或"Div element"或"CSS-layer"，或干脆叫"layer"。而中文我们把它称作"层次"。

<Div> 可定义文档中的分区或节。<Div> 标签可以把文档分割为独立的、不同的部分。它可以用作严格的组织工具，并且不使用任何格式与其关联。如果用 id 或 class 来标记 <Div>，那么该标签的作用会变得更加有效。

9.1.2 <Div>和<Span>区别与相同点

Div 标记是出现于 HTML3.0 时期，不过当时因为局限性，使用的并不多见，一直到 CSS 的出现，Div 才逐渐发挥其优势；而 Span 标记是一直到 HTML4.0 时期才出现的，是专门针对样式表而设计的标记。

Div 简单地说是一个区块的容器，容纳段落、标题、表格、图片甚至章节、摘要以及备注等；而 Span 是行元素，Span 没有结构意义，下面详细介绍<Div>和<Span>区别与相同点。

1. <Div>和<Span>的区别

<Div>与<Span>的区别在于：<Div>是一个块级元素，包围的元素会自动换行；而<Span>仅仅是一个行内元素，在前后不会换行，<Span>没有结构上的意义，纯粹是应用样式。

此外，<Span>标记可以包含于<Div>标记之中，成为子元素，而反过来则不成立，即<Span>标记不能包含<Div>标记。

```
<html>
<head>
<title>div 与 span 的区别</title>
</head>
<body>
<p>div 标记不同行：</p>
```

```
<div><img src="building.jpg" border="0"></div>
<div><img src="building.jpg" border="0"></div>
<div><img src="building.jpg" border="0"></div>
<p>span 标记同一行: </p>
<span><img src="building.jpg" border="0"></span>
<span><img src="building.jpg" border="0"></span>
<span><img src="building.jpg" border="0"></span>
</body>
</html>
```

2. <Div>和<Span>的相同点

  <span>标记与<div>标记一样，作为容器标记而被广泛应用在 HTML 语言中，在<span>与</span>中间同样可以容纳各种 HTML 元素，从而形成独立的对象，如把"<div>"换成"<span>"，执行后也会发现效果完全一样。可以说<div>与<span>这两个标记起到的作用都是独立出各个区块，在这个意义上二者没有太多的不同，其代码如下：

```
<head>
<title>div 标记范例</title>
<style type="text/css">
<!--
div{
font-size:18px; /* 字号大小 */
font-weight:bold; /* 字体粗细 */
font-family:Arial; /* 字体 */
color:#FF0000; /* 颜色 */
background-color:#FFFF00; /* 背景颜色 */
text-align:center; /* 对齐方式 */
width:300px; /* 块宽度 */
height:100px; /* 块高度 */
}
-->
</style>
{</head>
<body>
<div>
}
这是一个 div 标记
</div>
</body>
```

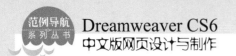

9.1.3　Div 与 CSS 布局优势

　　Div+CSS 是网站标准(或称"WEB 标准")中常用术语之一，Div+CSS 是一种网页的布局方法。这一种网页布局方法有别于传统的 HTML 网页设计语言中的表格(table)定位方式，真正地达到了 W3C 内容与表现相分离。HTML 语言自 HTML4.01 以来，不再发布新版本，原因就在于 HTML 语言正变得越来越复杂化、专用化。XHTML 语言是一种可以将 HTML 语言标准化，用 XHTML 语言重写后的 HTML 页面可以应用许多 XML 应用技术，使得网页更加容易扩展，适合自动数据交换，并且更加规整。在 XHTML 网站设计标准中，不再使用表格定位技术，而是采用 Div+CSS 的方式实现各种定位。

　　Div 与 CSS 布局具有以下优势。

- 符合 W3C 标准。微软等公司均为 W3C 支持者。这一点是最重要的，因为这保证了网站不会因为网络应用的升级而被淘汰。
- 支持浏览器的向后兼容，即无论未来的浏览器如何发展，那个浏览器成为主流，网站都能很好地兼容。
- 搜索引擎更加友好。相对于传统的 table，采用 Div+CSS 技术的网页，对于搜索引擎的收录更加友好。
- 样式的调整更加方便。内容和样式的分离，使页面和样式的调整变得更加方便。
- CSS 的极大优势表现在简洁的代码，对于一个大型网站来说，可以节省大量带宽，而且众所周知，搜索引擎偏向于简洁的代码。
- 表现和结构分离，在团队开发中更容易分工合作而减少相互关联性。

9.2　CSS 定位

　　CSS 定位是允许定义元素框的相对于其正常位置应该出现的位置，或者相对于父元素、另一个元素甚至浏览器窗口本身的位置。本节将详细介绍 CSS 定位的相关知识。

9.2.1　盒子模型

　　CSS 盒子模式都具备的属性包括内容(content)、填充(padding)、边框(border)和边界(margin)，这些属性我们可以把它转移到我们日常生活中的盒子上来理解，日常生活中所见的盒子也就是能装东西的一种箱子，也具有这些属性，所以叫它盒子模式。

　　那么内容(Content)就是盒子里装的东西；而填充(Padding)就是怕盒子里装的东西(贵重的)损坏而添加的泡沫或者其他抗震的辅料；边框(Border)就是盒子本身了；至于边界(Margin)则说明盒子摆放的时候不能全部堆在一起，要留一定空隙保持通风，同时也为了方便取出。在网页设计上，内容常指文字、图片等元素，但是也可以是小盒子(Div 嵌套)，与现实生活中盒子不同的是，现实生活中的东西一般不能大于盒子，否则盒子会被撑坏的。而 CSS 盒子具有弹性，里面的东西大过盒子本身最多把它撑大，但它不会损坏的。填充只有宽度属性，可以理解为生活中盒子里的抗震辅料厚度；而边框有大小和颜色之分，我们又可以理解为生活中所见盒子的厚度以及这个盒子是用什么颜色材料做成的；边界就是该盒子与其他东西要保留多大距离。

　　每个 HTML 标记都可看作一个盒子；每个盒子都有边界、边框、填充、内容 4 个属性；每个属性都包括 4 个部分：上、右、下、左；这 4 个部分可同时设置，也可分别设置，如图 9-1 所示。

图 9-1

9.2.2　position 定位

　　在 CSS 布局中，Position 发挥着非常重要的作用，很多容器的定位都是用 Position 来完成的。另外，CSS 中 Position 的属性有 4 个，分别是 static、absolute、fixed、relative，下面分别予以详细介绍。

1. static(无定位)

　　该属性值是所有元素定位的默认情况，在一般情况下，不需要特别的声明，但有时候遇到继承的情况，可以用 position:static 取消继承，即还原元素定位的默认值。如：

```
#nav{position:static;}
```

2. absolute(绝对定位)

　　使用 position:absolute，能够很准确地将元素移动到想要的位置，比如将 nav 移动到页面的右上角。如：

```
nav{position:absolute;top:0;right:0;width:200px;}
```

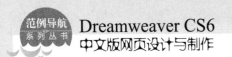

使用绝对定位的nav层前面的或者后面的层会认为这个层并不存在,也就是在z方向上,是相对独立出来的, 丝毫不影响到其他 z 方向的层。所以 position:absolute 用于将一个元素放到固定的位置上,但是如果需要层相对于附近的层来确定位置便不可行。

3. fixed(相对于窗口的固定定位)

元素的定位方式同 absolute 类似,但包含块是视区本身,在屏幕媒体,如 Web 浏览器中,元素在文档滚动时不会在浏览器视窗中移动。

4. relative(相对定位)

相对定位是相对于元素默认的位置的定位,既然是相对的,就要设置不同的值来声明定位在哪里,top、bottom、left、right 四个数值配合,来明确元素的位置。如果要让 nav 层向上移动 50px,左移 50px, 即:

```
#nav{position:relative;top:50px;left:50px;}
```

但值得注意的是,相对定位紧随层 woaicss 是不会出现在 nav 的下方,而是和 nav 发生一定的重叠, 如下代码:

```
<!DOCTYPEhtmlPUBLIC"-//W3C//DTDXHTML1.0Strict//EN"
"http://www.w3.org/TR/xhtml1/DTD/xhtml1-strict.dtd">
<htmlxmlnshtmlxmlns="http://www.w3.org/1999/xhtml">
<head>
<metahttp-equivmetahttp-equiv="Content-Type"
content="text/html;charset=utf-8"/>
<title>www.52css.com</title>
<styletypestyletype="text/css">
<!--
#nav{
width:200px;
height:200px;
position:relative;
top:50px;
left:50px;
background:#ccc;  }
#woaicss{
width:200px;
height:200px;
background:#c00; }
</style>
</head>
<body>
```

```
<dividdivid="nav"></div>
<dividdivid="woaicss"></div>
</body>
</html>
```

从上面的代码可以看出，nav 已经相对于原来的位置移走，向上、向左各移了 50px。但另一个容器 woaicss 什么也没有察觉，当作 nav 是在原来的位置上紧跟在 nav 的后面。所以，在使用时要注意方法与总结经验。

9.2.3 float 定位

float 属性定位的元素位于 z-index:0 层。它是通过 float:left 和 float:right 来控制元素在 0 层左浮或右浮。float 会改变正常的文档流排列，影响到周围元素。float 元素在文档流中一个挨一个排列。但要注意，只是 float 元素之间一个挨一个排列，对于非 float 的元素，float 元素是视而不见的，会越过它们。

如在 Dreamweaver 中输入如下代码：

```
<html>
<head>
<style type="text/css">
    .fl{float:left;background:green;border:solid 1px #00f;}
    .nfl{background:#f0f;border:solid 1px #000;}
</style>
</head>
<body>
    <span class="fl">float 元素 A</span>
    <span class="nfl">非 float 元素</span>
    <span class="fl">float 元素 B</span>
    <span class="fl">float 元素 C</span>
</body>
</html>
```

保存文件后，则在浏览器中的效果如图 9-2 所示。

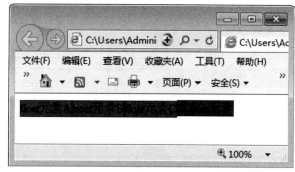

图 9-2

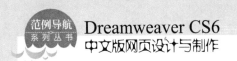

9.3　Div 布局理念

CSS 排版是一种比较新的排版理念，其中最常用的内容元素即 Div 标签。本节将详细介绍 Div 布局理念的相关知识。

9.3.1　将页面用 Div 分块规划

在利用 CSS 进行布局之前，首先要有一个整体规划，包括页面中的组成部分。以最简单的框架为例，页面是由 Banner、主题内容、导航栏和注脚组成，在 Dreamweaver 的代码视图中，输入一下代码：

```
<div id="container"><span id="container">container
  <div id="banner">banner</div>
  <div id="content">content</div>
  <div id="links">links</div>
  <div id="footer">footer</div>
</div>
```

这里每个板块都是一个 Div，直接使用 id 来表示各个板块，页面中所有的 Div 都属于 container。对于每个 Div 块，还可以在其中添加各种元素，如图 9-3 所示。

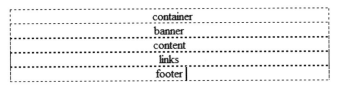

图 9-3

9.3.2　设计各块的位置

在页面的内容确定以后，则需要对各个块的位置进行设置，比如单栏、双栏、背景色等，如图 9-4 所示。

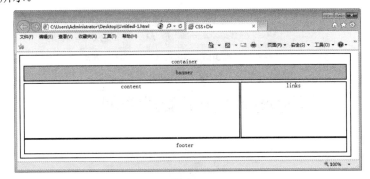

图 9-4

9.3.3 使用 CSS 定位

在整理好页面的框架之后，即可利用 CSS 对各个板块进行定位，首先要对父块进行设置，CSS 代码如下：

```
#container{
    width:900px;
 border:2px solid #000000;
  padding:10px;
  text-align:center;
}
```

以上代码设置了父块的宽度以及文本对齐方式，接下来即可对 Banner 板块进行设置，其 CSS 代码如下：

```
#banner {
    margin-bottom:5px;
    padding:10px;
    background-color:#a2d9ff;
    border:2px solid #000000;
    text-align:center;
}
```

这段代码设置了 Banner 板块的边界和背景颜色等，接下来即可利用 float 将 links 板块移动至右侧，将 content 板块移动至左侧。在代码中，分别设置两个板块的高度、宽度，其 CSS 代码如下：

```
#links{
  float:right;
  width:290px;
  height:150px;
  border:2px solid #000000;
  text-align:center;
}
#content{
  float:left;
  width:600px;
  height:150px;
  border:2px solid #000000;
  text-align:center;
}
```

由于 links 和 content 板块都设置了浮动属性，因此，需要将 footer 板块设置 clear 属性，以确定其不受浮动的影响，其 CSS 代码如下：

```
#footer{
```

```
    clear:both;
    padding:10px;
    border:2px solid #000000;
    text-align:center;
}
```

通过以上的代码，页面的整体框架便基本设置完成。在这里需要注意的一点是，content 板块中不能设置过宽的元素，否则 links 板块将会下移；如果 links 板块中的内容过长，在浏览器中，footer 板块将会紧贴 content 板块下方，与 links 板块重叠。

9.4 常见的布局类型

使用 Div+CSS 来排版布局，可以使网页的浏览速度更快，页面看起来更整齐，最主要的是 Div+CSS 的可控性更强。本节将详细介绍常见的布局类型。

9.4.1 居中版式布局

居中版式布局是目前网页设计中应用最广泛的，所以学习居中版式布局是大多数设计者必须学习的重点，在设计居中版式布局的时候，首先要输入如下代码：

```
<body>
<div id="box">center</div>
</body>
```

然后再在 head 标签中，输入如下代码：

```
#box{
    background-color: #f0f0ff;
    margin: 0 auto;
    text-align: center;
}
```

居中版式布局的效果如图 9-5 所示。

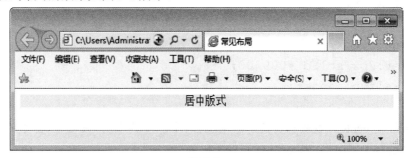

图 9-5

9.4.2　浮动版式布局

浮动版式布局是利用了 float(浮动)属性来定位元素的。在设计浮动版式布局的时候，首先要输入如下代码：

```
<body>
<div id="left">浮动布局</div>
</body>
```

然后再在 head 标签中，输入如下代码：

```
#left{
    background-color: #f0f0ff;
    margin: 0 auto;
    float:left;
}
```

浮动版式布局效果如图 9-6 所示。

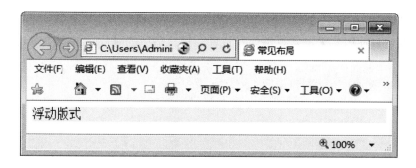

图 9-6

9.4.3　一列固定宽度

一列固定宽度是指，在页面中使用一列式布局，并设置固定的宽度，这也是最简单的布局形式之一。在设计一列固定宽度的时候，首先要输入如下代码：

```
<body>
<div id="Row">一列式固定宽度</div>
</body>
```

然后再在 head 标签中，输入如下代码：

```
#Row{
    width:300px;
    background-color: #f0f0ff;
    margin: 0 auto;
}
```

由于是固定的宽度，所以在浏览器中，无论怎样改变浏览器的大小，Div 的宽度都不会改变，浏览器窗口变小后的效果图，以及浏览器变大后的效果图，分别如图 9-7、图 9-8 所示。

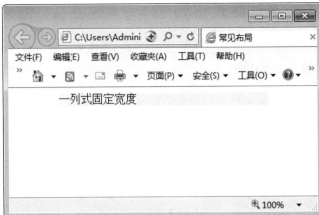

图 9-7   图 9-8

9.4.4 一列自适应

一列自适应是一种常见的布局类型，自适应布局是指根据浏览器窗口的大小，自动改变其宽度和高度，使用起来非常灵活。在设计一列自适应的时候，首先要输入如下代码：

```
<body>
<div id="Row1">一列自适应</div>
</body>
```

然后再在 head 标签中，输入如下代码：

```
#Row1{
    width:70%;
    background-color: #f0f0ff;
    border:3px solid #ff33ff;
}
```

从浏览器效果中可以看出，Div 的宽度已经设置为浏览器窗口的 70%，当扩大或者缩小浏览器窗口的时候，其宽度将一直维持在窗口高宽比的 70%，如图 9-9 所示。

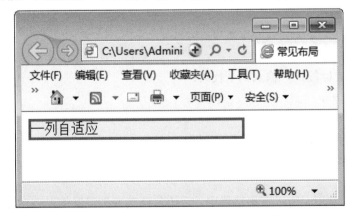

图 9-9

9.4.5　两列固定宽度

两列固定宽度与一列固定宽度的设置方法大致相同，只是在布局的时候，需要用到两个 Div。在设计两列固定宽度的时候，首先要输入如下代码：

```
<body>
<div id="left">左列</div>
<div id="right">右列</div>
</body>
```

然后再在 head 标签中，输入如下代码：

```
#left{
    width:220px;
    height:150px;
    background-color: #f0f0ff;
    border:3px solid #ff33ff;
    float:left;
}
#right{
    width:220px;
    height:150px;
    background-color: #f0f0ff;
    border:3px solid #ff33ff;
    float:left;
}
```

两列固定宽度的效果如图 9-10 所示。

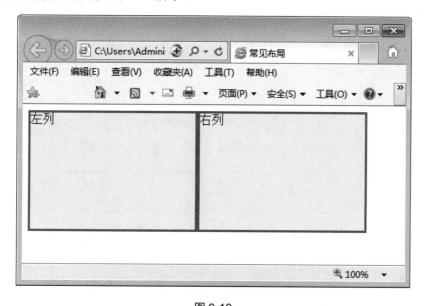

图 9-10

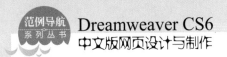

9.4.6　两列宽度自适应

两列宽度自适应与一列自适应大致相同，都是通过设置宽度的百分比值来完成。在设计两列宽度自适应的时候，首先要输入如下代码：

```
<body>
<div id="left">左列 40%</div>
<div id="right">右列 30%</div>
</body>
```

然后再在 head 标签中，输入如下代码：

```
#left{
    width:40%;
    height:150px;
    background-color: #f0f0ff;
    border:3px solid #ff33ff;
    float:left;
}
#right{
    width:30%;
    height:150px;
    background-color: #f0f0ff;
    border:3px solid #ff33ff;
    float:left;
}
```

两列宽度自适应也会随着浏览器窗口的大小而改变宽度，浏览器窗口变小后和变大后的效果图，分别如图 9-11、图 9-12 所示。

 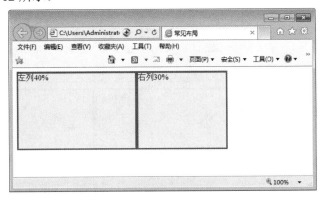

图 9-11　　　　　　　　　　　　　　　　　图 9-12

9.4.7　两列右列宽度自适应

在实际应用中，通常会遇到需要固定左列的宽度，然后右列会根据浏览器窗口大小自

动适应。这种情况只需将左列的宽度固定，然后右列采用百分比设置宽度即可，首先需要输入如下代码：

```
<body>
<div id="left">左列</div>
<div id="right">右列 50%</div>
</body>
```

然后再在 head 标签中，输入如下代码：

```
#left{
    width:80px;
    height:150px;
    background-color: #f0f0ff;
    border:3px solid #ff33ff;
    float:left;
}
#right{
    width:50%;
    height:150px;
    background-color: #f0f0ff;
    border:3px solid #ff33ff;
    float:left;
}
```

在浏览器中查看时，无论怎么调整窗口的大小，左列的宽度是不变的，而右列会随着窗口的扩大或缩小而改变，浏览器窗口变小后和变大后的效果图，分别如图 9-13、图 9-14 所示。

图 9-13

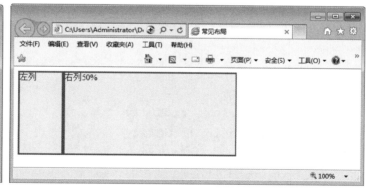

图 9-14

9.4.8 三列浮动中间宽度自适应

三列浮动中间宽度自适应是将左右两列的宽度固定，然后采用百分比设置中间列的宽度，首先需要输入如下代码：

```
<body>
<div id="left">左列固定</div>
<div id="center">中间列</div>
<div id="right">右列固定</div>
</body>
```

然后再在 head 标签中，输入如下代码：

```
body{
    margin:0px;
 }
#left{
    width:80px;
    height:150px;
    background-color: #f0f0ff;
    border:3px solid #ff33ff;
    float:left;
    position:absolute;
    top:0px;
    left:0px;
}
#center{
    height:150px;
    background-color: #f0f0ff;
    border:3px solid #ff33ff;
    margin-left:85px;
    margin-right:85px;
}
#right{
    width:80px;
    height:150px;
    background-color: #f0f0ff;
    border:3px solid #ff33ff;
    float:left;
    position:absolute;
    top:0px;
    right:0px;
}
```

在浏览器中查看时，无论怎么调整窗口的大小，左列和右列的宽度是不变的，而中间列会随着窗口的扩大或缩小而改变，浏览器窗口变小后和变大后的效果图，分别如图 9-15、图 9-16 所示。

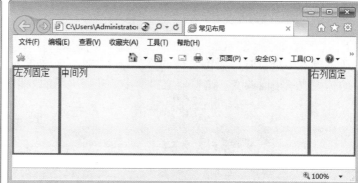

图 9-15 图 9-16

9.5 范例应用与上机操作

通过本章的学习，读者基本可以掌握应用 CSS+Div 布局网页的基础知识。下面通过一些实例，达到巩固与提高的目的。

9.5.1 两列左列宽度自适应

在实际应用中，也会遇到需要固定右列的宽度，然后左列会根据浏览器窗口大小自动适应。这种情况只需将右列的宽度固定，然后左列采用百分比设置宽度即可，首先需要输入如下代码：

```
<body>
<div id="left">左列 50%</div>
<div id="right">右列</div>
</body>
```

然后再在 head 标签中，输入如下代码：

```
#left{
    width: 50%;
    height:150px;
    background-color: #f0f0ff;
    border:3px solid #ff33ff;
    float:left;
}
#right{
    width: 80px;
    height:150px;
    background-color: #f0f0ff;
```

```
    border:3px solid #ff33ff;
    float:left;
}
```

在浏览器中查看时，无论怎么调整窗口的大小，右列的宽度是不变的，而左列会随着窗口的扩大或缩小而改变，浏览器窗口变小后和变大后的效果图，分别如图 9-17、图 9-18 所示。

图 9-17

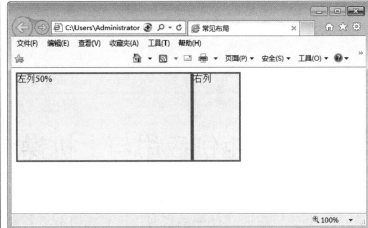

图 9-18

9.5.2 三列宽度自适应

三列宽度自适应与一列、两列自适应大致相同，都是通过设置宽度的百分比值来完成的。在设计三列宽度自适应的时候，首先要输入如下代码：

```
<body>
<div id="left">左列</div>
<div id="center">中间列</div>
<div id="right">右列</div>
</body>
```

然后再在 head 标签中，输入如下代码：

```
#left{
    width:25%;
    height:150px;
    background-color: #f0f0ff;
    border:3px solid #ff33ff;
    float:left;
}
#center{
    width:25%;
```

```
    height:150px;
    background-color: #f0f0ff;
    border:3px solid #ff33ff;
    float:left;
}
#right{
    width:25%;
    height:150px;
    background-color: #f0f0ff;
    border:3px solid #ff33ff;
    float:left;
}
```

三列宽度自适应也会随着浏览器窗口的大小而改变宽度，浏览器窗口变小后和变大后的效果图，分别如图 9-19、图 9-20 所示。

图 9-19

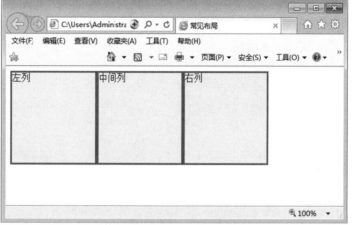

图 9-20

9.6　课后练习

9.6.1　思考与练习

一、填空题

1. ＿＿＿＿＿＿＿简单地说是一个区块的容器，容纳段落、标题、表格、＿＿＿＿＿＿＿甚至章节、摘要以及备注等。

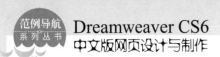

2. _____是网站标准中常用术语之一，Div+CSS是一种网页的布局方法，这一种网页布局方法有别于传统的_____网页设计语言中的表格定位方式。

3. CSS 中 Position 的属性有 4 个，分别是 static、_____、fixed、_____。

二、判断题(正确画"√"，错误画"×")

1. Span 是行元素，Span 具有结构意义。 （　　）
2. 每个 HTML 标记都可看作一个盒子; 每个盒子都有边界、边框、填充、内容 4 个属性。（　　）

三、思考题

1. 什么是 Div?
2. 什么是盒子模型?

9.6.2　上机操作

1. 启动 Dreamweaver CS6 软件，使用代码命令，完成布局一列自适应的操作。
2. 启动 Dreamweaver CS6 软件，使用代码命令，完成布局两列固定宽度的操作。

第 **10** 章

使用 AP Div 布局页面

本章介绍 AP Div 布局页面方面的知识，同时还讲解如何创建和操作 AP Div，最后还介绍设置 AP Div 属性，以及 AP Div 的常见应用方面的知识。

范 例 导 航

1. 认识 AP Div
2. 创建 AP Div
3. AP Div 的操作
4. 设置 AP Div 的属性
5. AP Div 的常见应用

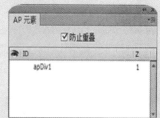

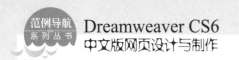

10.1 认识 AP Div

在 Dreamweaver CS6 中，AP Div 实际上就是来自 CSS 中的定位技术，可以定位在页面上的任何位置，只不过 Dreamweaver 将其进行了可视化操作，本节将详细介绍设置 AP Div 方面的知识。

10.1.1 AP Div 概述

所谓 AP Div，是指存放文本、图像、表单和插件等网页内容的容器，可以想象成是一张一张叠加起来的透明胶片，每张透明胶片上都有不同的画面，它用来控制浏览器窗口中网页内容的位置、层次。

AP Div 最主要的特性就是它是浮动在网页内容之上的；也就是说，可以在(不影响其他网页元素情况下)网页上任意改变其位置，实现对 AP Div 的准确定位；把页面元素放入 AP Div 中可以使用户对页面操作的布局更加轻松。

AP Div 元素可以重叠，所以在网页中可以实现网页内容的重叠效果(如立体字)；AP Div 元素还可以被显示或隐藏，可以实现网页导航中的下拉菜单，图片的可控显示或隐藏；还可以通过应用时间轴使其移动和变换，这样在层中旋转一些图片或文本，就能够实现动画效果。AP Div 主要有以下几个方面的功能。

- ■ AP Div 是绝对定位的，游离在文档之上，可以浮动定位网页元素。
- ■ AP Div 的 Z 轴属性可以使多个 AP Div 进行重叠，产生多重叠加的效果。
- ■ AP Div 的显示和隐藏可以控制，从而使网页的内容变得更加丰富多彩。

10.1.2 AP Div 和 Div 的区别

插入 Div 是在当前位置插入固定层，绘制 AP Div 是在当前位置插入可移动层，也就是说这个层是浮动的，可以根据它的 top 和 left 来规定这个层的显示位置。

AP Div 是 CSS 中的定位技术，在 Dreamweaver 中将其进行了可视化操作，文本、图像、表格等元素只能固定其位置，不能互相叠加在一起，使用 AP Div 功能可以将其放置在网页中的任何位置，还可以按顺序排放网页文档中的其他构成元素，体现了网页技术从二维空间向三维空间的一种延伸。

Div 是网页的一种框架结构，Div 元素是用来为 HTML 文档内大块(block-level)的内容提供结构和背景的元素。Div 的起始标签和结束标签之间的所有内容都是用来构成这个块的，其中所包含元素的特性由 Div 标签的属性来控制，或者是通过使用样式表格式化这个块来进行控制。

Div 与 AP Div 的使用区别：一般情况下，进行 HTML 页面布局时，都是使用的 Div+CSS，而不能用 AP Div+CSS。只有在特殊情况下，如果需要在 Div 中制作重叠的层，如 PS 的图层，才会用到 AP DIV 元素。

10.1.3 【AP 元素】面板简介

AP 元素即绝对定位元素，是指在网页中具有绝对位置的页面元素。AP 元素中可以包含文本、图像或其他网页元素。使用【AP 元素】面板可以管理文档中的 AP 元素，同时，可以防止 AP 元素重叠，更改 AP 元素的可见性、嵌套或堆叠 AP 元素，以及选择一个或多个 AP 元素。

AP 元素将按照 z 轴的顺序显示为一列名称，默认情况下，第一个创建的 AP 元素显示在列表底部，最新创建的 AP 元素显示在列表顶部。可以通过更改 AP 元素在堆叠顺序中的位置来更改顺序。

执行【窗口】→【AP 元素】菜单项或者按 F11 快捷键，这样即可打开【AP 元素】面板，如图 10-1 所示。

图 10-1

当前文档中所有的 AP 元素都显示在【名称】列表中，在 Dreamweaver CS6 中，可以使用 AP 元素来设计页面的布局，用户可以将其前后放置，隐藏某些层而显示其他层，或在屏幕上移动层。

10.2 创建 AP Div

在使用 AP Div 之前，首先要知道如何创建 AP Div，本节将详细介绍创建 AP Div 的相关知识。

10.2.1 使用菜单创建普通 AP Div

在 Dreamweaver CS6 中，用户可以使用菜单方便地创建普通 AP Div，下面详细介绍其具体操作方法。

素材文件 ❀ 第 10 章\素材文件\AP Div
效果文件 ❀ 第 10 章\效果文件\AP Div

 step 1 ① 打开素材文件，单击【插入】菜单，② 在弹出下拉菜单中，选择【布局对象】菜单项，③ 在弹出的子菜单中，选择【AP Div】子菜单项，如图 10-2 所示。

step 2 此时在【设计】视图窗口中，可以看到一个插入的方框，通过以上方法，即可完成使用菜单创建普通 AP Div 的操作，如图 10-3 所示。

第一〇章 使用 AP Div 布局页面

201

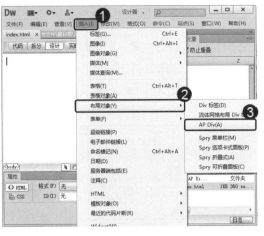

图 10-2

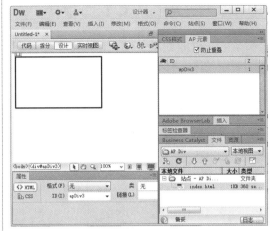

图 10-3

10.2.2 创建嵌套 AP Div

在 Dreamweaver CS6 中，嵌套 AP Div 是指在一个 AP Div 之中再创建一个 AP Div，两者是父级与子级的关系。下面详细介绍创建嵌套 AP Div 的操作方法。

素材文件 第 10 章\素材文件\AP Div

效果文件 第 10 章\效果文件\AP Div

 ① 打开素材文件，在【AP 元素】面板中，取消启用【防止重叠】复选框，② 单击【插入】菜单，③ 在弹出下拉菜单中，选择【布局对象】菜单项，④ 在弹出的子菜单中，选择 AP Div 子菜单项，如图 10-4 所示。

 在【AP 元素】面板中，可以看到新插入的 AP Div 与之前的 AP Div 呈现的是父子关系，通过以上方法即可完成创建嵌套 AP Div 的操作，如图 10-5 所示。

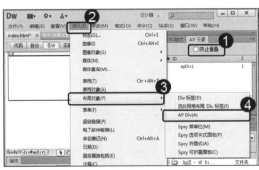

图 10-4

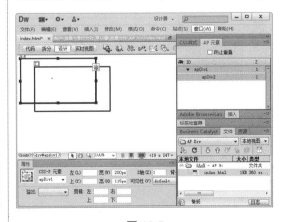

图 10-5

10.3 AP Div 的操作

在创建了 AP Div 之后，即可对 AP Div 进行相应的操作，本节将详细介绍 AP Div 操作的相关知识。

10.3.1 选择 AP Div

在对 AP Div 进行操作之前，首先要将 AP Div 选中。下面详细介绍选择 AP Div 的操作方法。

素材文件 第 10 章\素材文件\AP Div
效果文件 第 10 章\效果文件\AP Div

step 1 打开素材文件，在【AP 元素】面板中，单击准备选择的 AP Div 名称，如图 10-6 所示。

step 2 可以看到，选中的 AP Div 的边框上会出现 8 个控制点，这样即可完成选择 AP Div 的操作，如图 10-7 所示。

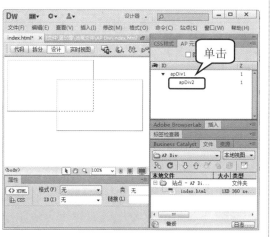
图 10-6

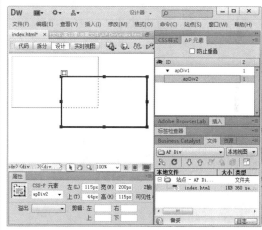
图 10-7

知识精讲　在【设计】视图中，将鼠标指针移动至准备选择的 AP Div 边框处，当鼠标指针变为十字箭头形状时单击，同样可以完成选择 AP Div。

10.3.2 调整 AP Div 的大小

在实际工作中，创建的 AP Div 经常需要根据实际情况进行大小的调整。下面详细介绍调整 AP Div 大小的操作方法。

素材文件 第 10 章\素材文件\AP Div
效果文件 第 10 章\效果文件\AP Div

step 1 ① 打开素材文件，选中准备调整大小的 AP Div，② 在【属性】面板中，分别设置【宽】和【高】的值，如图 10-8 所示。

step 2 可以看到，选中的 AP Div 的大小已经发生改变，通过以上方法，即可完成调整 AP Div 大小的操作，如图 10-9 所示。

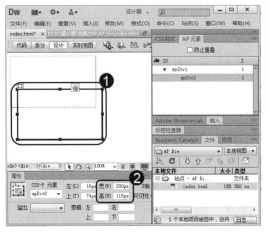 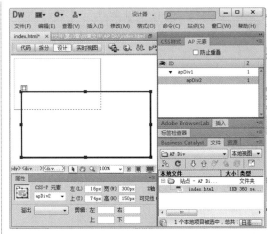

图 10-8 图 10-9

10.3.3 移动 AP Div

如果希望将 AP Div 放置在相应的位置，可以选择将其移动。下面详细介绍移动 AP Div 的操作方法。

素材文件❀ 第 10 章\素材文件\AP Div
效果文件❀ 第 10 章\效果文件\AP Div

step 1 ① 打开素材文件，选中准备移动的 AP Div，② 在【属性】面板中，分别设置【左】和【上】的值，如图 10-10 所示。

step 2 可以看到，选中的 AP Div 的位置已经发生改变，通过以上方法即可完成移动 AP Div 的操作，如图 10-11 所示。

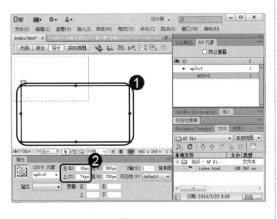 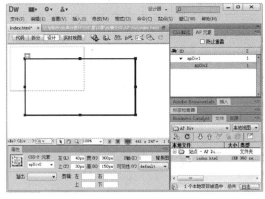

图 10-10 图 10-11

10.3.4 排列 AP Div

排列 AP Div 是指选中多个 AP Div，然后进行对齐设置。下面以左对齐为例，详细介绍排列 AP Div 的操作方法。

素材文件❀ 第 10 章\素材文件\AP Div

效果文件❀ 第 10 章\效果文件\AP Div

step 1 ①打开素材文件，按 Shift 键，依次选择准备排列的 AP Div，②单击【修改】菜单，③在弹出的下拉菜单中，选择【排列顺序】菜单项，④在弹出的子菜单中，选择【左对齐】子菜单项，如图 10-12 所示。

step 2 可以看到，所有选中的 AP Div 已经按照左对齐的方式排列，通过以上方法即可完成排列 AP Div 的操作，如图 10-13 所示。

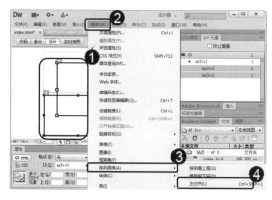

图 10-12

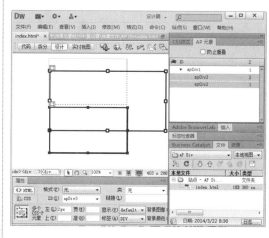

图 10-13

10.4　设置 AP Div 的属性

在创建了 AP Div 之后，即可在【属性】面板中对其属性进行设置。本节将详细介绍设置 AP Div 属性的相关知识。

10.4.1　改变 AP Div 的堆叠顺序

改变 AP Div 的堆叠顺序是指，将选中的 AP Div 移动至其他层。下面以向下移动为例，详细介绍改变 AP Div 堆叠顺序的操作方法。

素材文件❀ 第 10 章\素材文件\AP Div

效果文件❀ 第 10 章\效果文件\AP Div

step 1 ①打开素材文件，选中准备改变堆叠顺序的 AP Div，②单击【修改】菜单，③在弹出的下拉菜单中，选择【排列顺序】菜单项，④在弹出的子菜单中，选择【移到最下层】子菜单项，如图 10-14 所示。

step 2 可以看到，选中的 AP Div 已经移动到了最下层，通过以上方法即可完成改变 AP Div 的堆叠顺序的操作，如图 10-15 所示。

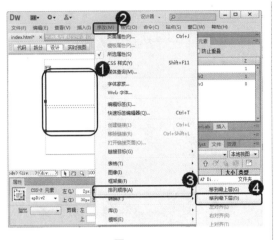
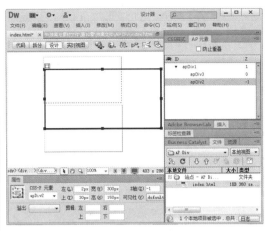

图 10-14　　　　　　　　　　　　　　图 10-15

10.4.2　为 AP Div 添加滚动条

在 AP Div 的【属性】面板中，在【溢出】下拉列表框中，选择相应的列表项即可完成对 AP Div 添加滚动条的操作，如图 10-16 所示。

图 10-16

在【溢出】下拉列表框中，可以做如下设置。

- visible(可见)：在 AP 元素中显示额外的内容，AP 元素会通过延伸来容纳额外的内容。
- hidden(隐藏)：不在浏览器中显示额外的内容。
- scroll(滚动条)：指定浏览器在 AP 元素上添加滚动条，无论是否需要滚动条。
- auto(自动)：当 AP Div 中的内容超出范围的时候，才会显示滚动条。

10.4.3　改变 AP Div 的可见性

在 AP Div 的【属性】面板中，在【可见性】下拉列表框中，选择相应的列表项即可完成改变 AP Div 的可见性的操作，如图 10-17 所示。

图 10-17

在【可见性】下拉列表框中，可以做如下设置。

- default(默认)：使用浏览器的默认设置。
- inherit(继承)：有嵌套 AP Div 的情况下，当前子 AP Div 使用父 AP Div 的可见属性。
- visible(可见)：无论父 AP Div 是否可见，当前子 AP Div 都可见。
- hidden(不可见)：无论父 AP Div 是否可见，当前子 AP Div 都不可见。

10.4.4　设置 AP Div 的显示/隐藏属性

利用【AP 元素】面板，用户可以设置 AP 元素的显示与隐藏属性，下面详细介绍其具体操作方法。

素材文件❀ 第 10 章\素材文件\AP Div
效果文件❀ 第 10 章\效果文件\AP Div

 ① 打开素材文件，在【AP 元素】面板中，单击【眼睛】按钮，② 在每个 AP Div 前方会出现闭起的眼睛，这时为隐藏状态，如图 10-18 所示。

单击任意闭起的眼睛，即可转换为显示状态，通过以上方法即可完成设置 AP Div 的显示/隐藏属性的操作，如图 10-19 所示。

图 10-18

图 10-19

10.5　AP Div 的常见应用

在设计网页的时候，使用 AP Div 可以非常方便地进行一些设置。本节将详细介绍 AP Div 的一些常见的应用方法。

10.5.1　把 AP Div 转换为表格

如果准备在较早的浏览器中查看网页，需要将 AP Div 转换为表格，同时需要注意 AP Div 没有重叠，下面详细介绍其具体操作方法。

素材文件❀ 第 10 章\素材文件\AP Div
效果文件❀ 第 10 章\效果文件\AP Div

step 1　①打开素材文件，选中准备转换为表格的 AP Div，②单击【修改】菜单，③在弹出的下拉菜单中，选择【转换】菜单项，④在弹出的子菜单中，选择【将 AP Div 转换为表格】子菜单项，如图 10-20 所示。

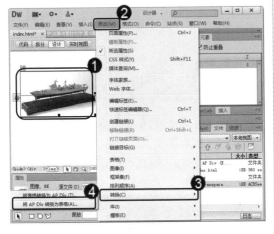

图 10-20

step 3　返回到软件主界面，可以看到选中的 AP Div 已经转换为表格，通过以上方法，即可完成把 AP Div 转换为表格的操作，如图 10-22 所示。

step 2　①弹出【将 AP Div 转换为表格】对话框，在【表格布局】区域中，选择【最精确】单选按钮，②在【布局工具】区域中，启用相应的复选框，如【防止重叠】复选框，③单击【确定】按钮，如图 10-21 所示。

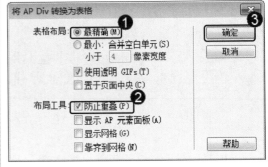

图 10-21

图 10-22

10.5.2　把表格转换为 AP Div

因为层布局的调整要方便于表格调整，所以当需要调整布局的时候，可以将表格转换为 AP Div。下面详细介绍把表格转换为 AP Div 的操作方法。

素材文件 第 10 章\素材文件\AP Div
效果文件 第 10 章\效果文件\AP Div

step 1　①打开素材文件，选中准备转换为 AP Div 的表格，②单击【修改】菜单，③在弹出的下拉菜单中，选择【转换】菜单项，④在弹出的子菜单中，选择【将表格转换为 AP Div】子菜单项，如图 10-23 所示。

step 2　①弹出【将表格转换为 AP Div】对话框，在【布局工具】区域中，启用相应的复选框，②单击【确定】按钮，如图 10-24 所示。

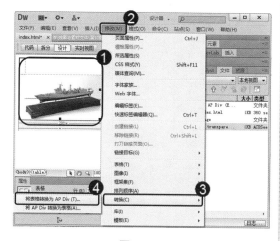

图 10-23

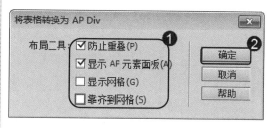

图 10-24

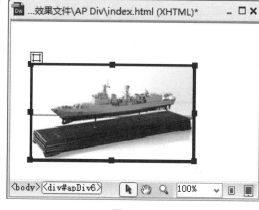

图 10-25

 step 3 返回到软件主界面，可以看到选中的表格已经转换为 AP Div，通过以上方法即可完成把表格转换为 AP Div 的操作，如图 10-25 所示。

 知识精讲 "防止重叠"是为了防止 AP Div 层的重叠，但是不会自动修正页面上现有的重叠层，需要在【设计】视图中，使用鼠标左键进行拖曳，以使其分离。在属性检查器中输入文本，或者通过编辑 HTML 代码来重新定位层，都可导致层的重叠。

10.5.3 可视化剪辑 AP Div

通过可视化剪辑 AP Div，可以将 AP Div 按照指定的数值进行裁剪。下面详细介绍可视化剪辑 AP Div 的操作方法。

素材文件❄ 第 10 章\素材文件\AP Div
效果文件❄ 第 10 章\效果文件\AP Div

step 1 ① 选中准备可视化剪辑的 AP Div，② 在【属性】面板中，在【剪辑】区域中，分别输入【左】、【右】、【上】、【下】的值，如图 10-26 所示。

step 2 通过以上方法即可完成可视化剪辑 AP Div 的操作，如图 10-27 所示。

第十章 使用 AP Div 布局页面

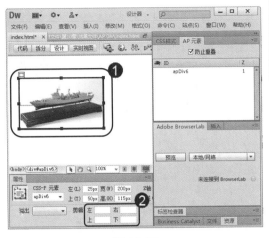

图 10-26

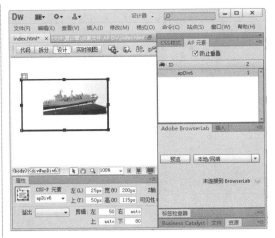

图 10-27

10.5.4 构建相对定位的 AP Div

构建相对定位的 AP Div，需要通过编辑代码来完成。下面详细介绍构建相对定位的 AP Div 的操作方法。

 素材文件 ❀ 第 10 章\素材文件\AP Div
效果文件 ❀ 第 10 章\效果文件\AP Div

step 1 ① 在【拆分】视图中，选中准备构建相对定位的 AP Div，② 在代码中选中 "position: absolute;"，如图 10-28 所示。

step 2 将选中的代码修改为 "position: relative;"，通过以上方法即可完成构建相对定位的 AP Div 的操作，如图 10-29 所示。

图 10-28

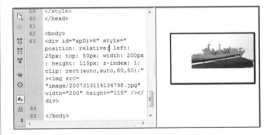

图 10-29

10.6 范例应用与上机操作

通过本章的学习，读者基本可以掌握使用 AP Div 布局页面的基础知识，下面通过一些实例，达到巩固与提高的目的。

10.6.1 创建浮动框架

在很多网站中，很流行内置框架的结构去创建页面。下面详细介绍创建浮动框架的操作方法。

 素材文件※ 第 10 章\素材文件\AP Div
效果文件※ 第 10 章\效果文件\AP Div

step 1 ① 打开素材文件，将光标定位在准备创建浮动框架的位置，② 单击【插入】菜单，③ 在弹出的菜单中，选择【标签】菜单项，如图 10-30 所示。

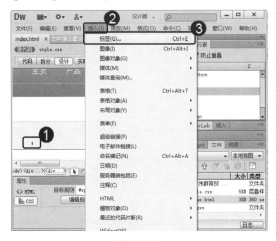

图 10-30

step 3 ① 弹出【标签编辑器-iframe】对话框，在【源】文本框中，嵌入准备使用的素材文件，如"image1.jpg"，② 分别设置浮动框架的【宽】、【高】，③ 单击【确定】按钮，如图 10-32 所示。

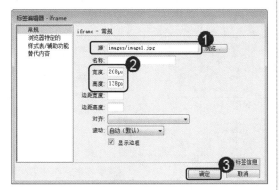

图 10-32

step 5 ① 返回到软件主界面，保存文件，单击【在浏览器中预览/调试】下拉按钮，② 在弹出的下拉菜单中，选择【预览在 IExplore】菜单项，如图 10-34 所示。

step 2 ① 弹出【标签选择器】对话框，展开【HTML 标签】列表，② 选择【页面元素】列表项，③ 选择 iframe 选项，④ 单击【插入】按钮，如图 10-31 所示。

图 10-31

step 4 返回到【标签选择器】对话框，单击【关闭】按钮，如图 10-33 所示。

图 10-33

step 6 在浏览器窗口中，可以看到创建的浮动框架，通过以上方法即可完成创建浮动框架的操作，如图 10-35 所示。

第 10 章 使用 AP Div 布局页面

211

图 10-34

图 10-35

10.6.2　利用 AP Div 制作网页下拉菜单

下拉菜单是网页中比较常见的效果，节省了网页的排版空间，也可以为网页增色不少。下面详细介绍利用 AP Div 制作网页下拉菜单的操作方法。

> 素材文件※ 第 10 章\素材文件\AP Div
> 效果文件※ 第 10 章\效果文件\AP Div

 ① 打开素材文件，单击【插入】菜单，② 在弹出的菜单中，选择【布局对象】菜单项，③ 在弹出的子菜单中，选择 AP Div 子菜单项，如图 10-36 所示。

① 选中 AP Div，② 分别设置【左】、【上】、【宽】、【高】的值为 216px、66px、200px、115px，并设置背景颜色为"#669933"，如图 10-37 所示。

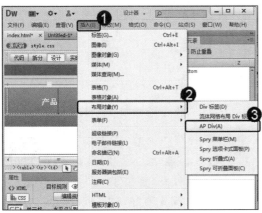

图 10-36

① 将光标定位在 AP Div 中，② 单击【插入】菜单，③ 在弹出的下拉菜单中，选择【表格】菜单项，如图 10-38

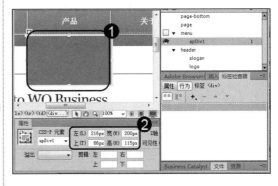

图 10-37

① 弹出【表格】对话框，在【表格大小】区域中对插入的表格进行相应的设置，② 单击【确定】按钮，如图 10-39 所示。

所示。

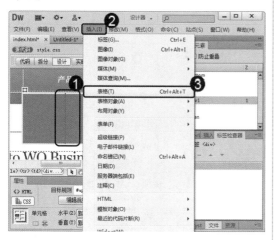

图 10-38

step 5 在 AP Div 中插入的表格内，依次
输入文本，并设置其字体、字号以
及字体颜色等，如图 10-40 所示。

图 10-40

step 7 ① 在【标签检查器】面板中，单
击【行为】按钮，② 在【行为】
面板中，单击【添加行为】下拉按钮 ＋，
③ 在弹出的下拉菜单中，选择【显示-隐藏
元素】菜单项，如图 10-42 所示。

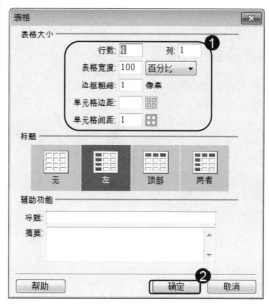

图 10-39

step 6 将"产品"文本选中，如图 10-41
所示。

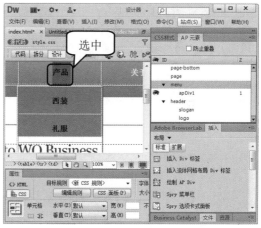

图 10-41

step 8 ① 弹出【显示-隐藏元素】对话框，
在【元素】列表框中，选择 div
"apDiv1"列表项，② 单击【显示】按钮，
③ 单击【确定】按钮，如图 10-43 所示。

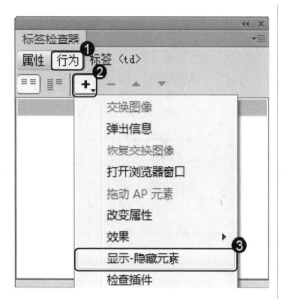

图 10-42

 9 在【行为】面板中，将事件设置为 onMouseOver，如图 10-44 所示。

图 10-44

step 11 ① 弹出【显示-隐藏元素】对话框，在【元素】列表框中，选择 div "apDiv1" 列表项，② 单击【隐藏】按钮，③ 单击【确定】按钮，如图 10-46 所示。

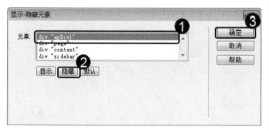

图 10-46

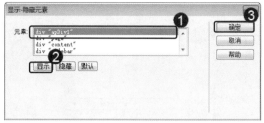

图 10-43

step 10 ① 单击【添加行为】下拉按钮 ➕，② 在弹出的下拉菜单中，选择【显示-隐藏元素】菜单项，如图 10-45 所示。

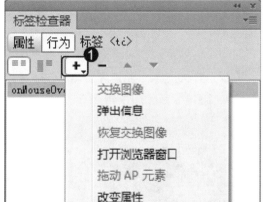

图 10-45

step 12 在【行为】面板中，将事件设置为 onMouseOut，如图 10-47 所示。

图 10-47

在【AP 元素】面板中,将 apDiv1 设置为不可见状态,如图 10-48 所示。

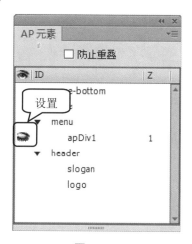

图 10-48

 ① 保存文件后,单击【在浏览器中预览/调试】下拉按钮 ,② 在弹出的下拉菜单中,选择【预览在 IExplore】菜单项,如图 10-50 所示。

图 10-50

 返回到软件主界面,可以看到,已经将 apDiv1 隐藏,如图 10-49 所示。

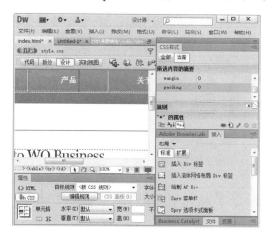

图 10-49

在浏览器中可以看到已经添加的网页下拉菜单,通过以上方法即可完成利用 AP Div 制作网页下拉菜单的操作,如图 10-51 所示。

图 10-51

10.7 课后练习

10.7.1 思考与练习

一、填空题

1. 在 Dreamweaver CS6 中,_____实际上就是来自 CSS 中的_____技术。

第一〇章 使用 AP Div 布局页面

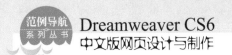

2. _____即绝对定位元素，是指在网页中具有绝对位置的_____。

二、判断题(正确画"√"，错误画"×")

1. AP Div 最主要的特性就是它是浮动在网页内容之上的。 　　　　　　　　(　)
2. AP Div 元素不可以重叠，所以在网页中不可以实现网页内容的重叠效果。 (　)

三、思考题

1. 什么是 AP Div？
2. AP Div 和 Div 的区别？

10.7.2　上机操作

1. 启动 Dreamweaver CS6 软件，使用菜单创建普通 AP Div 方面的知识，完成创建普通 AP Div 的操作。效果文件可参考"配套素材\第 10 章\效果文件\ apdiv"。

2. 启动 Dreamweaver CS6 软件，使用导入 Excel 表格数据方面的知识，完成导入个人简历表格数据的操作。效果文件可参考"配套素材\第 10 章\效果文件\ apdiv"。

第**11**章

使用框架布局网页

本章介绍使用框架布局网页方面的知识，同时还讲解选择框架或框架集和框架或框架集属性的设置，最后介绍使用 IFrame 框架布局网页方面的知识。

范 例 导 航

1. 什么是框架
2. 框架和框架集
3. 选择框架或框架集
4. 框架或框架集属性的设置
5. 使用 IFrame 框架布局网页

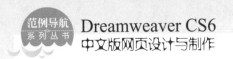
 # 11.1 什么是框架

　　框架是比较常用的网页技术，使用框架技术可以将不同的网页文档在同一个浏览器窗口中显示出来。本节将详细介绍框架方面的知识。

11.1.1 框架的组成

　　框架页面是由一组普通的 Web 页面组成的页面集合，通常在一个框架页面集中，将一些导航性的内容放在一个页面中，而将另一些需要变化的内容放在另一个页面中。

　　使用框架页面的主要原因是为了使导航更加清晰，使网站的结构更加的简单明了、更规格化，一个框架结构由两部分网页文件组成，一个是框架，另一个是框架集，如图 11-1 所示。

图 11-1

　　这个页面是由上中下三部分组成的一个框架集，最上面的是此站点的栏目导航，单击不同的栏目，相应的栏目内容会出现在中间的框架子页面中。最下面的是此站点的一些相关信息。这样的框架组合可以保证整个站点的栏目，始终都出现在浏览者的视线中，使浏览者的注意力更多地集中在框架集的中间部分，即栏目内容。

11.1.2 框架的优点与缺点

　　在使用框架结构制作网页时，会带来很大的便利，但是这种形式也会带来一定的弊端。下面详细介绍框架结构的优缺点。

　　框架结构的优点如下。

- 使网页结构清晰，易于维护和更新。
- 每个框架网页都具有独立的滚动条，因此访问者可以独立控制各个页面。
- 便于修改。一般情况下，每隔一段时间，网站的设计就要做一定的更改，如果是工具部分需要修改，那么，只需要修改这个公共网页，整个网站就同时进行更新。
- 访问者的浏览器不需要为每个页面重新加载与导航相关的图形，当浏览器的滚动条滚动时，这些链接不随滚动条的滚动而上下移动，一直固定在某个窗口，便于访问者能随时跳转到另一个页面。

框架结构的缺点如下。
- 某些早期的浏览器不支持框架结构的网页。
- 下载框架式网页速度慢。
- 不利于内容较多、结构复杂页面的排版。
- 大多数的搜索引擎都无法识别网页中的框架，或者无法对框架中的内容进行遍历或搜索。

 # 11.2　框架和框架集

　　框架是网页中的一块区域，而框架集是多个框架的集合。本节将详细介绍框架和框架集的相关知识。

11.2.1　插入预定义的框架集

　　通过插入预定义的框架集，用户可以快速地在网页中插入框架集，以方便网页制作。下面详细介绍插入预定义框架集的操作方法。

素材文件 第11章\素材文件\诗歌
效果文件 第11章\效果文件\诗歌

step 1　① 打开素材文件，单击【插入】菜单，② 弹出下拉菜单中，选择HTML 菜单项，③ 弹出子菜单，选择【框架】子菜单项，④ 弹出子菜单，选择【左对齐】子菜单项，如图11-2所示。

step 2　① 弹出【框架标签辅助功能属性】对话框，设置【框架】以及【标题】，② 单击【确定】按钮，如图11-3所示。

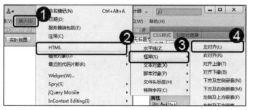

图 11-2

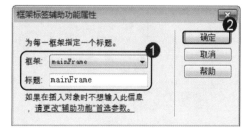

图 11-3

第二章　使用框架布局网页

219

图 11-4

返回到软件主界面,可以看到已经插入的左对齐框架集,通过以上方法,即可完成插入预定义框架集的操作,如图 11-4 所示。

11.2.2 自定义框架集

当预定义的框架集不能满足网页的设计需要,用户可以选择自定义框架集。自定义框架集的操作方法主要有拆分和删除,下面分别予以详细介绍。

1. 拆分框架集

拆分框架集主要是将鼠标指针放置在边框上,进行拖曳从而创建新的结构,下面详细介绍其具体操作方法。

素材文件 第 11 章\素材文件\诗歌
效果文件 第 11 章\效果文件\诗歌

step 1 ① 打开素材文件,将鼠标指针放置在【设计】视图的边框,② 当鼠标指针变为双箭头的时候 $\updownarrow$,按住鼠标左键进行拖曳,如图 11-5 所示。

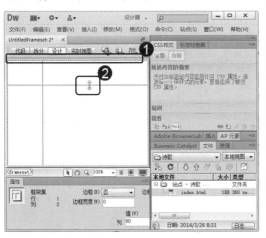

图 11-5

step 2 拖曳至目标位置后,释放鼠标左键即可完成拆分框架集的操作,如图 11-6 所示。

图 11-6

2. 删除框架集

删除框架集是指将多余的框线,使用鼠标左键将其拖曳至边框。下面详细介绍删除框架集的操作方法。

素材文件 第 11 章\素材文件\诗歌
效果文件 第 11 章\效果文件\诗歌

step 1 ① 打开素材文件,将鼠标指针放置在准备删除的线框处,② 当鼠标指针变为双箭头的时候⟷,按住鼠标左键进行拖曳,如图 11-7 所示。

step 2 拖曳至【设计】视图的边框后,释放鼠标左键即可完成删除框架集的操作,如图 11-8 所示。

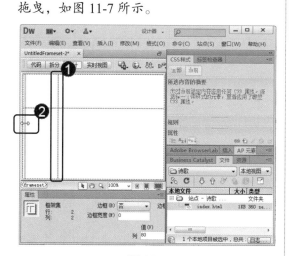

图 11-7

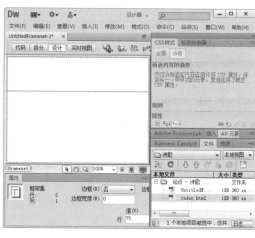

图 11-8

知识精讲

在自定义框架集的时候,用户使用鼠标左键在进行拖曳框线的时候,也可以将框线不拖曳至【设计】视图的边框处,可以在任意位置释放鼠标左键,这样也可以做到调整框架集结构,自定义框架的操作。

11.2.3 在框架中添加内容

在创建好框架集之后,用户即可在框架中添加相应的内容,如图片、文本等,下面分别予以详细介绍。

1. 添加图片

在创建好框架集之后,即可在框架中添加相应的图片文件。下面详细介绍添加图片的操作方法。

素材文件 第 11 章\素材文件\诗歌
效果文件 第 11 章\效果文件\诗歌

step 1 ① 打开素材文件,将光标定位在准备插入图片的位置,② 单击【插入】菜单,③ 在弹出的下拉菜单中,选择【图像】菜单项,如图 11-9 所示。

step 2 ① 弹出【选择图像源文件】对话框,选择文件保存位置,② 选择图像文件,③ 单击【确定】按钮,如图 11-10 所示。

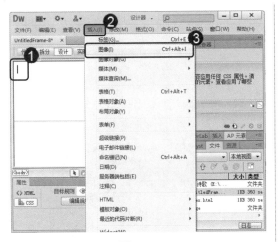

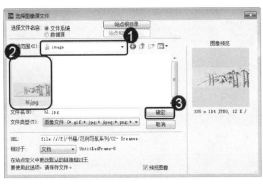

图 11-10

step 4　返回到软件主界面，可以看到已经添加的图片，通过以上方法，即可完成在框架中添加图片的操作，如图 11-12 所示。

图 11-9

① 弹出【图像标签辅助功能属性】对话框，在【替换文本】下拉列表框中，选择【空】列表项，② 单击【确定】按钮，如图 11-11 所示。

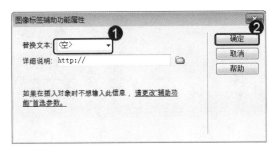

图 11-11

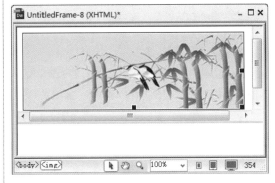

图 11-12

在框架中添加图片之后，如果图片的大小与框架不符，用户可以使用自定义框架的方法，将框架拖曳至合适的大小，以达到美化网页的目的。

2. 添加文本

在框架中，不仅可以添加图片，用户还可以根据需要添加文本。下面详细介绍在框架中添加文本的操作方法。

素材文件 ❈ 第 11 章\素材文件\诗歌

效果文件 ❈ 第 11 章\效果文件\诗歌

step 1　打开素材文件，将光标定位在准备添加文本的位置，如图 11-13 所示。

step 2　在光标定位的位置，输入准备输入的文本，通过以上方法，即可完成在框架中添加文本的操作，如图 11-14 所示。

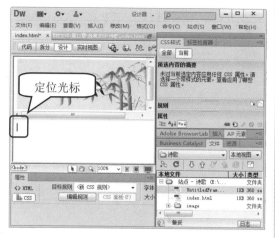

定位光标

图 11-13

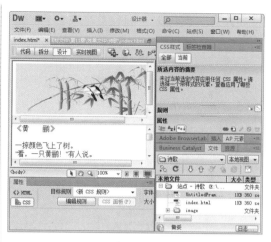

图 11-14

11.2.4　框架与框架集文件的保存

在设计好框架集之后，即可对框架或者框架集进行保存。下面详细介绍保存框架与框架集的操作方法。

素材文件▧ 第 11 章\素材文件\诗歌

效果文件▧ 第 11 章\效果文件\诗歌

step 1　① 打开素材文件，单击【文件】菜单，② 在弹出的下拉菜单中，选择【框架另存为】菜单项，如图 11-15 所示。

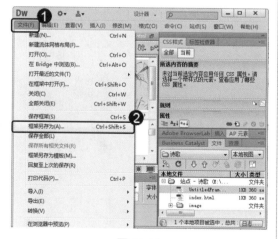

图 11-15

step 3　① 单击【文件】菜单，② 在弹出的下拉菜单中，选择【保存框架页】菜单项，如图 11-17 所示。

step 2　① 弹出【另存为】对话框，选择框架集的保存位置，② 输入框架集的名称，③ 单击【保存】按钮，如图 11-16 所示。

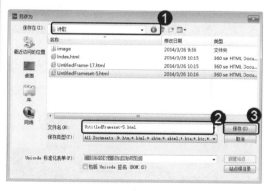

图 11-16

step 4　① 弹出【另存为】对话框，选择文件保存位置，② 输入框架页名称，③ 单击【保存】按钮，这样即可完成保存框架和框架集的操作，如图 11-18 所示。

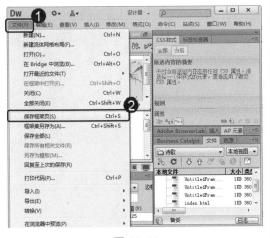

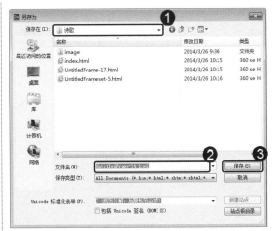

图 11-17   图 11-18

11.2.5 设置无框架内容

　　一些浏览器并不支持框架内容，设置无框架内容可以对不支持框架的浏览器进行告知。下面详细介绍具体操作方法。

素材文件 ※ 第 11 章\素材文件\诗歌
效果文件 ※ 第 11 章\效果文件\诗歌

 step 1　① 打开素材文件，单击【修改】菜单，② 弹出下拉菜单，选择【框架集】菜单项，③ 在弹出的子菜单中，选择【编辑无框架内容】子菜单项，如图 11-19 所示。

step 2　进入【无框架内容】界面，输入告知文本"对不起！此网页使用了框架技术，您的浏览器不支持！"，如图 11-20 所示。

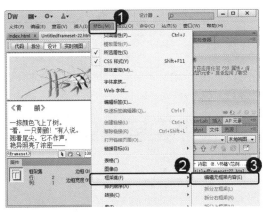

图 11-19

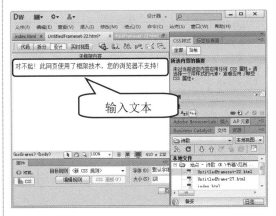

图 11-20

step 3　① 单击【修改】菜单，② 在弹出的下拉菜单中，选择【框架集】菜单项，③ 在弹出的子菜单中，选择【编辑无框架内容】子菜单项，如图 11-21 所示。

step 4　返回软件主界面，当不支持框架结构的浏览器访问该页面时，将会出现告知文本，通过以上方法，即可完成设置无框架内容的操作，如图 11-22 所示。

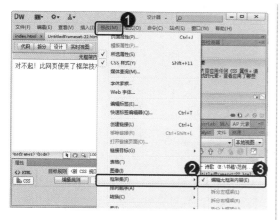

图 11-21

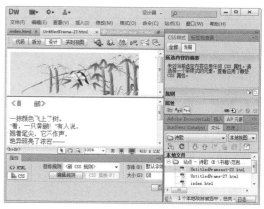

图 11-22

11.3　选择框架或框架集

　　在准备设置框架或框架集的之前，首先要选择框架或框架集。本节将详细介绍选择框架或框架集的相关知识。

11.3.1　在文档窗口中选择

　　在文档窗口中，如果框架被选择后，框架的边框将呈现虚线样式；如果框架集被选中后，框架集内各框架的所有边框将呈现虚线样式，分别如图 11-23、图 11-24 所示。

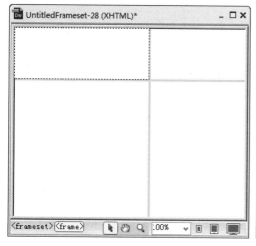

图 11-23

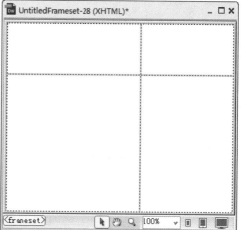

图 11-24

如果需要选择不同的框架或框架集，用户可以使用以下方法。

■　需要在当前内容上选择下一框架或框架集，可以在按住 Alt 键的同时，按方向键，即可选中与当前内容相邻的框架或框架集。

- 需要选择父框架集，可以在按住 Alt 键的同时，按向上方向键，即可选择当前框架集的父框架集。

- 需要选择当前框架集的第一个子框架或框架集，可以在按住 Alt 键的同时，按向下方向键，即可选中框架集中的子框架或框架集。

11.3.2 在【框架】面板中选择框架或框架集

在 Dreamweaver CS6 中【框架】面板通常是隐藏的，需要用户手动打开。下面详细介绍在【框架】面板中选择框架或框架集的操作方法。

素材文件※ 第 11 章\素材文件\诗歌
效果文件※ 第 11 章\效果文件\诗歌

① 打开素材文件，单击【窗口】菜单，② 弹出下拉菜单，选择【框架】菜单项，如图 11-25 所示。

图 11-25

如果准备选择某框架，可以将指针移动至准备选择的框架中，单击，即可选择该框架，如图 11-27 所示。

图 11-27

可以看到已经将【框架】面板打开，如图 11-26 所示。

图 11-26

如果选择框架集，将鼠标指针移动至框架集的外边框，单击即可，这样即可完成在【框架】面板中选择框架或框架集的操作，如图 11-28 所示。

图 11-28

11.4 框架或框架集属性的设置

在创建好框架或框架集之后，即可对框架或框架集的属性进行相应的设置。本节将详细介绍设置框架或框架集属性的相关知识。

11.4.1 设置框架的属性

在对框架或者框架集进行设置的时候，首先要先选取框架，然后在【属性】面板中设置选中框架的属性，如图 11-29 所示。

图 11-29

在【框架】面板中，用户可以对各个参数进行以下设置。

- 【框架名称】：用于命名当前框架文件，命名框架名称不能使用特殊符号。
- 【边界高度】：用于设置框架的高度。
- 【边界宽度】：用于设置框架的宽度。
- 【源文件】：单击该文本框右侧的文件夹按钮，在弹出的【选择 HTML 文件】对话框中选择框架文本框的源文件，单击【确定】按钮。
- 【滚动】：单击该下拉列表框右侧的下拉按钮，在弹出的菜单中包括【是】、【否】、【自动】和【默认】菜单项，选择任意菜单项用于设置在框架中是否使用滚动条。
- 【边框】：单击该下拉列表框右侧的下拉按钮，在弹出的菜单中包括【是】、【否】和【默认】菜单项，选择任意菜单项用于设置在文档窗口中是否显示框架的边框。
- 【边框颜色】：单击【边框颜色】下拉按钮，在弹出的颜色调板中选择任意色块用于设置框架的边框颜色。
- 【不能调整大小】：用于指定是否重定义框架的尺寸，启用当前复选框将无法使用鼠标指针拖曳框架的边框大小。

11.4.2 框架集的属性设置

在 Dreamweaver CS6 中，用户还可以设置框架集的属性，首先在框架面板中，选中框架集，此时，【属性】面板将显示框架集的属性，如图 11-30 所示。

图 11-30

在框架集【属性】面板中,可以对各个参数进行以下设置。

- 【框架集】:在框架集区域中显示的当前框架集的信息,包括行数信息和列数信息。
- 【边框】:单击该下拉列表框右侧的下拉按钮,在弹出的菜单中包括【是】、【否】和【默认】菜单项。
- 【边框颜色】:单击【边框颜色】下拉按钮,在弹出的颜色调板中,选择框架集的边框颜色。
- 【边框宽度】:在该文本框中输入宽度的数值,用于设置框架集中边框的宽度数值。
- 【列】:在【列】区域中,包括【值】文本框和【单位】下拉列表框,用于设置框架集的数值和数值单位。
- 【框架预览】:在该区域显示了当前框架集的预览图,框架集的结构图显示在框架预览区域中。

11.5 使用 IFrame 框架布局网页

IFrame 框架是在当前页面中内嵌一个窗口,可以嵌在网页中的任意部分,也可以随意定义其大小。本节将详细介绍 IFrame 框架方面的知识。

11.5.1 制作 IFrame 框架页面

制作 IFrame 框架页面非常简单,只需在页面中插入 Iframe 代码即可。下面详细介绍具体操作方法。

素材文件 第 11 章\素材文件\诗歌
效果文件 第 11 章\效果文件\诗歌

 step 1　① 打开素材文件,单击【插入】菜单,② 弹出下拉菜单,选择 HTML 菜单项,③ 弹出子菜单,选择【框架】子菜单项,④ 弹出子菜单,选择 IFRAME 子菜单项,如图 11-31 所示。

 step 2　① 可以看到,自动进入【拆分】视图,在【代码】区域自动生成 <iframe></iframe> 标签,② 在【设计】视图区域中,会自动插入一个浮动框架,如图 11-32 所示。

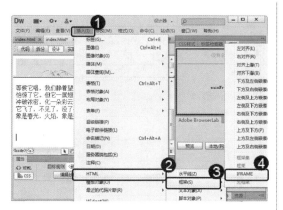

图 11-31

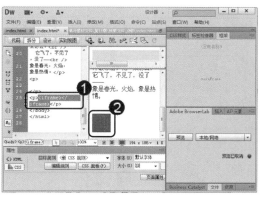

图 11-32

 在【代码】视图中的<iframe>标签中输入的代码"<iframe width="350px" height=" auto " name="main" scrolling="auto"frameborder="0"src=" UntitledFrame-3. html"></iframe>",如图 11-33 所示。

 保存文档,按 F12 键,通过以上方法即可完成制作 IFrame 框架页面的操作,如图 11-34 所示。

图 11-33

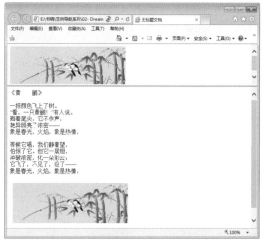

图 11-34

11.5.2 制作 IFrame 框架页面链接

通过 IFrame 框架页面链接,可以像其他链接一样链接至其他页面。下面详细介绍制作 IFrame 框架页面链接的操作方法。

素材文件 ❀ 第 11 章\素材文件\诗歌

效果文件 ❀ 第 11 章\效果文件\诗歌

 ① 打开素材文件,选择准备制作链接的 IFrame 框架,② 在【属性】面板的【链接】文本框中,输入准备链接的网页文件,如图 11-35 所示。

 ① 保存文件,单击【在浏览器中预览/调试】下拉按钮,② 在弹出的下拉菜单中,选择【预览在 IExplore】菜单项,如图 11-36 所示。

第二章 使用框架布局网页

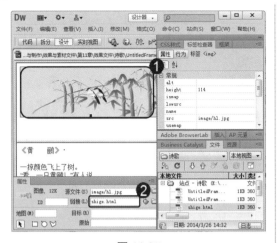

图 11-35

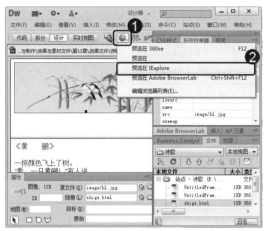

图 11-36

 step 3 在浏览器中预览刚刚制作的 IFrame 框架页面链接，单击该链接，如图 11-37 所示。

 step 4 可以看到，在当前窗口中加载了其他页面，这样即可完成制作 IFrame 框架页面链接，如图 11-38 所示。

图 11-37

图 11-38

11.6 范例应用与上机操作

通过本章的学习，读者基本可以掌握使用框架布局网页的基础知识，下面通过一些实例，达到巩固与提高的目的。

11.6.1 制作环保类网站页面

通过本章的学习，用户可以通过创建框架来完成网页的制作。下面以制作环保类网页为例，详细介绍制作网页的操作方法。

 素材文件 ✿ 第 11 章\素材文件\Environmentally
效果文件 ✿ 第 11 章\效果文件\Environmentally

step 1 ① 打开素材文件，单击【插入】菜单，② 在弹出的下拉菜单中，选择 HTML 菜单项，③ 在弹出的子菜单中，选择【框架】子菜单项，④ 在弹出的子菜单中，选择【上方及下方】子菜单项，如图 11-39 所示。

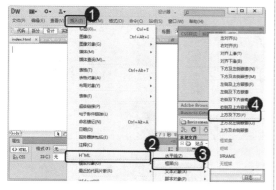

图 11-39

step 3 可以看到，刚刚创建的框架集，如图 11-41 所示。

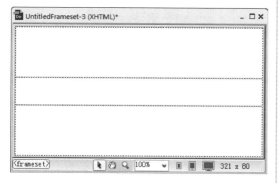

图 11-41

step 5 ① 将光标定位在准备插入图像的位置，② 单击【插入】菜单，③ 在弹出的下拉菜单中，选择【图像】菜单项，如图 11-43 所示。

图 11-43

step 2 ① 弹出【框架标签辅助功能属性】对话框，在【标题】文本框中，输入 bottomframe，② 单击【确定】按钮，如图 11-40 所示。

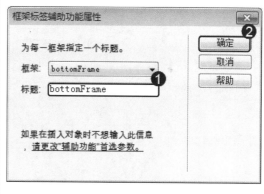

图 11-40

step 4 ① 单击【文件】菜单，② 在弹出的下拉菜单中，选择【保存全部】菜单项，如图 11-42 所示。

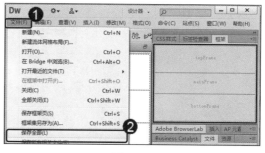

图 11-42

step 6 ① 弹出【选择图像源文件】对话框，选择图像保存位置，② 选择准备插入的图像文件，③ 单击【确定】按钮，如图 11-44 所示。

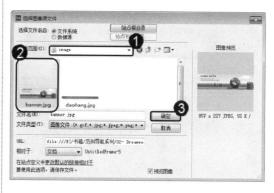

图 11-44

step 7　①弹出【图像标签辅助功能属性】对话框，在【替换文本】下拉列表中，选择【空】列表项，②单击【确定】按钮，如图 11-45 所示。

图 11-45

step 9　依次弹出【另存为】对话框，依次单击【保存】按钮，如图 11-47 所示。

图 11-47

step 11　①弹出【选择图像源文件】对话框，选择图像保存位置，②选择准备插入的图像文件，③单击【确定】按钮，如图 11-49 所示。

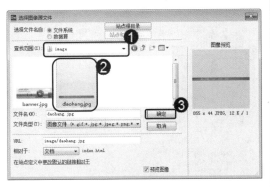

图 11-49

step 8　①返回软件主界面，单击【文件】菜单，②在弹出的下拉菜单中，选择【保存全部】菜单项，如图 11-46 所示。

图 11-46

step 10　①将鼠标定位在中层框架中，②单击【插入】菜单，③在弹出的下拉菜单中，选择【图像】菜单项，如图 11-48 所示。

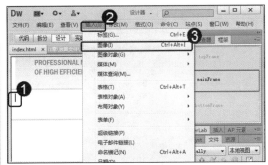

图 11-48

step 12　①弹出【图像标签辅助功能属性】对话框，在【替换文本】下拉列表中，选择【空】列表项，②单击【确定】按钮，如图 11-50 所示。

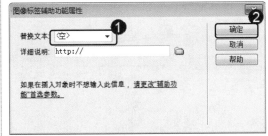

图 11-50

step13 ① 将光标定位在最下层的框架中，② 单击【插入】菜单，③ 在弹出的下拉菜单中，选择【布局对象】菜单项，④ 在弹出的子菜单中，选择 AP Div 子菜单项，如图 11-51 所示。

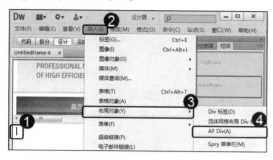

图 11-51

step15 ① 单击选择上层框架中的图片，② 单击【格式】菜单，③ 在弹出的下拉菜单中，选择【对齐】菜单项，④ 在弹出的子菜单中，选择【左对齐】子菜单项，如图 11-53 所示。

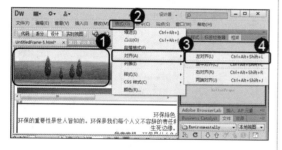

图 11-53

step17 ① 保存文件，单击【在浏览器中预览/调试】下拉按钮，② 在弹出的下拉菜单中，选择【预览在 IExplore】菜单项，如图 11-55 所示。

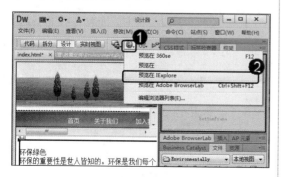

图 11-55

step14 可以看到，在下层框架中已经插入的 AP Div，调整 AP Div 的大小，并在其中输入文本，如图 11-52 所示。

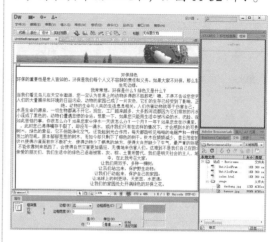

图 11-52

step16 使用同样的方法，将其他框架中的内容都设置为【左对齐】，如图 11-54 所示。

图 11-54

step18 通过以上方法即可完成利用框架制作网页的操作，如图 11-56 所示。

图 11-56

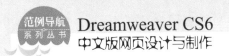
11.6.2 设置框架边框宽度、颜色和背景颜色

为了美化网页，用户可以设置框架的边框和颜色。下面详细介绍设置框架边框宽度、颜色和背景颜色的操作方法。

素材文件 ※ 第 11 章\素材文件\Environmentally
效果文件 ※ 第 11 章\效果文件\Environmentally

 ① 打开素材文件，单击选择框架的边框，② 在【属性】面板的【边框】下拉列表框中，选择【是】列表项，如图 11-57 所示。

图 11-57

 在【设计】视图中，可以看到选中的边框的宽度已经改变，如图 11-59 所示。

图 11-59

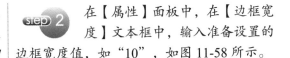 在【属性】面板中，在【边框宽度】文本框中，输入准备设置的边框宽度值，如"10"，如图 11-58 所示。

图 11-58

① 单击选中【边框】面板中准备设置边框颜色的框架，② 单击【边框颜色】下拉按钮，③ 在弹出的调色板中选择准备使用的边框颜色，如图 11-60 所示。

图 11-60

step 5 　将光标定位在准备设置背景颜色的框架中，单击【属性】面板中的【页面属性】按钮，如图 11-61 所示。

图 11-61

step 7 　① 保存文件，单击【在浏览器中预览/调试】下拉按钮，② 在弹出的下拉菜单中，选择【预览在 IExplore】菜单项，如图 11-63 所示。

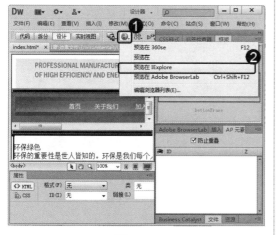

图 11-63

step 6 　① 弹出【页面属性】对话框，在【分类】列表框中，选择【外观(CSS)】列表项，② 单击【背景颜色】下拉按钮，③ 在弹出的调色板中选择准备使用的边框颜色，④ 单击【确定】按钮，如图 11-62 所示。

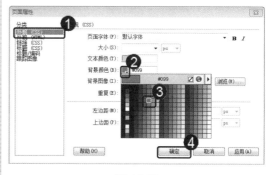

图 11-62

step 8 　在浏览器中可以看到，设置的框架已经发生改变，通过以上方法，即可完成设置框架边框宽度、颜色和背景颜色的操作，如图 11-64 所示。

图 11-64

11.7　课后练习

11.7.1　思考与练习

一、填空题

1. 使用_____的主要原因是为了使导航更加清晰，使网站的_____更加的简单明

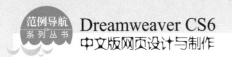

了、更规范化。

2. _____是在当前页面中内嵌一个窗口，可以嵌在网页中的_____，也可以随意定义其大小。

二、判断题(正确画"√"，错误画"×")

1. 当预定义的框架集不能满足网页的设计需要，用户则没有办法了。　　　　　(　　)

2. 制作 IFrame 框架页面非常简单，只需在页面中插入 Iframe 代码即可。　　　(　　)

三、思考题

1. 什么是框架？

2. 框架的优点与缺点是什么？

11.7.2　上机操作

1. 启动 Dreamweaver CS6 软件，使用插入预定义的框架集方面的知识，完成练习插入右对齐框架集的操作。效果文件可参考"配套素材\第 11 章\效果文件\框架集"。

2. 启动 Dreamweaver CS6 软件，使用在框架中添加内容方面的知识，完成在框架中添加文本的操作。效果文件可参考"配套素材\第 11 章\效果文件\框架集"。

第 **12** 章

使用模板和库提高网页制作效率

本章介绍模板方面的知识，同时还讲解使用与设置模板和管理模板方面的知识，最后还介绍在网页中应用模板以及创建与应用库项目方面的知识。

范 例 导 航

1. 创建模板
2. 使用与设置模板
3. 管理模板
4. 创建与应用库项目

好想，做一朵盛开在你心中的白莲

文/丹格丽林

说明

请注意，这些布局的 CSS 带有大量注释。如果您的大脑进行，请快速浏览一下代码，获取有关如何使用液态布先删除这些注释，然后启动您的站点。要了解有关这些的更多信息，请阅读 Adobe 开发人员中心上的以下文章：http://www.adobe.com/go/adc_css_layou

12.1 创建模板

在网页制作中，为了网站风格的统一，经常会创建相同布局的网页，为了避免重复制作，以可以使用模板来创建网页。本节将详细介绍创建模板的相关知识。

12.1.1 新建网页模板

在 Dreamweaver CS6 中，用户可以直接创建新的网页模板，以方便制作网页。下面详细介绍新建网页模板的操作方法。

素材文件※无
效果文件※无

step 1 ① 启动 Dreamweaver CS6 程序，单击【文件】菜单，② 在弹出的下拉菜单中，选择【新建】菜单项，如图 12-1 所示。

step 2 ① 弹出【新建文档】对话框，选择【空白页】选项卡，② 在【页面类型】列表框中，选择【HTML 模板】列表项，③ 在【布局】列表框中选择【无】列表项，④ 单击【创建】按钮，这样即可完成新建网页模板的操作，如图 12-2 所示。

图 12-1

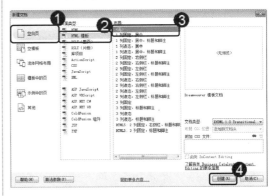

图 12-2

12.1.2 从现有文档创建模板

在 Dreamweaver CS6 中，打开一个已经制作完成的文档，用户可以从现有文档中创建模板。下面详细介绍从现有文档创建模板的操作方法。

素材文件※第 12 章\素材文件\ Template
效果文件※第 12 章\效果文件\ Template\index.dwt

① 启动 Dreamweaver CS6 程序，单击【文件】菜单，② 在弹出的下拉菜单中，选择【另存为模板】菜单项，如图 12-3 所示。

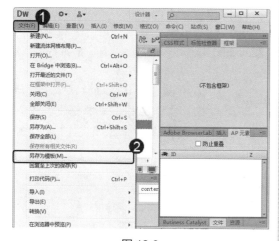

图 12-3

 ① 弹出 Dreamweaver 对话框单击【是】按钮，如图 12-5 所示。

图 12-5

① 弹出【另存模板】对话框，在【站点】下拉列表框中，选择准备使用的站点，② 在【另存为】文本框中，输入准备使用的模板名称，如 index，③ 单击【保存】按钮，如图 12-4 所示。

图 12-4

在网页窗口的左上角，可以看到已经将文档另存为模板，通过以上方法，即可完成从现有文档创建模板的操作，如图 12-6 所示。

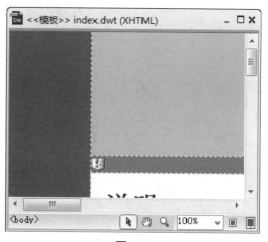

图 12-6

12.2 使用与设置模板

模板实际上是具有固定格式和内容的文件，模板的功能很强大，在一般情况下，模板页中的所有区域都是被锁定的，为了以后添加不同的内容，可以编辑模板中编辑区域。本节将详细介绍设置模板方面的知识。

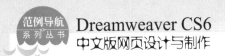

12.2.1 创建模板中的可编辑区域

在模板中，可编辑区域是页面的一部分，默认情况下，新创建的模板所有区域都处于锁定状态，在编辑区域之前，需要将模板中的某些区域设置为可编辑区域。下面详细介绍定义可编辑区域的操作方法。

素材文件※ 第 12 章\素材文件\ Template\index.dwt
效果文件※ 第 12 章\效果文件\ Template\index.dwt

 ① 打开素材文件，单击【插入】菜单，② 在弹出的下拉菜单中，选择【模板对象】菜单项，③ 在弹出的子菜单中，选择【可以编辑区域】子菜单项，如图 12-7 所示。

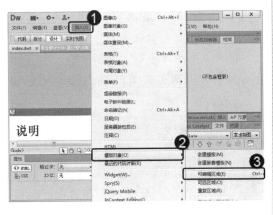

图 12-7

step 3 可编辑区域即被插入搭配模板中，在文档窗口中，用户可以看到可编辑区域在模板页面中，由高亮显示的矩形边框围绕，区域左上角显示该区域名称，如图 12-9 所示。

图 12-9

step 2 ① 弹出【新建可编辑区域】对话框，在【名称】文本框中，输入准备使用的名称，② 单击【确定】按钮，如图 12-8 所示。

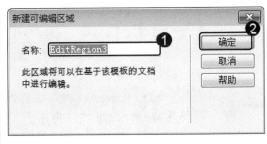

图 12-8

step 4 当选中可编辑区域后，在【属性】面板中，用户可以对名称等参数进行修改，通过以上方法，即可完成创建模板中的可编辑区域的操作，如图 12-10 所示。

图 12-10

智慧锦囊

如果准备删除某个可编辑区域和其内容时，可以选择需要删除的可编辑区域后，按 Delete 键，这样即可将选中的可编辑区域删除。

考考您

请您根据上述方法在模板中创建一个可编辑区域，测试一下您的学习效果。

12.2.2　创建模板中的可选区域

可选区域是模板中的区域，可将其设置为在基于模板的文件中显示或隐藏。当要在文件中为显示的内容设置条件时，即可使用可选区域。下面详细介绍定义可选区域的操作方法。

> 素材文件❀ 第 12 章\素材文件\ Template\index.dwt
>
> 效果文件❀ 第 12 章\效果文件\ Template\index.dwt

 step 1　打开素材文件,将准备设置可选区域的文本选中，如图 12-11 所示。

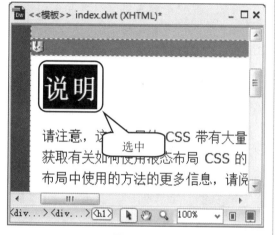

图 12-11

step 3　① 弹出【新建可选区域】对话框，选择【基本】选项卡，② 设置【名称】等参数，③ 单击【确定】按钮，如图 12-13 所示。

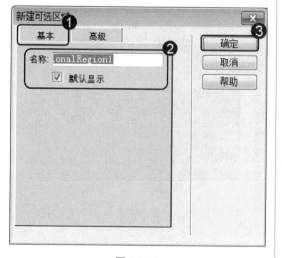

图 12-13

step 2　① 单击【插入】菜单，② 在弹出的下拉菜单中，选择【模板对象】菜单项，③ 在弹出的子菜单中,选择【可选区域】子菜单项，如图 12-12 所示。

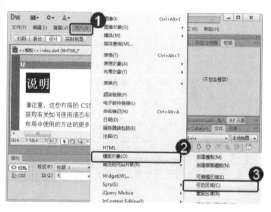

图 12-12

step 4　通过以上方法，即可完成创建模板中可选区域的操作，如图 12-14 所示。

图 12-14

第
12
章　使用模板和库提高网页制作效率

241

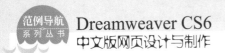
12.2.3 创建模板中的重复区域

重复区域是能够根据需要在基于模板的页面中赋值任意次数的模板部分。重复区域通常用于表格，也能够为其他页面元素定义重复区域。在静态页面中，重复区域的概念在模板中常被用到。下面详细介绍定义重复区域的操作方法。

> 素材文件 ❀ 第 12 章\素材文件\ Template\index.dwt
> 效果文件 ❀ 第 12 章\效果文件\ Template\index.dwt

 打开素材文件,将准备设置重复区域的文本选中，如图 12-15 所示。

图 12-15

 ① 弹出【新建重复区域】对话框，在【名称】文本框中，输入准备使用的名称，② 单击【确定】按钮，如图 12-17 所示。

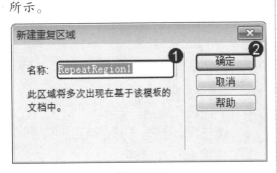

图 12-17

step 2 ① 单击【插入】菜单，② 在弹出的下拉菜单中，选择【模板对象】菜单项，③ 在弹出的子菜单中，选择【重复区域】子菜单项，如图 12-16 所示。

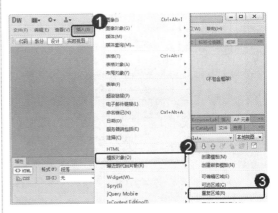

图 12-16

step 4 通过以上方法，即可完成创建模板中重复区域的操作，如图 12-18 所示。

图 12-18

12.2.4　创建模板中的可编辑可选区域

可编辑可选区域同时集成了可编辑区域的特点和可选区域的特点。下面详细介绍创建模板中可编辑可选区域的操作方法。

素材文件❀ 第 12 章\素材文件\ Template\index.dwt
效果文件❀ 第 12 章\效果文件\ Template\index.dwt

 step 1 打开素材文件，将准备设置可编辑可选区域的文本选中，如图 12-19 所示。

图 12-19

step 3 ①弹出【新建可选区域】对话框，选择【基本】选项卡，②设置【名称】等参数，③单击【确定】按钮，如图 12-21 所示。

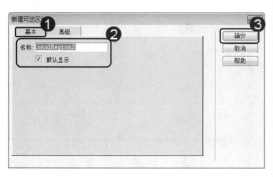

图 12-21

step 2 ①单击【插入】菜单，②在弹出的下拉菜单中，选择【模板对象】菜单项，③在弹出的子菜单中，选择【可编辑的可选区域】子菜单项，如图 12-20 所示。

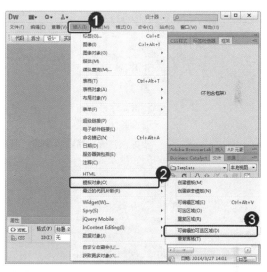

图 12-20

step 4 通过以上方法，即可完成创建模板中可编辑可选区域的操作，如图 12-22 所示。

图 12-22

第 12 章　使用模板和库提高网页制作效率

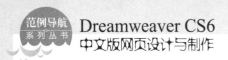

12.2.5 可编辑标签属性

设置可编辑的标签属性，用户可以在根据模板创建的文档中，修改指定的标签属性。下面详细介绍可编辑标签属性的操作方法。

启动 Dreamweaver CS6，在页面中选择一个页面元素，在菜单栏中，选择【修改】→【模板】→【令属性可编辑】菜单项，弹出【可编辑标签属性】对话框，设置参数，单击【确定】按钮，这样即可完成可编辑标签的操作，如图 12-23 所示。

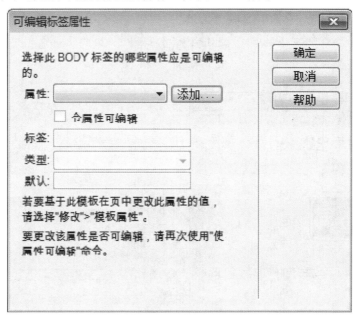

图 12-23

在【可编辑标签属性】对话框中，用户可以设置以下参数。

- 【属性】：如果准备设置【可编辑的属性】，先单击【添加】按钮，然后在打开的对话框中输入要添加的属性的名称，最后单击【确定】按钮即可。

- 【令属性可编辑】：选中该选项后，被选中的属性才可以被编辑。

- 【类型】：可编辑属性的类型，包括以下几种。若要让为属性输入文本值，选择【文本】选项；若要插入元素的链接(如图像的文件路径)，选择【URL】选项；若要使颜色选择器可用于选择值，选择【颜色】选项；要能够在页面上选择 true 或 false 值，选择【真/假】选项；若要更改图像的高度或宽度值，选择【数字】选项。

- 【默认】：可以设置该属性的默认值。

12.3 管理模板

在创建模板之后，用户即可对模板进行相应的管理。本节将详细介绍管理模板的相关知识。

12.3.1 更新模板

在每次修改模板之后，用户即可对模板进行更新，从而能改变文档的风格。下面详细介绍更新模板的操作方法。

 素材文件❀ 第 12 章\素材文件\ Template\index.dwt
效果文件❀ 第 12 章\效果文件\ Template\index.dwt

step 1 ① 打开素材文件，单击【修改】菜单，② 在弹出的下拉菜单中，选择【模板】菜单项，③ 在弹出的子菜单中，选择【更新页面】子菜单项，如图 12-24 所示。

图 12-24

step 3 当更新完成后，单击【关闭】按钮，如图 12-26 所示。

图 12-26

step 2 ① 弹出【更新页面】对话框，在【查看】区域中，设置需要更新的站点，② 在【更新】区域中，启用【模板】复选框，③ 单击【开始】按钮，如图 12-25 所示。

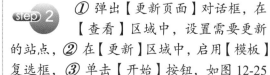

图 12-25

step 4 通过以上方法，即可完成更新模板的操作，如图 12-27 所示。

图 12-27

12.3.2 在现有文档中应用模板

在现有的文档中应用模板的方法有两种，分别为在【资源】面板中将模板应用于文档和通过文档窗口将模板应用于文档，下面分别予以详细介绍。

1. 使用【资源】面板将模板应用于文档

在 Dreamweaver CS6 中，用户可以通过【资源】面板，很方便地将模板应用于文档。下面详细介绍其具体操作方法。

素材文件 第 12 章\素材文件\ Template\index.html
效果文件 第 12 章\效果文件\ Template\index.html

 1 打开素材文件，在【资源】面板中，单击【模板】按钮 📄，如图 12-28 所示。

2 ① 选择准备应用的模板，② 单击【应用】按钮，这样即可将模板应用于文档，如图 12-29 所示。

图 12-28

图 12-29

2. 通过文档窗口将模板应用于文档

在 Dreamweaver CS6 中，用户同样可以通过文档窗口将模板应用于文档。下面详细介绍其具体操作方法。

素材文件 第 12 章\素材文件\ Template\index.html
效果文件 第 12 章\效果文件\ Template\index.html

 1 ① 打开素材文件，单击【修改】菜单，② 在弹出的下拉菜单中，选择【模板】菜单项，③ 在弹出的子菜单中，选择【应用模板到页】子菜单项，如图 12-30 所示。

2 ① 弹出【选择模板】对话框，在【模板】列表框中，选择准备应用的模板，② 单击【选定】按钮，通过以上方法，即可完成通过文档窗口将模板应用于文档的操作，如图 12-31 所示。

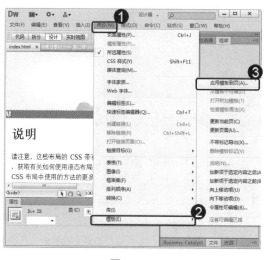

图 12-30

图 12-31

 考考您

请您根据上述方法将模板应用于文档，测试一下您的学习效果。

12.3.3　从模板中脱离

如果准备更改基于模板的文档中的锁定区域，必须将该文档从模板中脱离出来。下面详细介绍其具体操作方法。

素材文件 第 12 章\素材文件\ Template\index.html

效果文件 第 12 章\效果文件\ Template\index.html

step 1 ① 打开素材文件，单击【修改】菜单，② 在弹出的下拉菜单中，选择【模板】菜单项，③ 在弹出的子菜单中，选择【从模板中分离】子菜单项，如图 12-32 所示。

图 12-32

step 2 通过以上方法，即可完成从模板中脱离的操作，如图 12-33 所示。

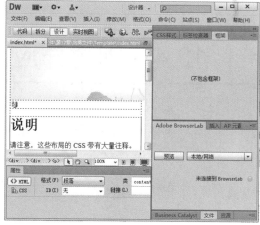

图 12-33

 考考您

请您根据上述方法将文档从模板中脱离出来，测试一下您的学习效果。

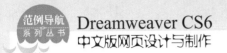
12.3.4　新建基于模板的页面

利用模板可以创建多个相同布局的页面，用户可以通过保存的模板新建页面。下面详细介绍其具体操作方法。

素材文件※ 无

效果文件※ 无

① 启动 Dreamweaver CS6 程序，单击【文件】菜单，② 在弹出的下拉菜单中，选择【新建】菜单项，如图 12-34 所示。

① 弹出【新建文档】对话框，选择【模板中的页】选项卡，② 在【站点】列表框中，选择模板所在的站点，如 Template，③ 选择准备使用的模板，④ 单击【创建】按钮，这样即可完成新建基于模板的页面的操作，如图 12-35 所示。

图 12-34

图 12-35

12.4　创建与应用库项目

在 Dreamweaver CS6 中，可以把网站中需要重复使用或需要经常更新的页面元素(如图像、文本或其他对象)存入库(library)中，方便经常使用。本节将详细介绍创建与应用库项目的相关知识。

12.4.1　了解库项目

库是一种特殊的 Dreamweaver CS6 文件，其中包含可放置到网页中的一组单个资源或资源副本，库中的这些资源称为库项目。可在库中存储的项目包括图像、表格、声音和使用 Adobe Flash 创建的文件。每当编辑某个库项目时，可以自动更新所有使用该项目的页面。

Dreamweaver CS6 将库项目存储在每个站点的本地根文件夹下的库(Library)文件夹中，每个站点都有自己的库，使用库比使用模板具有更大的灵活性。

如果库项目中包含链接，链接可能无法在新站点中工作。此外，库项目中的图像不会被复制到新站点中。

　　在默认情况下，库面板显示在资源面板中，在资源面板中单击【库】按钮，即可显示库面板，如图 12-36 所示。

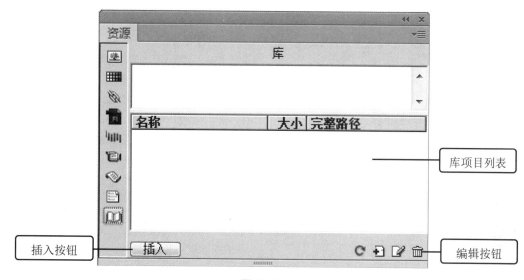

图 12-36

　　在【库】面板中，各个按钮可以进行以下设置。

- 【插入】按钮：使用该按钮，可以将库项目插入到当前文档中。选中库中的某个项目，单击该按钮，这样即可将库项目插入到文档中。
- 编辑按钮：在编辑按钮区域包括【刷新站点列表】、【新建库项目】、【编辑】和【删除】等按钮，选中库项目单击对应的按钮，将执行相应的操作。
- 【库项目列表】：在【库项目列表】区域中列出了当前库中的所有项目。

12.4.2　新建库文件

　　库文件是将制作网页时常遇到的对象转化为库文件，然后插入到其他网页文件中，模板针对的是整个网页，而库文件针对的是网页上局部内容。下面详细介绍新建库文件的操作方法。

素材文件※ 无
效果文件※ 第 12 章\效果文件\ Template \Untitled-2.lbi

step 1 ① 启动 Dreamweaver CS6 程序，单击【文件】菜单，② 在弹出的下拉菜单中，选择【新建】菜单项，如图 12-37 所示。

step 2 ① 弹出【新建文档】对话框，选择【空白页】选项卡，② 在【页面类型】列表框中，选择【库项目】列表项，③ 单击【创建】按钮，如图 12-38 所示。

图 12-37

 step 3　返回到软件主界面，可以看到新建的库项目文档，如图 12-39 所示。

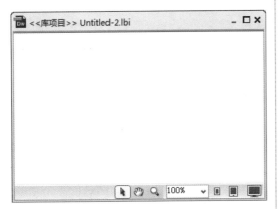

图 12-39

step 5　① 弹出【选择图像源文件】对话框，选择图像储存位置，② 选择准备插入的图像文件，③ 单击【确定】按钮，如图 12-41 所示。

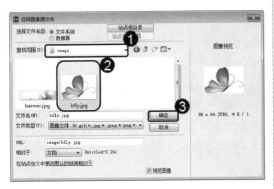

图 12-41

图 12-38

step 4　① 单击【插入】菜单，② 在弹出的下拉菜单中，选择【图像】菜单项，如图 12-40 所示。

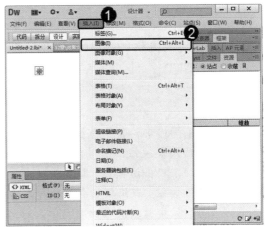

图 12-40

step 6　① 单击【文件】菜单，② 在弹出的下拉菜单中，选择【保存】菜单项，如图 12-42 所示。

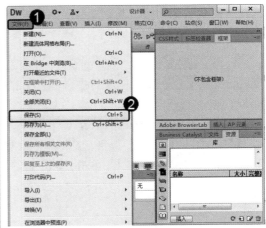

图 12-42

step 7 ① 弹出【另存为】对话框，选择库文件保存位置，② 在【文件名】文本框中输入库文件名称，③ 单击【保存】按钮，如图 12-43 所示。

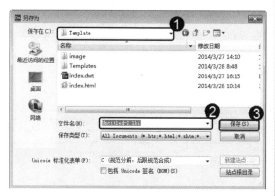

图 12-43

step 8 通过以上方法，即可完成新建库文件的操作，如图 12-44 所示。

图 12-44

12.4.3　在网页中应用库文件

在库文件创建完成之后，用户即可将库文件应用于网页中。下面详细介绍在网页中应用库文件的操作方法。

素材文件❀ 第 12 章\素材文件\ Template \index.html、Untitled-2.lbi

效果文件❀ 第 12 章\效果文件\ Template \index.html

step 1 ① 打开素材文件，将光标定位在准备应用库文件的位置，② 在【资源】面板中，单击【库】按钮📖，③ 在【库项目列表】中，选择准备引用的库文件，④ 单击【插入】按钮，如图 12-45 所示。

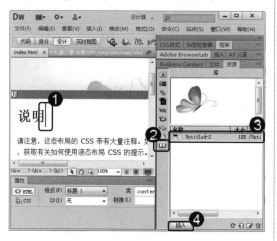

图 12-45

step 2 可以看到，已经将库文件插入到光标定位的位置，通过以上方法，即可完成在网页中应用库文件的操作，如图 12-46 所示。

图 12-46

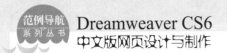
12.4.4 编辑和更新库文件

如果不满意创建的库文件，用户可以选择对其进行编辑，编辑后的库文件需要进行更新同步页面，下面详细介绍具体操作方法。

素材文件 第 12 章\素材文件\ Template \index.html、Untitled-2.lbi
效果文件 第 12 章\效果文件\ Template \index.html

 step 1 ① 打开素材文件，在【资源】面板中，单击【库】按钮 📖，② 选择准备编辑的库文件，③ 单击【编辑】按钮 📝，如图 12-47 所示。

图 12-47

step 3 对该库文件中的内容进行修改，如修改为其他图片，如图 12-49 所示。

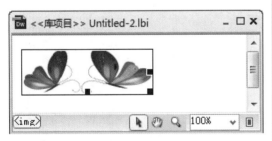

图 12-49

step 5 ① 打开网页文件，单击【修改】菜单，② 在弹出的下拉菜单中，选择【库】菜单项，③ 在弹出的子菜单中，选择【更新当前页】子菜单项，如图 12-51 所示。

 step 2 系统会自动打开选择的库文件，如图 12-48 所示。

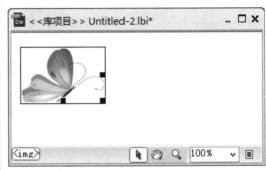

图 12-48

step 4 ① 单击【文件】菜单，② 在弹出的下拉菜单中，选择【保存全部】菜单项，如图 12-50 所示。

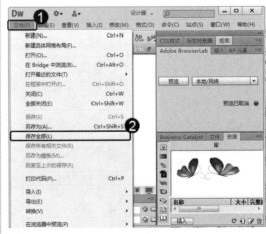

图 12-50

 step 6 弹出 Dreamweaver 对话框，单击【确定】按钮，如图 12-52 所示。

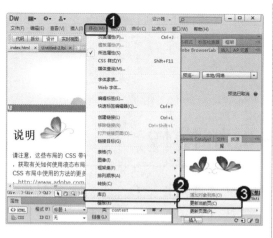

图 12-51

step 7 　① 保存文件，单击【在浏览器中预览/调试】下拉按钮 🌐，② 在弹出的下拉菜单中，选择【预览在 IExplore】菜单项，如图 12-53 所示。

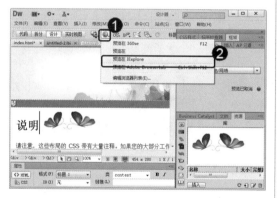

图 12-53

图 12-52

step 8 　通过以上方法，即可完成编辑和更新库文件的操作，如图 12-54 所示。

图 12-54

12.4.5　库文件的【属性】面板

在将一个库文件插入到页面中之后，在【属性】面板中会出现库项目的路径与【打开】、【从源文件中分离】和【重新创建】三个按钮，库文件的【属性】面板如图 12-55 所示。

图 12-55

在【属性】面板中，用户可以设置以下参数。

- 【打开】：可以打开该库文件的源文件目录进行编辑。
- 【从源文件中分离】：断开该库项目及其源文件之间的链接，分离后的库项目会变

成普通的页面对象。

- 【重新创建】：可以将该内容改写为原始库项目，该按钮可以在丢失或者意外删除原始库项目时，重新建立库项目。
- 【源文件】：显示库文件的路径以及名称。

12.5　范例应用与上机操作

通过本章的学习，读者基本可以掌握使用模板和库提高网页制作效率的基础知识，下面通过一些实例，达到巩固与提高的目的。

12.5.1　使用模板创建网页

利用 Dreamweaver CS6 自带的模板可以轻松地制作出网页。下面详细介绍使用模板创建网页的操作方法。

素材文件 第 12 章\素材文件\卷轴
效果文件 第 12 章\效果文件\卷轴

 step 1 ① 打开素材文件，单击【文件】菜单，② 在弹出的下拉菜单中，选择【新建】菜单项，如图 12-56 所示。

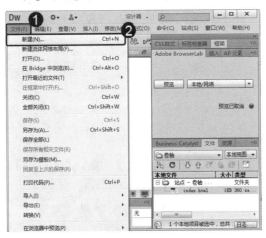

图 12-56

step 2 ① 弹出【新建文档】对话框，选择【空白页】选项卡，② 在【页面类型】列表框中，选择【HTML 模板】列表项，③ 在【布局】列表框中，选择【列液态，居中】列表项，④ 单击【创建】按钮，如图 12-57 所示。

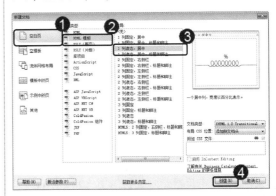

图 12-57

 step 3 ① 系统会自动打开此模板，单击【文件】菜单，② 在弹出的下拉菜单中，选择【另存为】菜单项，如图 12-58 所示。

step 4 ① 弹出【另存为】对话框，选择文件保存位置，② 在【文件名】文本框中，输入文件名称，③ 单击【保存】按钮，如图 12-59 所示。

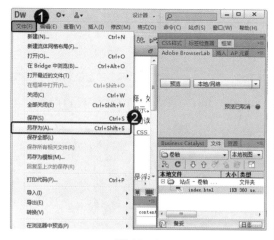

图 12-58

step 5 ① 打开网页文件，单击【修改】菜单，② 在弹出的下拉菜单中，选择【模板】菜单项，③ 在弹出的子菜单中，选择【应用模板到页】子菜单项，如图 12-60 所示。

图 12-59

step 6 ① 弹出【选择模板】对话框，在【模板】列表框中，选择准备应用的模板，② 单击【选定】按钮，如图 12-61 所示。

图 12-60

step 7 系统会自动在网页文件中应用模板，但此时的模板为不可编辑状态，如图 12-62 所示。

图 12-61

step 8 ① 单击【修改】菜单，② 在弹出的下拉菜单中，选择【模板】菜单项，③ 在弹出的子菜单中，选择【从模板中分离】子菜单项，如图 12-63 所示。

图 12-62

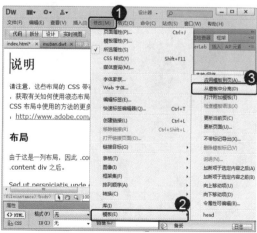

图 12-63

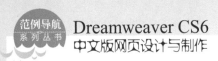
step 9　返回到网页文件界面，可以看到，网页转变为可编辑状态，如图 12-64 所示。

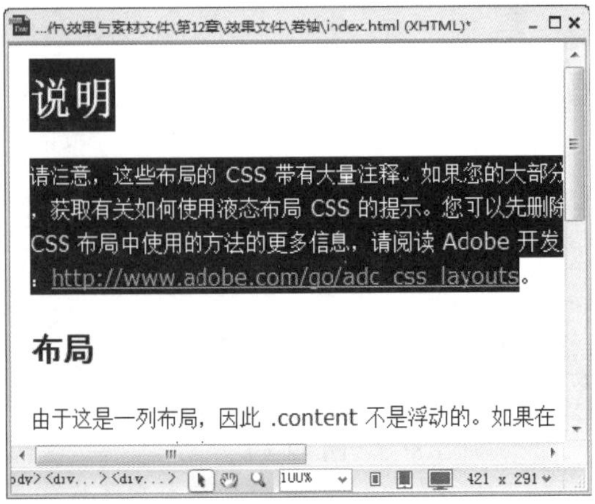

step 10　对网页中的内容进行编辑并保存，这样即可完成使用模板创建网页的操作，如图 12-65 所示。

图 12-64

图 12-65

12.5.2　重命名库项目

在 Dreamweaver CS6 中，用户可以重命名库项目的名称。下面详细介绍重命名库项目的操作方法。

素材文件 ❀ 第 12 章\素材文件\卷轴
效果文件 ❀ 第 12 章\效果文件\卷轴

step 1　① 打开素材文件，在【资源】面板中，单击【库】按钮 📖，② 单击选择准备重命名的库项目名称，如图 12-66 所示。

step 2　可以看到，库项目的名称处变为可编辑状态，按退格键，并重新输入准备使用的库项目名称，如图 12-67 所示。

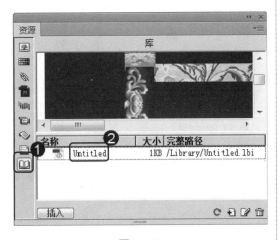

图 12-66

图 12-67

按 Enter 键，会弹出【更新文件】对话框，单击【更新】按钮，如图 12-68 所示。

 通过以上方法，即可完成重命名库项目的操作，如图 12-69 所示。

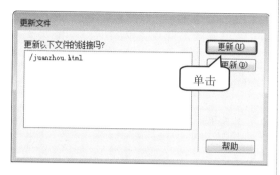

图 12-68

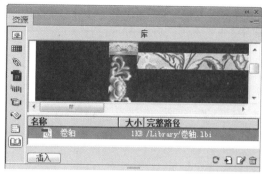

图 12-69

12.5.3　删除库项目

在 Dreamweaver CS6 中，如果用户不再准备使用某个库项目时，可以将其删除。下面详细介绍删除库项目的操作方法。

素材文件❀ 第 12 章\素材文件\卷轴

效果文件❀ 第 12 章\效果文件\卷轴

 ① 在【资源】面板中，选择准备删除的库文件，② 单击【删除】按钮 🗑，如图 12-70 所示。

 弹出 Dreamweaver 对话框，单击【是】按钮，如图 12-71 所示。

图 12-71

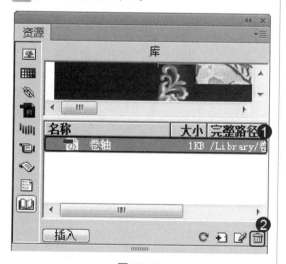

图 12-70

 通过以上方法，即可完成删除库项目的操作，如图 12-72 所示。

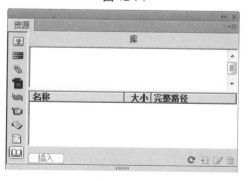

图 12-72

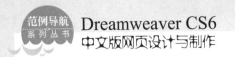

12.6　课后练习

12.6.1　思考与练习

一、填空题

1. ＿＿＿＿＿＿是模板中的区域，可将其设置为在基于＿＿＿＿＿＿的文件中显示或隐藏。
2. 如果＿＿＿＿＿中包含链接，链接可能无法在新站点中工作。此外，库项目中的＿＿＿＿＿＿不会被复制到新站点中。

二、判断题(正确画"√"，错误画"×")

1. 可编辑区域时能够根据需要在基于模板的页面中赋值任意次数的模板部分。（　　）
2. 如果准备更改基于模板的文档中的锁定区域，必须将该文档从模板中脱离出来。（　　）

三、思考题

1. 重复区域的作用是什么？
2. 什么是库项目？

12.6.2　上机操作

1. 启动 Dreamweaver CS6 软件，使用新建网页模板方面的知识，完成新建网页模板的操作。效果文件可参考"配套素材\第 12 章\效果文件\新建\Templates\ Untitled-1.dwt"。
2. 启动 Dreamweaver CS6 软件，使用新建库文件方面，完成新建库文件的操作。效果文件可参考"配套素材\第 12 章\效果文件\新建\Templates\ Untitled.lbi"。

第13章

使用行为丰富网页效果

本章介绍使用行为丰富网页效果方面的知识，同时还讲解什么是行为以及内置行为的相关知识，最后介绍使用 JavaScript 方面的知识。

范 例 导 航

1. 什么是行为
2. 内置行为
3. 使用 JavaScript

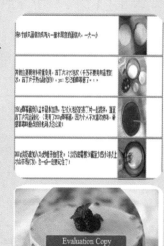

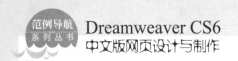
 # 13.1 什么是行为

行为是一种运行在浏览器中的 JavaScript 代码，是事件与动作的彼此结合，因为其功能强大，而受到很多网页设计者的青睐。本节将详细介绍行为的相关知识。

13.1.1 行为的概念

行为是用来动态响应用户操作、改变当前页面效果或是执行特定任务的一种方法。行为是由对象、事件和动作构成。例如，当用户把鼠标移动至对象或事件上，这个对象或事件会发生预定义的变化或动作。事件是触发动态效果的条件；动作是最终产生的动态效果。动态效果可能是图片的翻转、链接的改变、声音播放等。用户可以为每个事件指定多个动作。动作按照其在"行为"面板列表中的顺序依次发生。

对象是产生行为的主体。网页中的很多元素都可以成为对象，例如：整个 HTML 文档、图像、文本、多媒体文件、表单元素等。

在 Dreamweaver CS6 中，行为实际上是插入到网页内到一段 JavaScript 代码，行为是由对象、事件和动作构成。

13.1.2 常见动作类型

动作是最终产生的动态效果，动态效果可以是播放声音、交换图像、弹出提示信息、自动关闭网页等。下面是 Dreamweaver 中默认提供的动作的种类，如表 13-1 所示。

表 13-1

动作种类	说　明
调用 JavaScript	调用 JavaScript 特定函数
改变属性	改变选定客体的属性
检查浏览器	根据访问者的浏览器版本，显示适当的页面
检查插件	确认是否设有运行网页的插件
控制 Shockwave 或 Flash	控制影片的指定帧
拖动层	允许在浏览器中自由拖动层
转到 URL	可以转到特定的站点或者网页文档上
隐藏弹出式菜单	隐藏在 Dreamweaver 上制作的弹出窗口
设置导航栏图像	制作由图片组成的菜单的导航条
设置框架文本	在选定帧上显示指定内容
设置层文本	在选定层上显示指定内容

动作种类	说　　明
跳转菜单	可以建立若干个链接的跳转菜单
跳转菜单开始	在跳转菜单中选定要移动的站点之后,只有单击 GO 按钮才可以移动到链接的站点上
打开浏览器窗口	在新窗口中打开 URL
播放声音	在设置的事件发生之后,播放链接的音乐
弹出消息	在设置的事件发生之后,显示警告信息
预先载入图像	为了在浏览器中快速显示图片,事先下载图片之后显示出来
设置状态栏文本	在状态栏中显示指定内容
设置文本域文字	在文本字段区域显示指定内容
显示弹出式菜单	显示弹出菜单
显示-隐藏层	显示或隐藏特定层
交换图像	发生设置的事件后,用其他图片来取代选定图片
恢复交换图像	在运用交换图像动作之后,显示原来的图片
时间轴	用来控制时间轴,可以播放、停止动画
检查表单	检查表单文档在有效性的时候才能使用

13.1.3 　【行为】面板

使用【行为】面板可以为网页元素指定动作和事件,用户可以单击【窗口】菜单,在弹出的下拉菜单中选择【行为】菜单项,即可打开【行为】面板,如图 13-1 所示。

图 13-1

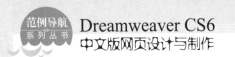
在【行为】面板中，用户可以进行以下设置。

- 【添加行为】下拉按钮 ➕：单击此按钮，弹出动作菜单，添加行为。
- 【删除事件】按钮 ➖：在控制面板中删除所选的事件或动作。
- 【增加事件值】按钮 🔼、【降低事件值】按钮 🔽：控制在面板中通过上、下移动所选择的动作来调整动作顺序。在【行为】面板中，所有时间和动作按照它们在面板中的显示顺序选择，设计时要根据实际情况调整动作顺序。

13.1.4 常见事件

事件用于指定选定行为动作在何种情况下的发生，例如想应用单击图像时，跳转到指定网站的行为，用户需要把事件指定为单击事件(onClick)。下面根据使用用途分类介绍 Dreamweaver 中提供的事件种类，如表 13-2 所示。

表 13-2

事　件	说　明
onAbort	在浏览器中停止加载网页文档的操作时发生的事件
onMOVE	移动窗口或框架时发生的事件
onLoad	选定的对象出现在浏览器上时发生的事件
onResize	访问者改变窗口或框架的大小时发生的事件
onUnLoad	访问者退出网页文档时发生的事件
onClick	单击选定要素时发生的事件
onBlur	鼠标移动到窗口或框架外侧时等非激活状态时发生的事件
onDragStart	拖动选定要素时发生的事件
onFocus	鼠标到窗口或框架中处于激活状态时发生的事件
on MouseDown	单击时发生的事件
onMouseMove	鼠标经过选定要素上面时发生的事件
onMouseOut	鼠标离开选定要素上面时发生的事件
onMouseOver	鼠标在选定要素上面时发生的事件
onMouseUp	释放按住的鼠标左键时发生的事件
onScroll	访问者在浏览器中移动了滚动条时发生的事件
onKeyDown	键盘上某个按键被按下时触发事件
onKeyPress	键盘上按下某个按键被释放时触发事件
onKeyUp	放开按下的键盘中的指定键时发生的事件
onAfterUpdate	表单文档的内容被更新时发生的事件
onBeforeUpdate	表单文档的项目发生变化时发生的事件
onChange	访问者更改表单文档的初始设定值时发生的事件
onReset	把表单文档重新设定为初始值时发生的事件

事 件	说 明
onSubmit	访问者传送表单文档时发生的事件
onSelect	访问者选择文本区域中的内容时发生的事件
onError	加载网页文档的过程中发生错误时发生的事件
onFilterChange	应用到选定要素上的滤镜被更改时发生的事件
onFinish	结束移动文字(Marquee)时发生的事件
onStart	开始移动文字(Marquee)时发生的事件

13.1.5　应用行为的方法

通过单击【行为】面板中的【添加行为】下拉按钮 ，在弹出的下拉菜单中，选择相应的行为，即可在网页中应用指定的行为，如图 13-2 所示。

图 13-2

 ## 13.2　内置行为

在 Dreamweaver CS6 中，插入内置的行为实际上是为网页增添了一些 JavaScript 代码，通过这些代码可以实现网页的动感效果。本节将详细介绍内置行为的相关知识。

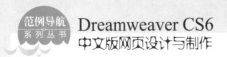

13.2.1　弹出提示信息

　　"弹出提示信息"是一个带有指定消息的 JavaScript 警告，因为 JavaScript 警告只有一个按钮，所以使用此动作可以提供信息，而不能提供选择，下面详细介绍具体操作方法。

　素材文件※　第 13 章\素材文件\Delicious
　效果文件※　第 13 章\效果文件\Delicious

 Step 1　打开素材文件，将准备设置弹出提示信息的文本选中，如图 13-3 所示。

图 13-3

Step 3　① 弹出【弹出信息】对话框，在【消息】文本框中，输入相关信息，② 单击【确定】按钮，如图 13-5 所示。

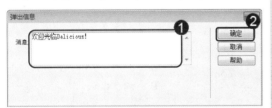

图 13-5

Step 5　① 保存文件，单击【在浏览器中预览/调试】下拉按钮，② 在弹出的下拉菜单中，选择【预览在 IExplore】菜单项，如图 13-7 所示。

图 13-7

Step 2　① 在【行为】面板中，单击【添加行为】下拉按钮，② 在弹出的下拉菜单中，选择【弹出信息】菜单项，如图 13-4 所示。

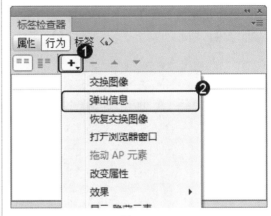

图 13-4

Step 4　① 在【行为】面板中，单击【触发事件】下拉按钮，② 将【触发事件】设置为 onClick，如图 13-6 所示。

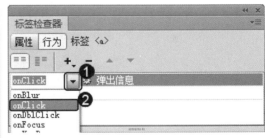

图 13-6

Step 6　弹出浏览器，单击刚刚设置弹出提示信息的文本，如图 13-8 所示。

图 13-8

系统会自动弹出【来自网页的消息】对话框，通过以上方法，即可完成弹出提示信息的操作，如图 13-9 所示。

图 13-9

13.2.2　检查插件

　　"检查插件"是根据访问者是否安装了指定的插件这一情况，将其转到不同的页面。如浏览者计算机中安装了 Flash 插件，那么就播放 Flash 给访问者观看；如果没有安装，就直接将访问者带往没有 Flash 的页面。下面详细介绍其具体操作方法。

> 素材文件※ 第 13 章\素材文件\Delicious
> 效果文件※ 第 13 章\效果文件\Delicious

step 1 ① 打开素材文件，将准备设置检查插件的元素选中，如图片文件，② 在【属性】面板中，将链接设置为"#"，如图 13-10 所示。

step 2 ① 在【行为】面板中，单击【添加行为】下拉按钮 +，② 在弹出的下拉菜单中，选择【检查插件】菜单项，如图 13-11 所示。

图 13-10

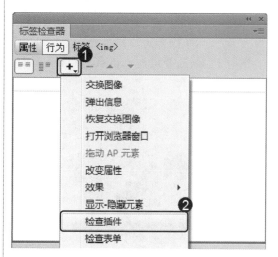

图 13-11

265

step 3　① 弹出【检查插件】对话框，分别设置【如果有，转到 URL】和【否则，转到 URL】的网页文件，② 单击【确定】按钮，如图 13-12 所示。

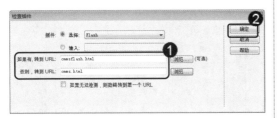

图 13-12

step 5　① 保存文件，单击【在浏览器中预览/调试】下拉按钮，② 在弹出的下拉菜单中，选择【预览在 IExplore】菜单项，如图 13-14 所示。

图 13-14

step 7　如果检查出计算机中安装有 Flash 插件，会进入 cmmsflash.html 页面，如图 13-16 所示。

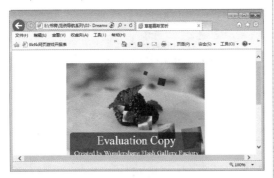

图 13-16

step 4　① 在【行为】面板中，单击【触发事件】下拉按钮，② 将【触发事件】设置为 onClick，如图 13-13 所示。

图 13-13

step 6　弹出浏览器，单击刚刚设置检查插件的图片，如图 13-15 所示。

图 13-15

step 8　如果检查出计算机中没有安装 Flash 插件，则会进入 cmms.html 页面，如图 13-17 所示。

图 13-17

13.2.3 打开浏览器窗口

使用"打开浏览器窗口"动作在打开当前网页的同时，还可以再打开一个新窗口，同时还可以根据动作来编辑浏览窗口的大小、名称、状态栏和菜单栏等属性。下面详细介绍具体操作方法。

素材文件※第13章\素材文件\Delicious
效果文件※第13章\效果文件\Delicious

 ① 打开素材文件,将准备设置打开浏览器的元素选中, ② 在【行为】面板中，单击【添加行为】下拉按钮 ，③ 在弹出的下拉菜单中，选择【打开浏览器窗口】菜单项，如图13-18所示。

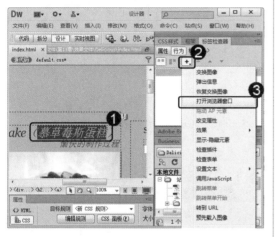

图 13-18

step 3 ① 在【行为】面板中，单击【触发事件】下拉按钮 ，② 将【触发事件】设置为onClick，如图13-20所示。

图 13-20

step 2 ① 弹出【打开浏览器窗口】对话框，设置【要显示的 URL】为 msjj.html 网页文件,② 分别设置【窗口宽度】和【窗口高度】的值,③ 启用【需要时使用滚动条】复选项,④ 单击【确定】按钮，如图13-19所示。

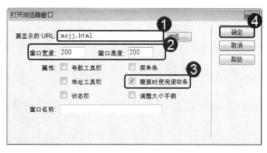

图 13-19

step 4 ① 保存文件，单击【在浏览器中预览/调试】下拉按钮 ，② 在弹出的下拉菜单中，选择【预览在 IExplore】菜单项，如图13-21所示。

图 13-21

第 13 章 使用行为丰富网页效果

step 5　弹出浏览器，单击刚刚设置打开浏览器窗口的文本，如图 13-22 所示。

图 13-22

step 6　系统会自动弹出 msjj.html 页面，通过以上方法，即可完成设置打开浏览器窗口的操作，如图 13-23 所示。

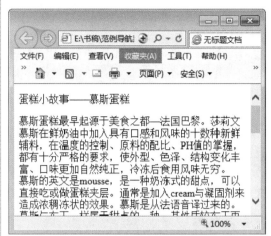

图 13-23

13.2.4　设置状态栏文本

"设置状态栏文本"可在浏览器窗口底部左侧的状态栏中显示消息。下面详细介绍设置状态栏文本的操作方法。

素材文件※ 第 13 章\素材文件\Delicious

效果文件※ 第 13 章\效果文件\Delicious

step 1　打开素材文件，在窗口左下角处，单击<body>标签，如图 13-24 所示。

图 13-24

step 2　① 在【行为】面板中，单击【添加行为】下拉按钮 ，② 在弹出的下拉菜单中，选择【设置文本】菜单项，③ 在弹出的子菜单中，选择【设置状态栏文本】子菜单项，如图 13-25 所示。

图 13-25

step 3 ①弹出【设置状态栏文本】对话框，在【消息】文本框中输入准备输入的文本，如"欢迎来到 Delicious！"，②单击【确定】按钮，如图 13-26 所示。

图 13-26

step 4 保存页面，按 F12 键，弹出浏览器，这样即可在浏览器中预览页面效果，如图 13-27 所示。

图 13-27

13.2.5 转到 URL

"转到 URL"是在当前窗口或指定的框架中打开一个新页，此动作对通过一次单击更改两个或多个框架的内容特别有帮助。下面详细介绍其具体操作方法。

 素材文件 ❀ 第 13 章\素材文件\Delicious
效果文件 ❀ 第 13 章\效果文件\Delicious

step 1 打开素材文件，将准备设置转到 URL 的文本选中，如图 13-28 所示。

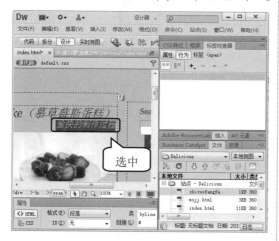

图 13-28

step 3 ①弹出【转到 URL】对话框，设置 URL 为 zhizuofangfa.html，②单击【确定】按钮，如图 13-30 所示。

step 2 ①在【行为】面板中，单击【添加行为】下拉按钮 ➕，②在弹出的下拉菜单中，选择【转到 URL】菜单项，如图 13-29 所示。

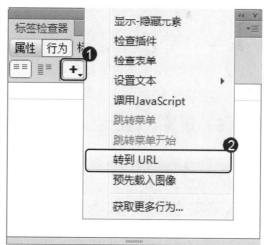

图 13-29

step 4 ①在【行为】面板中，单击【触发事件】下拉按钮 ▼，②将【触发事件】设置为 onClick，如图 13-31 所示。

第 13 章 使用行为丰富网页效果

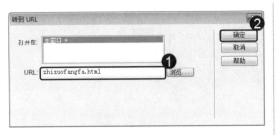

图 13-31

 step 5 保存页面，按 F12 键，弹出浏览器，单击刚刚设置转到 URL 的文本，如图 13-32 所示。

图 13-30

step 6 页面会自动转到刚刚设置的 URL，通过以上方法，即可完成设置转到 URL 的操作，如图 13-33 所示。

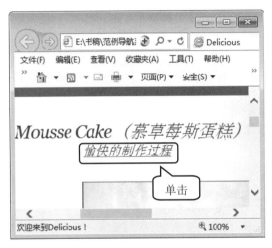

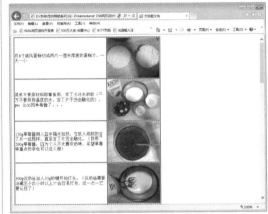

图 13-32

图 13-33

知识精讲

在【转到 URL】对话框中，在【打开在】列表框中，用户可以选择相应的列表项，来选择要打开的网页；在 URL 文本框中，用户可以手动输入网页的路径，也可以单击【浏览】按钮，查找网页的路径。

13.2.6 设置容器的文本

在应用容器文本的交互行为后，用户可根据指定的事件触发交互，将容器中已有的内容替换为更新的内容，下面详细介绍具体操作方法。

素材文件 ❀ 第 13 章\素材文件\Delicious
效果文件 ❀ 第 13 章\效果文件\Delicious

step 1 ① 打开素材文件，单击【插入】菜单，② 在弹出的下拉菜单中，选择【布局对象】菜单项，③在弹出的子菜单中，选择 AP Div 子菜单项，如图 13-34 所示。

step 2 ① 在插入的 AP Div 中输入文本，并进行相应的设置，② 在【属性】面板中的【溢出】下拉列表框中，选择 visible 列表项，如图 13-35 所示。

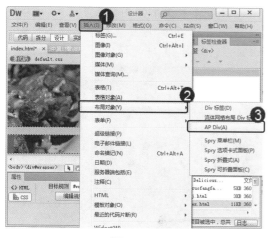

图 13-34

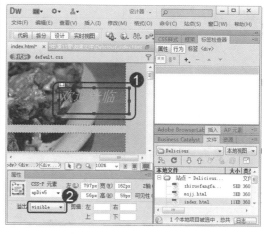

图 13-35

step 3 ①在【行为】面板中，单击【添加行为】下拉按钮➕，② 在弹出的下拉菜单中，选择【设置文本】菜单项，③ 在弹出的子菜单中，选择【设置容器的文本】子菜单项，如图 13-36 所示。

step 4 ① 弹出【设置容器的文本】对话框，在【容器】下拉列表框中，选择刚刚插入的 AP Div，② 在【新建 HTML】文本框中，输入准备使用的文本内容，③ 单击【确定】按钮，如图 13-37 所示。

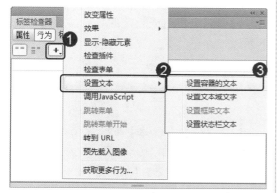

图 13-36

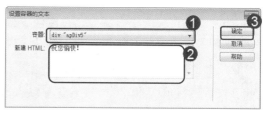

图 13-37

step 6 ① 保存文件，单击【在浏览器中预览/调试】下拉按钮，② 在弹出的下拉菜单中，选择【预览在 IExplore】菜单项，如图 13-39 所示。

step 5 ① 在【行为】面板中，单击【触发事件】下拉按钮，② 将【触发事件】设置为 onClick，如图 13-38 所示。

图 13-38

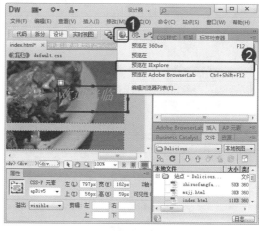

图 13-39

step 7　弹出浏览器，单击刚刚设置容器的文本，如图 13-40 所示。

图 13-40

step 8　可以看到文本发生了改变，通过以上方法，即可完成设置容器的文本的操作，如图 13-41 所示。

图 13-41

13.2.7　预先载入图像

当一个网页包含很多图像，在图像下载时会对网页的浏览造成一定的延迟，利用"预先载入图像"可以将图像预先载入缓冲区内。下面详细介绍其具体操作方法。

素材文件▓ 第 13 章\素材文件\Delicious
效果文件▓ 第 13 章\效果文件\Delicious

step 1　打开素材文件，选中准备设置预先载入的图像，如图 13-42 所示。

图 13-42

step 2　① 在【行为】面板中，单击【添加行为】下拉按钮 ➕，② 在在弹出的下拉菜单中，选择【预先载入图像】菜单项，如图 13-43 所示。

图 13-43

step 3 弹出【预先载入图像】对话框，单击【浏览】按钮，如图 13-44 所示。

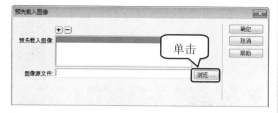

图 13-44

 step 5 返回到【预选载入图像】对话框，单击【确定】按钮，如图 13-46 所示。

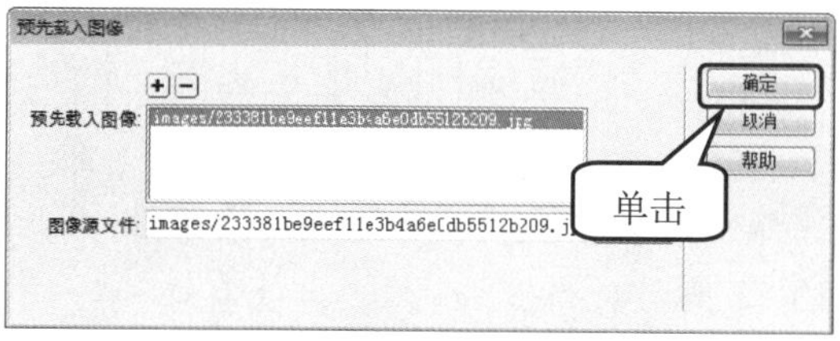

图 13-46

 step 7 保存页面，按 F12 键，弹出浏览器，这样即可在浏览器中预览页面效果，如图 13-48 所示。

图 13-48

step 4 ① 弹出【选择图像源文件】对话框，选择图像文件存储位置，② 再选择图像文件，③ 单击【确定】按钮，如图 13-45 所示。

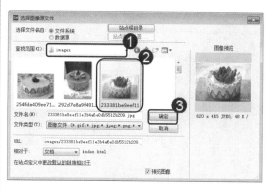

图 13-45

step 6 ① 在【行为】面板中，单击【触发事件】下拉按钮 ，② 将【触发事件】设置为 onClick，如图 13-47 所示。

图 13-47

 考考您

请您根据上述方法设置其他网页中的预先载入图像，测试一下您的学习效果。

13.2.8 交换图像

所谓交换图像是指当鼠标经过图像时，原图像会变成另外一幅图像。下面详细介绍交换图像的操作方法。

素材文件 第 13 章\素材文件\Delicious

效果文件 第 13 章\效果文件\Delicious

step 1 打开素材文件，选中准备设置交换的图像，如图 13-49 所示。

图 13-49

step 3 弹出【交换图像】对话框，单击【浏览】按钮，如图 13-51 所示。

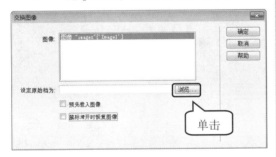

图 13-51

step 5 ① 返回【交换图像】对话框，启用【预选载入图像】复选框，② 启用【鼠标滑开时恢复图像】复选框，③ 单击【确定】按钮，如图 13-53 所示。

图 13-53

step 7 弹出浏览器，并显示网页内容，

step 2 ① 在【行为】面板中，单击【添加行为】下拉按钮 ，② 在弹出的下拉菜单中，选择【交换图像】菜单项，如图 13-50 所示。

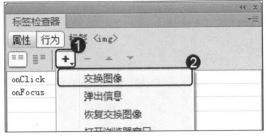

图 13-50

step 4 ① 弹出【选择图像源文件】对话框，选择图像文件存储位置，② 再选择图像文件，③ 单击【确定】按钮，如图 13-52 所示。

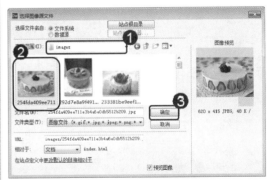

图 13-52

step 6 ① 在保存文件，单击【在浏览器中预览/调试】下拉按钮 ，② 在弹出的下拉菜单中，选择【预览在 IExplore】菜单项，如图 13-54 所示。

图 13-54

step 8 将鼠标移动至图像处，图像即可发生改变，通过以上方法，即可完成

如图 13-55 所示。

交换图像的操作，如图 13-56 所示。

图 13-55

图 13-56

13.2.9　拖动 AP 元素

　　在【行为】面板中利用拖动 AP 元素动作，可以将 AP 元素放置在准备放置的位置。下面详细介绍其具体操作方法。

　素材文件◈ 第 13 章\素材文件\Delicious
　效果文件◈ 第 13 章\效果文件\Delicious

step 1　打开素材文件，单击网页窗口左下角的<body>标签，如图 13-57 所示。

图 13-57

step 3　① 弹出【拖动 AP 元素】对话框，在【AP 元素】下拉列表框中，选择准备拖动的 AP 元素，② 在【放下目标】区域中，分别设置【左】、【上】的值，③ 单击【确定】按钮，如图 13-59 所示。

step 2　① 在【行为】面板中，单击【添加行为】下拉按钮 ，② 在弹出的下拉菜单中，选择【拖动 AP 元素】菜单项，如图 13-58 所示。

图 13-58

step 4　保存页面，按 F12 键，弹出浏览器，这样即可完成拖动 AP 元素的

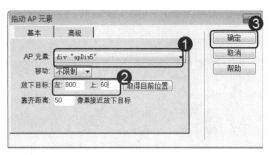

图 13-59

操作，如图 13-60 所示。

图 13-60

13.2.10 跳转菜单

在【行为】面板中，如果准备使用跳转菜单行为，首先要创建一个跳转菜单。下面详细介绍其具体操作方法。

素材文件 第 13 章\素材文件\Delicious
效果文件 第 13 章\效果文件\Delicious

step 1 ① 打开素材文件，单击【插入】菜单，② 在弹出的下拉菜单中，选择【表单】菜单项，③ 在弹出的子菜单中，选择【跳转菜单】子菜单项，如图 13-61 所示。

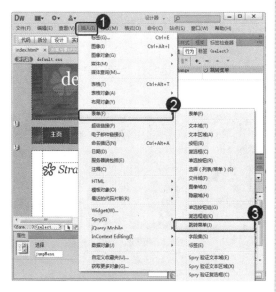

图 13-61

step 3 可以看到，已经插入的跳转菜单，将此跳转菜单选中，如图 13-63 所示。

step 2 ① 弹出【插入跳转菜单】对话框，在【文本】对话框中，依次输入菜单的名称，② 在每次输入名称之后，单击【添加项】按钮，③ 单击【确定】按钮，如图 13-62 所示。

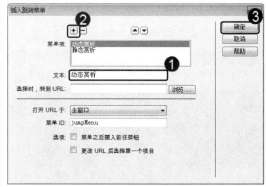

图 13-62

step 4 ① 在【行为】面板中，右击 onChange 行为，② 在弹出的快捷菜单中，选择【编辑行为】菜单项，如图 13-64 所示。

图 13-63

图 13-64

step 5 ① 弹出【跳转菜单】对话框，在【菜单项】列表框中，选择【动态赏析】列表项，② 单击【浏览】按钮，如图 13-65 所示。

step 6 ① 弹出【选择文件】对话框，选择文件保存位置，② 选择准备使用的网页文件，③ 单击【确定】按钮，如图 13-66 所示。

图 13-65

图 13-66

step 7 ① 返回到【跳转菜单】对话框，在【菜单项】列表框中，选择【静态赏析】列表项，② 单击【浏览】按钮，如图 13-67 所示。

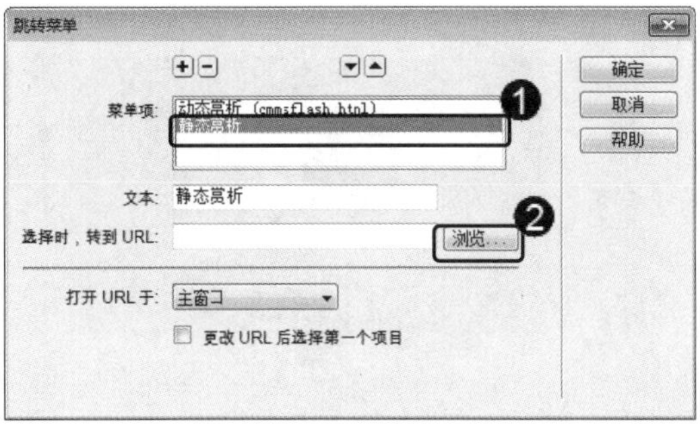

step 8 ① 弹出【选择文件】对话框，选择文件保存位置，② 选择准备使用的网页文件，③ 单击【确定】按钮，如图 13-68 所示。

图 13-67

图 13-68

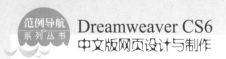

Dreamweaver CS6
中文版网页设计与制作

step 9 返回到【跳转菜单】对话框，单击【确定】按钮，如图13-69所示。

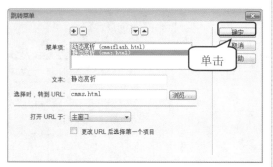

图 13-69

step 11 弹出浏览器显示新建的跳转菜单，选择【动态赏析】菜单项，如图13-71所示。

图 13-71

step 13 如果在跳转菜单中，选择【静态赏析】菜单项，如图13-73所示。

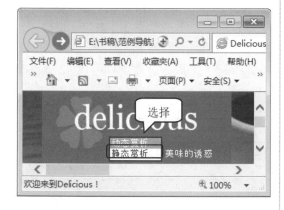

图 13-73

step 10 ① 保存文件，单击【在浏览器中预览/调试】下拉按钮，② 在弹出的下拉菜单中，选择【预览在 IExplore】菜单项，如图13-70所示。

图 13-70

step 12 进入动态赏析页面，如图13-72所示。

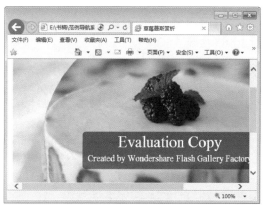

图 13-72

step 14 即可进入静态赏析页面，通过以上方法，即可完成设置跳转菜单的操作，如图13-74所示。

图 13-74

13.2.11 跳转菜单开始

"跳转菜单开始"动作和"跳转菜单"动作关系非常密切。"跳转菜单开始"是在跳转菜单中加入一个"前往"按钮。下面详细介绍其具体操作方法。

素材文件❄ 第13章\素材文件\Delicious
效果文件❄ 第13章\效果文件\Delicious

 ① 打开素材文件,单击【插入】菜单,② 在弹出的下拉菜单中,选择【表单】菜单项,③ 在弹出的子菜单中,选择【跳转菜单】子菜单项,如图13-75所示。

图 13-75

step 3 ① 弹出【选择文件】对话框,选择网页文件保存位置,② 选择准备使用的网页文件,③ 单击【确定】按钮,如图13-77所示。

图 13-77

step 2 ① 弹出【插入跳转菜单】对话框,在【文本】对话框中,输入菜单的名称,如"静态赏析",② 单击【添加项】按钮，③ 单击【选择时,转到 URL】区域中【浏览】按钮,如图13-76所示。

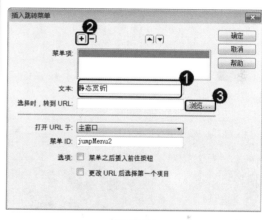

图 13-76

step 4 ① 返回到【插入跳转菜单】对话框,在【文本】对话框中,输入菜单的名称,如"动态赏析",② 单击【添加项】按钮，③ 单击【选择时,转到 URL】区域中【浏览】按钮,如图13-78所示。

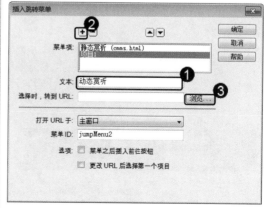

图 13-78

step 5 ① 弹出【选择文件】对话框，选择网页文件保存位置，② 选择准备使用的网页文件，③ 单击【确定】按钮，如图 13-79 所示。

图 13-79

step 7 返回到网页设计窗口，可以看到已经插入带有【前往】按钮的跳转菜单，如图 13-81 所示。

图 13-81

step 9 ① 弹出浏览器，显示新建的跳转菜单，选择相应的菜单项，如【动态赏析】菜单项，② 单击【前往】按钮，如图 13-83 所示。

图 13-83

step 6 ① 返回到【插入跳转菜单】对话框，在【选项】区域中，启用【菜单之后插入前往按钮】复选框，② 单击【确定】按钮，如图 13-80 所示。

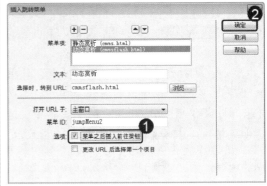

图 13-80

step 8 ① 保存文件，单击【在浏览器中预览/调试】下拉按钮，② 在弹出的下拉菜单中，选择【预览在 IExplore】菜单项，如图 13-82 所示。

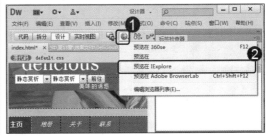

图 13-82

step 10 进入动态赏析页面，通过以上方法，即可完成设置跳转菜单开始的操作，如图 13-84 所示。

图 13-84

13.2.12　调用 JavaScript

调用 JavaScript 行为可以指定在事件发生时，要执行的自定义函数或者 JavaScript 代码。下面详细介绍调用 JavaScript 的操作方法。

素材文件❀ 第 13 章\素材文件\Delicious
效果文件❀ 第 13 章\效果文件\Delicious

step 1 ① 打开素材文件，将准备调用 JavaScript 的文本选中，② 单击【行为】面板中【添加行为】下拉按钮 ➕，③ 在弹出的下拉菜单中，选择【调用 JavaScript】菜单项，如图 13-85 所示。

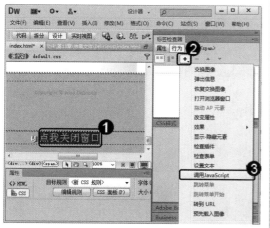

图 13-85

step 3 ① 在【行为】面板中，单击【触发事件】下拉按钮 ▼，② 将【触发事件】设置为 onClick，如图 13-87 所示。

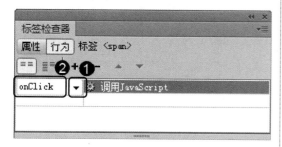

图 13-87

step 5 弹出浏览器，在网页中单击调用 JavaScript 的文本，如图 13-89 所示。

step 2 ① 弹出【调用 JavaScript】对话框，在【JavaScript】文本框中，输入要执行的自定义函数名称或者 JavaScript 代码，如 "window.close()"，② 单击【确定】按钮，如图 13-86 所示。

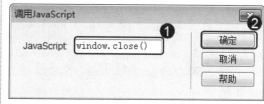

图 13-86

step 4 ① 保存文件，单击【在浏览器中预览/调试】下拉按钮 🔵，② 在弹出的下拉菜单中，选择【预览在 IExplore】菜单项，如图 13-88 所示。

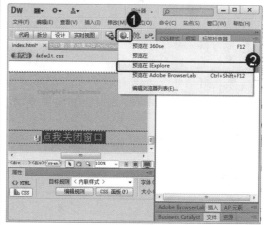

图 13-88

step 6 弹出 Windows Internet Explorer 对话框，单击【是】按钮，即可关闭当前窗口，通过以上方法，即可完成调用 JavaScript 的操作，如图 13-90 所示。

图 13-89

图 13-90

 13.3 使用 JavaScript

JavaScript 是互联网上最流行的脚本语言, 可以增强访问者与网站之间的交互。用户可以通过自己编写 JavaScript 代码, 或者使用网络上免费的 JavaScript 库。本节将详细介绍 JavaScript 的相关知识。

13.3.1 利用 JavaScript 实现打印功能

利用 JavaScript 实现打印功能, 在网页设计中是比较常见的。下面详细介绍利用 JavaScript 实现打印功能的操作方法。

素材文件 第 13 章\素材文件\Delicious

效果文件 第 13 章\效果文件\Delicious

step 1 ① 打开素材文件, 将准备设置打印的文本选中, ② 单击【行为】面板中【添加行为】下拉按钮 ➕, ③ 在弹出的下拉菜单中, 选择【调用 JavaScript】菜单项, 如图 13-91 所示。

step 2 ① 弹出【调用 JavaScript】对话框, 在 JavaScript 文本框中, 输入要执行的自定义函数名称或者 JavaScript 代码, 如 "window.print()", ② 单击【确定】按钮, 如图 13-92 所示。

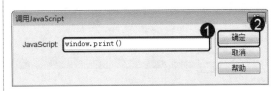

图 13-92

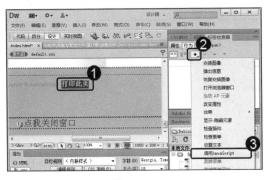

图 13-91

step 3 ① 在【行为】面板中，单击【触发事件】下拉按钮▾，② 将【触发事件】设置为 onClick，如图 13-93 所示。

图 13-93

step 5 弹出浏览器，在网页中单击调用 JavaScript 的文本，如图 13-95 所示。

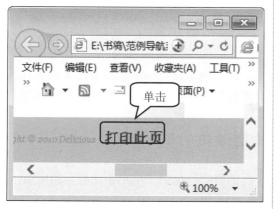

图 13-95

step 4 ① 保存文件，单击【在浏览器中预览/调试】下拉按钮🔘，② 在弹出的下拉菜单中，选择【预览在 IExplore】菜单项，如图 13-94 所示。

图 13-94

step 6 系统会自动弹出【打印】对话框，通过以上方法，即可完成利用 JavaScript 实现打印功能的操作，如图 13-96 所示。

图 13-96

13.3.2 利用 JavaScript 函数跳转到某个页面

在浏览网页的时候，尤其是在注册网页的时候，经常会遇到进入一个页面，然后提示需要等待一段时间之后，自动跳转至其他页面。利用 JavaScript 函数可以轻松完成这类网页的制作。

首先要在 head 标签中，输入如下代码：

```
<script type="text/javascript">
function redrect()
{
window.location = "1.html";
}
window.setTimeout(redrect,3000);
</script>
```

第一三章 使用行为丰富网页效果

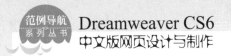

其中"1.html"为需要跳转至的网页，"window.setTimeout(redrect,3000)"中的数值为跳转时所需的时间，单位为毫秒。

然后在 body 标签中，输入如下代码：

```
<h4 style="color:#F00">这是跳转页面...</h4>
```

其中"这是跳转页面...."为网页中的提示信息，用户可以根据实际情况进行修改，代码所在页面如图 13-97 所示。

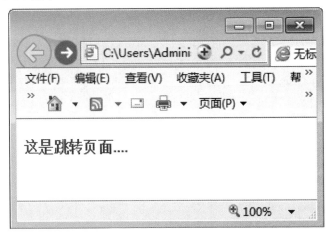

图 13-97

13.3.3 利用 JavaScript 创建自动滚屏网页效果

自动滚屏网页适合访问者浏览一篇长达数十页的网文，免去了用户手动翻页的麻烦，利用 JavaScript 函数可以非常轻松地完成这类网页的制作。

首先要在 head 标签中，输入如下代码：

```
<script>
<!--
locate = 0;
function autoscroll()
{if (locate !=400 )
{locate++;scroll(0,locate);
clearTimeout(timer);
var timer = setTimeout("autoscroll()",3);timer;}
}
-->
</script>
```

其中"var timer = setTimeout("autoscroll()",3);timer;}"语句中的数值"3"，为控制网页的滚屏速度，用户可以通过修改为其他数值控制滚屏速度。

然后在 body 标签中，需要将<body>修改为如下代码：

```
<body onload="autoscroll()" >
```

这样即可完成利用JavaScript创建自动滚屏网页效果的操作,滚屏网页的效果如图13-98所示。

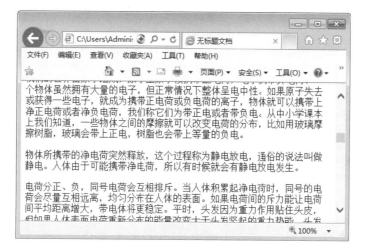

图 13-98

13.4　范例应用与上机操作

通过本章的学习,读者基本可以掌握使用行为丰富网页效果的基础知识。下面通过一些实例,达到巩固与提高的目的。

13.4.1　利用 JavaScript 函数实现动态时间

在网页中添加动态时间可以达到美化网页的目的,利用 JavaScript 函数可以轻松地实现显示动态时间。下面详细介绍其具体操作方法。

首先要在 head 标签中,输入如下代码:

```
<script type="text/javascript">
function time() {
var dt;
var date = new Date();
dt = date.getFullYear()
+ "/"
+ date.getMonth()
+ "/"
+ date.getDate()
+ " "
+ (date.getHours() <= 9 ? '0' + date.getHours() : date
.getHours())
```

```
+ ":"
+ ((date.getMinutes() <= 9 ? '0' + date.getMinutes() : date
.getMinutes()))
+ ":"
+ (date.getSeconds() <= 9 ? '0' + date.getSeconds() : date
.getSeconds());
//document.getElementById("ht").innerHTML=dt;
return dt;
}
setInterval("document.getElementById('ht').innerHTML=time()", 1000);
</script>
```

然后在 body 标签中，输入如下代码：

```
<span id="ht"></span>
```

保存文件后即可浏览网页，动态时间网页如图 13-99 所示。

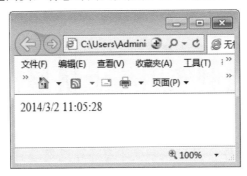

图 13-99

13.4.2 利用 JavaScript 函数实现动态侧边栏

利用 JavaScript 函数实现动态侧边栏，主要是利用 onMouseOver 以及 onMouseOut 两个行为完成，配合 CSS 样式即可实现动态侧边栏。

首先要在 head 标签中，输入如下代码：

```
<style type="text/css">
#div1{
    width:150px;
    height:200px;
    background:#999999;
    position:absolute;
    left:-150px;}
span{
    width:20px;
    height:70px;
```

```
        line-height:23px;
        background:#09C;
        position:absolute;
        right:-20px;
        top:70px;}
</style>
<script>
window.onload=function(){
    var odiv=document.getElementById('div1');
  odiv.onmouseover=function ()
  {
        startmove(0,10);
      }
  odiv.onmouseout=function ()
  {
    startmove(-150,-10);
      }
      }
    var timer=null;
function startmove(target,speed)
{
    var odiv=document.getElementById('div1');
clearInterval(timer);
    timer=setInterval(function (){
        if(odiv.offsetLeft==target)
        {
            clearInterval(timer);
            }
            else
            {
        odiv.style.left=odiv.offsetLeft+speed+'px';
            }
        },30)
    }
</script>
```

其中 "startmove(0,10);" 语句中第一个参数为 div "left" 属性的目标值；第二个参数为每次移动多少的像素。

然后在 body 标签中，输入如下代码：

```
<div id="div1">
<span>侧边栏</span>
</div>
```

其中 "侧边栏" 中文本可以随意更改为需要的文本内容，保存文件后即可在浏览器中查看网页文件，鼠标没有经过侧边栏，和鼠标经过侧边栏的效果如图 13-100、图 13-101 所示。

图 13-100　　　　　　　　　　　　　　　　　图 13-101

13.4.3　利用 JavaScript 函数实现随意更改背景颜色

利用 JavaScript 函数可以在网页中添加调色板，使访问者随意的选择背景颜色。下面详细介绍利用 JavaScript 函数实现随意更改背景颜色的方法。

在 head 标签中，输入以下代码：

```
<script>
var hex = new Array(6)
hex[0] = "FF"
hex[1] = "CC"
hex[2] = "99"
hex[3] = "66"
hex[4] = "33"
hex[5] = "00"
function display(triplet) {
document.bgColor = '#' + triplet
}
function drawCell(red, green, blue) {
document.write('<TD BGCOLOR="#' + red + green + blue + '">')
document.write('<A HREF="javascript:display(\'' + (red + green +
blue) + '\')">')
document.write('<IMG SRC="place.gif" BORDER=0 HEIGHT=12 WIDTH=12>')
document.write('</A>')
```

```
document.write('</TD>')
}
function drawRow(red, blue) {
document.write('<TR>')
for (var i = 0; i < 6; ++i) {
drawCell(red, hex[i], blue)
}
document.write('</TR>')
}
function drawTable(blue) {
document.write('<TABLE CELLPADDING=0 CELLSPACING=0 BORDER=0>')
for (var i = 0; i < 6; ++i) {
drawRow(hex[i], blue)
}
document.write('</TABLE>')
}
function drawCube() {
document.write('<TABLE CELLPADDING=5 CELLSPACING=0 BORDER=1><TR>')
for (var i = 0; i < 6; ++i) {
document.write('<TD BGCOLOR="#FFFFFF">')
drawTable(hex[i])
document.write('</TD>')
}
document.write('</TR></TABLE>')
}
drawCube()
</script>
```

保存文件，即可在浏览器中查看网页，单击调色板中任意色块即可更改背景颜色，如图 13-102 所示。

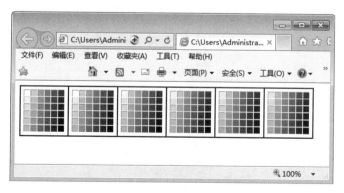

图 13-102

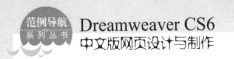

13.5 课后练习

13.5.1 思考与练习

一、填空题

1. _____是用来动态响应用户操作、改变当前_____效果或是执行特定任务的一种方法。

2. _____是最终产生的动态效果，动态效果可以是播放声音、_____、弹出提示信息、自动关闭网页等。

二、判断题(正确画"√"，错误画"×")

1. "弹出提示信息"是一个带有指定消息的 JavaScript 警告，因为 JavaScript 警告只有一个按钮，所以使用此动作可以提供信息，而不能提供选择。   (   )

2. 在 Dreamweaver CS6 中，插入内置的行为实际上是为网页增添了一些 CSS 代码。(   )

三、思考题

1. 什么是行为？
2. 什么是 JavaScript？

13.5.2 上机操作

1. 启动 Dreamweaver CS6 软件，使用【添加行为】命令，完成应用内置行为弹出提示信息的操作。效果文件可参考"配套素材\第 13 章\效果文件\ action"。

2. 启动 Dreamweaver CS6 软件，使用调用 JavaScript 方面的知识，完成设置关闭当前页面的操作。效果文件可参考"配套素材\第 13 章\效果文件\ action"。

范例导航
系列丛书

第 14 章

用表单创建交互式网页

本章介绍表单的基础知识，同时还讲解插入表单对象并设置属性的方法，最后介绍了利用 Spry 验证表单。

范 例 导 航

1. 关于表单
2. 插入表单对象并设置属性
3. Spry 验证表单

您正在使用的电脑类型投票

14.1 关于表单

表单在网页中主要负责数据采集功能，不仅可以收集访问者的浏览印象，还可以在访问者注册时收集一些必需的个人资料，甚至搜索引擎在查找信息时，关键字都是通过表单提交到服务器上的。本节将详细介绍表单的相关知识。

14.1.1 表单概述

表单是访问者同服务器进行信息交流的重要工具。当访问者将信息输入表单并"提交"时，这些信息将发送至服务器，然后由服务器端脚本或者应用程序进行信息处理，在服务器处理完成后，再反馈到访问者。

一般表单的工作过程如下。

- 访问者在浏览有表单的网页时，填写相关信息，然后进行提交。
- 这些信息通过网络发送到服务器。
- 服务器上的程序或者脚本对数据信息进行处理，如果出现错误的信息，将会返回错误信息，并提示修改错误。
- 数据完成无误后，服务器会对访问者反馈完成信息。

一般一个完整的表单设计应该由两部分完成，首先由网页设计师来设计样式，然后由程序设计师来设定程序。其过程应该是：网页设计师制作表单页面，这属于可见内容，是表单的外壳，不具有工作能力；程序设计师通过 ASP 或 CGI 程序编写表单资料、反馈信息等，这属于不可见内容，但却是表单的核心内容。

在 Dreamweaver CS6 中，表单使用<form></form>标记来创建，在<form></form>标记范围内的都属于表单内容。在页面中，可以插入多个表单，但是不可以像表格一样嵌套表单。<form></form>标记具有 action、method 和 target 属性。

- Action 的值是处理程序的程序名，如<form action="url">，如果其属性值为空值，则使用当前文档的 URL，当用户提交表单时，服务器将执行这个程序。
- Method 属性是用来定义处理程序从表单中获得信息的方式，可取 GET 或 POST 中的一个。GET 的处理方式为处理程序从当前 html 文档中获取，这种方式传送的数据量是有限制的，一般限制在 1KB 以下，即 255 字节；POST 方式传送的数据比较大，是将当前 html 文档的数据传送给处理程序，传送的数据量比 GET 要大得多。
- Target 属性是用来指定目标窗口或目标帧，可选当前窗口_self、父级窗口_parent、顶层窗口_top 和空白窗口_blank。

14.1.2 在页面中插入表单

在使用表单之前，首先要将表单插入网页文档中，启动 Dreamweaver CS6 程序，新建一个空白网页文档，单击【插入】菜单→【表单】菜单项→【表单】子菜单项，即可在页面中插入表单，插入的表单如图 14-1 所示。

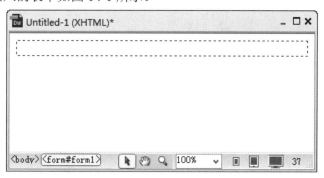

图 14-1

14.1.3 表单的【属性】面板

在网页文档中插入表单之后，即可在软件窗口下方打开【属性】面板，表单的【属性】面板如图 14-2 所示。

图 14-2

在表单的【属性】面板中，用户可以设置以下参数。
- 【表单 ID】：在其中设置表单的唯一名称。
- 【动作】：指定处理该表单的动态页或脚本路径。
- 【方法】：可以选择传送表单数据的方式。
- 【编码类型】：可以设置发送数据的 MIME 编码类型，在一般情况下应该选择 application/x-www-form-urlencoded。
- 【类】：可以在下拉列表框中选择需要的表单样式。

 # 14.2 插入表单对象并设置属性

在插入表单之后，即可在表单中插入表单对象，并设置其属性。本节将详细介绍插入表单对象并设置属性的相关知识。

14.2.1 使用表单

在插入表单对象之前，首先要将表单插入网页文档中。下面详细介绍使用表单的操作方法。

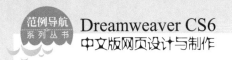
素材文件 第14章\素材文件\注册信息
效果文件 第14章\效果文件\注册信息

 ① 打开素材文件，将光标定位在准备插入表单的位置，② 单击【插入】菜单，③ 在弹出的下拉菜单中，选择【表单】菜单项，④ 在弹出的子菜单中，选择【表单】子菜单项，如图 14-3 所示。

图 14-3

 在【属性】面板中，将插入的表单命名为 form1，如图 14-5 所示。

图 14-5

 ① 弹出【表格】对话框，在【表格大小】区域中，将表格的行数设置为 12，② 将列数设置为 2，③ 单击【确定】按钮，如图 14-7 所示。

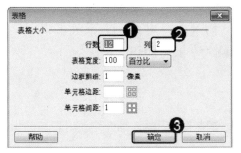

图 14-7

 可以看到已经插入的表单，如图 14-4 所示。

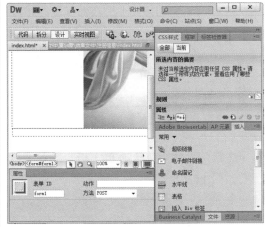

图 14-4

① 将光标定位在表单内，在【插入】面板中，选择【常用】选项，② 单击【表格】按钮，如图 14-6 所示。

图 14-6

 通过以上方法，即可完成使用表单的操作，如图 14-8 所示。

图 14-8

14.2.2　使用文本域

在表单中文本域是最常见的，例如表单中的昵称、姓名、地址等。下面详细介绍使用文本域的操作方法。

素材文件 第14章\素材文件\注册信息
效果文件 第14章\效果文件\注册信息

 1　将光标定位在第 1 列首个单元格内，输入文本，如"用户名"，如图 14-9 所示。

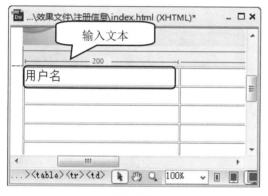

图 14-9

step 3　① 弹出【输入标签辅助功能属性】对话框，在 ID 文本框中，输入名称，② 单击【确定】按钮，如图 14-11 所示。

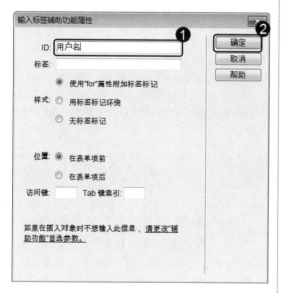

图 14-11

step 2　① 将光标定位在第 2 列首个单元格内，② 单击【插入】菜单，③ 在弹出的下拉菜单中，选择【表单】菜单项，④ 在弹出的子菜单中，选择【文本域】子菜单项，如图 14-10 所示。

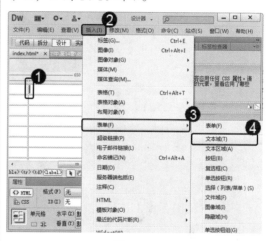

图 14-10

step 4　可以看到已经插入的文本域，通过以上方法，即可完成使用文本域的操作，如图 14-12 所示。

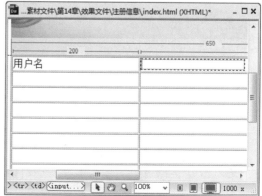

图 14-12

14.2.3　使用隐藏域

隐藏域在网页中不显示，只是将必要的信息提供给服务器，如姓名、电子邮件或地址等。下面详细介绍使用隐藏域的操作方法。

素材文件 第 14 章\素材文件\注册信息
效果文件 第 14 章\效果文件\注册信息

step 1　① 打开素材文件，将光标定位在准备设置隐藏域的位置，② 单击【插入】菜单，③ 在弹出的下拉菜单中，选择【表单】菜单项，④ 在弹出的子菜单中，选择【隐藏域】子菜单项，如图 14-13 所示。

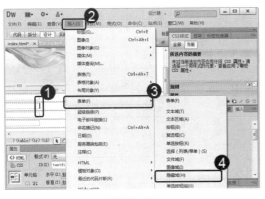

图 14-13

step 2　可以看到已经插入的隐藏域，通过以上方法，即可完成使用隐藏域的操作，如图 14-14 所示。

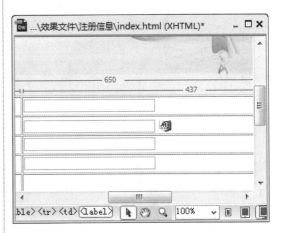

图 14-14

在隐藏域【属性】面板中，用户可以对【隐藏区域】和【值】进行设置。【隐藏区域】为设置隐藏区域的名称，默认为 hiddenfield；【值】为设置隐藏区域的值，该值将在提交表单时传送给服务器。

14.2.4　使用复选框

复选框是可以使访问者同时选择多个选项，完成复选操作的基础控件。下面详细介绍使用复选框的操作方法。

素材文件 第 14 章\素材文件\注册信息
效果文件 第 14 章\效果文件\注册信息

step 1　① 打开素材文件，将光标定位在准备使用复选框的位置，② 单击【插入】菜单，③ 在弹出的下拉菜单中，选择【表单】菜单项，④ 在弹出的子菜单中，选择【复选框】子菜单项，如图 14-15 所示。

step 2　① 弹出【输入标签辅助功能属性】对话框，在 ID 文本框中，输入准备使用的复选框名称，② 单击【确定】按钮，如图 14-16 所示。

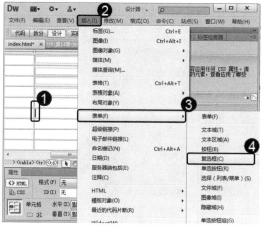

图 14-15

 step 3 在插入的复选框右侧输入文本，如"游泳"，如图 14-17 所示。

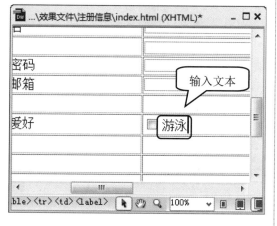

图 14-17

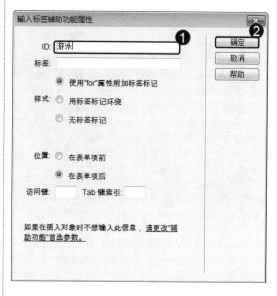

图 14-16

step 4 使用同样的方法，依次插入复选框，依次输入文本，即可完成使用复选框的操作，如图 14-18 所示。

图 14-18

14.2.5 使用单选按钮

单选按钮是在一组选项中，只可以选择一个选项，这与复选框是不同的。下面详细介绍使用单选按钮的操作方法。

 素材文件❀ 第 14 章\素材文件\注册信息

效果文件❀ 第 14 章\效果文件\注册信息

 step 1 ① 打开素材文件，将光标定位在准备使用单选按钮的位置，② 单击【插入】菜单，③ 弹出下拉菜单，选择【表单】菜单项，④ 在弹出的子菜单中，选择【单选按钮】子菜单项，如图 14-19 所示。

step 2 ① 弹出【输入标签辅助功能属性】对话框，在 ID 文本框中，输入准备使用的单选按钮名称，② 单击【确定】按钮，如图 14-20 所示。

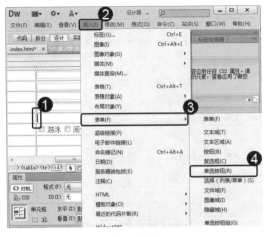

图 14-19

 在插入的单选按钮右侧输入文本，如"男"，如图 14-21 所示。

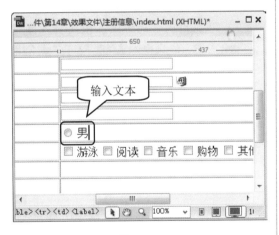

图 14-21

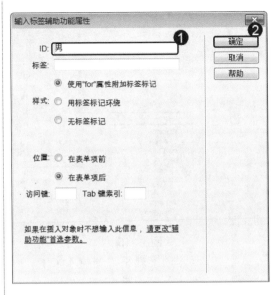

图 14-20

 使用同样的方法，依次插入单选按钮，依次输入文本，这样即可完成使用单选按钮的操作，如图 14-22 所示。

图 14-22

14.2.6 使用单选按钮组

一般单选按钮用来控制一个逻辑变量，而单选按钮组则是用于多选一的情况。下面详细介绍使用单选按钮组的操作方法。

素材文件 第 14 章\素材文件\注册信息
效果文件 第 14 章\效果文件\注册信息

 ① 打开素材文件，将光标定位在准备使用单选按钮组的位置，② 单击【插入】菜单，③ 弹出下拉菜单，选择【表单】菜单项，④ 在弹出的子菜单中，选择【单选按钮组】子菜单项，如图 14-23 所示。

step 2 ① 弹出【单选按钮组】对话框，在【名称】文本框中，输入准备使用的单选按钮组名称，② 单击【确定】按钮，如图 14-24 所示。

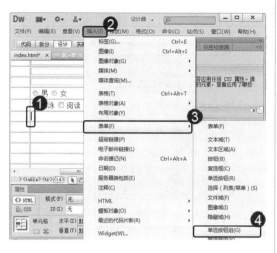

图 14-23

step 3 可以看到已经插入的单选按钮组，如图 14-25 所示。

图 14-25

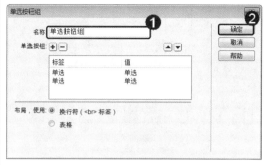

图 14-24

step 4 将"单选"文本删除，并重新输入准备使用的文本，这样即可完成使用单选按钮组的操作，如图 14-26 所示。

图 14-26

14.2.7 使用列表/菜单

在表单中有两种类型的菜单，一种是单击下拉菜单，另一种是滚动列表。下面分别予以详细介绍。

1. 下拉菜单

下拉菜单是单击时下拉的菜单，是一种单选形式的表现。下面详细介绍使用下拉菜单的操作方法。

素材文件❄ 第 14 章\素材文件\注册信息
效果文件❄ 第 14 章\效果文件\注册信息

step 1 ① 打开素材文件，将光标定位在准备使用菜单的位置，② 单击【插入】菜单，③ 在弹出的下拉菜单中，选择【表单】菜单项，④ 在弹出的子菜单中，选择【选择(列表/菜单)】子菜单项，如图 14-27 所示。

step 2 ① 弹出【输入标签辅助功能属性】对话框，在 ID 文本框中，输入准备使用的下拉菜单名称，② 单击【确定】按钮，如图 14-28 所示。

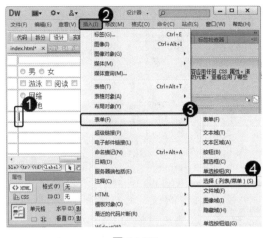

图 14-27

step 3 在【属性】面板中，单击【列表值】按钮，如图 14-29 所示。

图 14-29

step 5 在【属性】面板中，选中【菜单】单选按钮，通过以上方法，即可完成使用下拉菜单的操作，如图 14-31 所示。

图 14-31

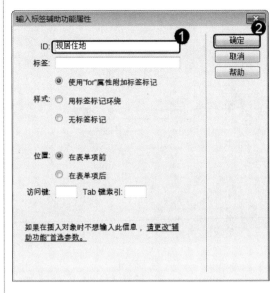

图 14-28

step 4 ① 弹出【列表值】对话框，单击【添加】按钮 ➕ 对【项目标签】和【值】进行添加，② 单击【确定】按钮，如图 14-30 所示。

图 14-30

2. 滚动列表

滚动列表实际上也是一种选择形式，其可选内容在列表内是可以滚动显示的。下面详细介绍使用滚动列表的操作方法。

素材文件 第 14 章\素材文件\注册信息
效果文件 第 14 章\效果文件\注册信息

step 1 ① 打开素材文件，将光标定位在准备使用列表的位置，② 单击【插入】菜单，③ 在弹出的下拉菜单中，选择【表单】菜单项，④ 在弹出的子菜单中，选择【选择(列表/菜单)】子菜单项，如图 14-32 所示。

step 2 ① 弹出【输入标签辅助功能属性】对话框，在 ID 文本框中，输入准备使用的下拉菜单名称，② 单击【确定】按钮，如图 14-33 所示。

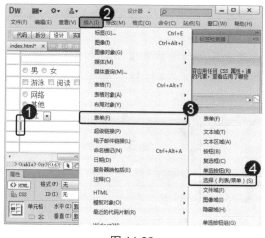

图 14-32

　在【属性】面板中，单击【列表值】按钮，如图 14-34 所示。

图 14-34

　① 在【属性】面板中，选中【列表】单选按钮，② 将【高度】设置为 "3"，通过以上方法，即可完成使用滚动列表的操作，如图 14-36 所示。

图 14-36

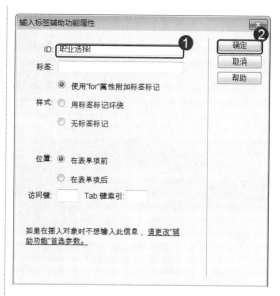

图 14-33

　① 弹出【列表值】对话框，单击【添加】按钮 ⊞ 对【项目标签】和【值】进行添加，② 单击【确定】按钮，如图 14-35 所示。

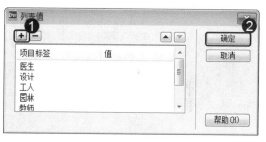

图 14-35

　将列表/菜单设置为不同的类型，在使用浏览器查看的时候也会有所差别。列表框支持复选，而下拉菜单不支持复选。

14.2.8　使用跳转菜单

跳转菜单是文档内的弹出菜单，对站点访问者可见，并列出链接到文档或文件的选项。可以创建到整个 Web 站点内文档的链接、到其他 Web 站点上文档的链接、电子邮件链接、图形的链接等，也可以创建到可在浏览器中打开的任何文件类型的链接，下面详细介绍使用跳转菜单的操作方法。

　素材文件 ❀ 第 14 章\素材文件\影像世界

　　效果文件 ❀ 第 14 章\效果文件\影像世界

step 1 ① 打开素材文件，将光标定位在准备使用跳转菜单的位置，② 单击【插入】菜单，③ 在弹出的下拉菜单中，选择【表单】菜单项，④ 在弹出的子菜单中，选择【跳转菜单】子菜单项，如图 14-37 所示。

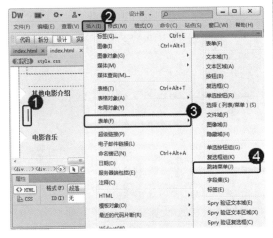

图 14-37

step 3 保存文件，按 F12 键，即可在浏览器中查看网页，如图 14-39 所示。

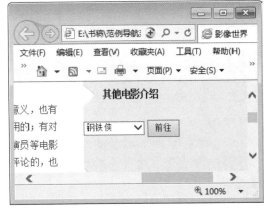

图 14-39

step 2 ① 弹出【插入跳转菜单】对话框，单击【添加项】按钮，② 依次设置准备添加的菜单项，③ 启用【菜单之后插入前往按钮】复选框，④ 单击【确定】按钮，如图 14-38 所示。

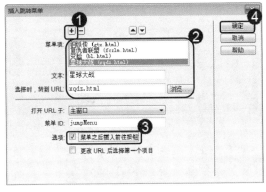

图 14-38

step 4 ① 在下拉菜单中，选择相应的菜单项，② 单击【前往】按钮，即可完成使用跳转菜单的操作，如图 14-40 所示。

图 14-40

14.2.9 使用图像域

系统自带的按钮不是很美观，为了美化网页效果，通常会使用图像代替按钮。下面详细介绍使用图像域插入图像按钮的操作方法。

 素材文件❀ 第 14 章\素材文件\影像世界
 效果文件❀ 第 14 章\效果文件\影像世界

step 1 ① 打开素材文件,将光标定位在准备使用文本域的位置,② 单击【插入】菜单,③ 在弹出的下拉菜单中,选择【表单】菜单项,④ 在弹出的子菜单中,选择【文本域】子菜单项,如图 14-41 所示。

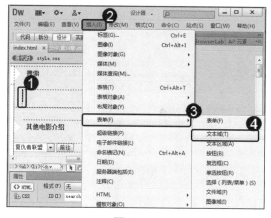

图 14-41

step 3 弹出 Dreamweaver 对话框,单击【是】按钮,如图 14-43 所示。

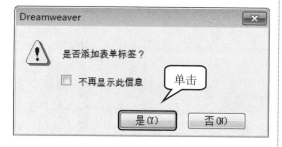

图 14-43

step 5 ① 弹出【选择图像源文件】对话框,选择准备插入的图像文件的存储位置,② 选择准备插入的图像文件,③ 单击【确定】按钮,如图 14-45 所示。

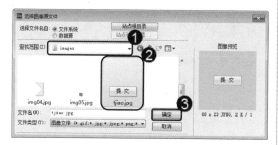

图 14-45

step 2 ① 弹出【输入标签辅助功能属性】对话框,在 ID 文本框中输入准备使用的名称,② 单击【确定】按钮,如图 14-42 所示。

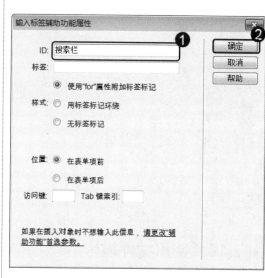

图 14-42

step 4 ① 将光标定位在搜索栏的右侧,② 单击【插入】菜单,③ 在弹出的下拉菜单中,选择【表单】菜单项,④ 在弹出的子菜单中,选择【图像域】子菜单项,如图 14-44 所示。

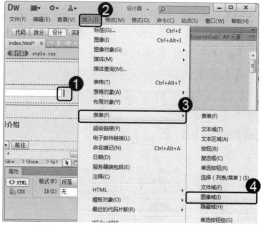

图 14-44

step 6 ① 弹出【输入标签辅助功能】对话框,在 ID 文本框中输入准备使用的名称,② 单击【确定】按钮,如图 14-46 所示。

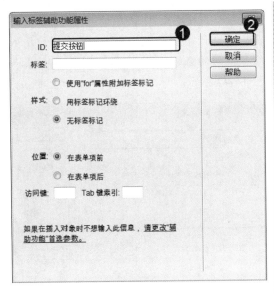

图 14-46

step 7
① 返回到网页文档窗口，可以看到已经插入的图像文件，通过以上方法，即可完成使用图像域的操作，如图 14-47 所示。

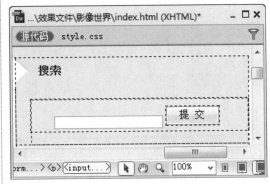

图 14-47

14.2.10 使用文件域

文件域是在表单中插入一个文本字段和一个【浏览】按钮，是访问者浏览本地文件并上传。下面详细介绍使用文件域的操作方法。

素材文件❀ 第14章\素材文件\注册信息
效果文件❀ 第14章\效果文件\注册信息

step 1
① 打开素材文件，将光标定位在准备使用文件域的位置，② 单击【插入】菜单，③ 在弹出的下拉菜单中，选择【表单】菜单项，④ 在弹出的子菜单中，选择【文件域】子菜单项，如图 14-48 所示。

step 2
① 弹出【输入标签辅助功能属性】对话框，在 ID 文本框中输入准备使用的名称，② 单击【确定】按钮，如图 14-49 所示。

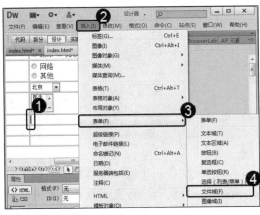

图 14-48

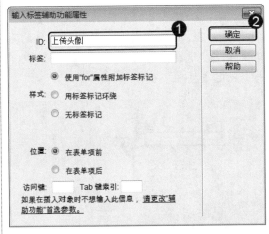

图 14-49

step 3 返回到网页文档窗口，可以看到已经插入的文件域，如图 14-50 所示。

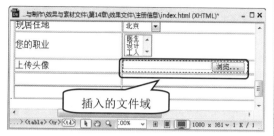

插入的文件域

图 14-50

step 5 弹出浏览器，单击【浏览】按钮，如图 14-52 所示。

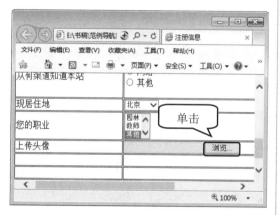

单击

图 14-52

step 4 ① 保存文件，单击【在浏览器中预览/调试】下拉按钮，② 在弹出的下拉菜单中，选择【预览在 IExplore】菜单项，如图 14-51 所示。

图 14-51

step 6 系统会自动弹出【选择要加载的文件】对话框，通过以上方法，即可完成使用文件域的操作，如图 14-53 所示。

图 14-53

知识精讲

文件域要求使用 POST 方法将本地文件从浏览器上传至服务器，该文件被发送服务器的地址由表单的"操作"文本框所指定。

14.2.11 使用标准按钮

标准按钮是指在表单中插入一个按钮，单击此按钮可以执行某一脚本或程序，例如提交、重置等。下面详细介绍使用标准按钮的操作方法。

素材文件 ❀ 第 14 章\素材文件\注册信息
效果文件 ❀ 第 14 章\效果文件\注册信息

step 1 ① 打开素材文件，将光标定位在准备使用标准按钮的位置，② 单击【插入】菜单，③ 在弹出的下拉菜单中，选择【表单】菜单项，④ 在弹出的子菜单中，选择【按钮】子菜单项，如图 14-54 所示。

step 2 ① 弹出【输入标签辅助功能属性】对话框，在 ID 文本框中输入准备使用的名称，② 单击【确定】按钮，如图 14-55 所示。

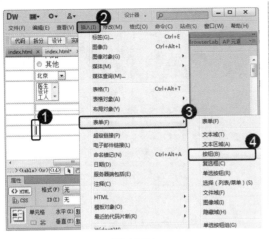

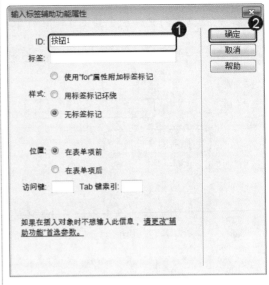

图 14-54

图 14-55

step 3 返回到网页文档窗口，可以看到已经插入的按钮，如图 14-56 所示。

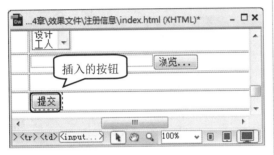

图 14-56

step 4 在【属性】面板的【动作】区域中，选中【重设表单】单选按钮，如图 14-57 所示。

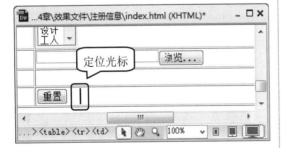

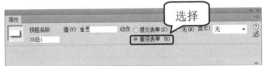

图 14-57

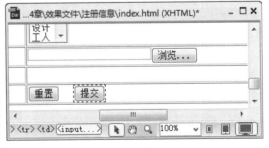

step 5 返回到网页文档窗口，将光标定位在准备再次插入按钮的位置，如图 14-58 所示。

图 14-58

step 6 使用同样的方法再次插入一个按钮，通过以上方法，即可完成使用标准按钮的操作，如图 14-59 所示。

图 14-59

14.2.12 插入密码域

密码域是一种特殊的文本域，当访问者在密码域输入文本的时候，所输入的文本将会被星号或者项目符号所代替，以隐藏该文本，可以起到保护信息的目的。下面详细介绍插入密码域的操作方法。

素材文件 第14章\素材文件\注册信息
效果文件 第14章\效果文件\注册信息

step 1 ① 打开素材文件,将光标定位在准备使用密码域的位置,② 单击【插入】菜单,③ 在弹出的下拉菜单中,选择【表单】菜单项,④ 在弹出的子菜单中,选择【文本域】子菜单项,如图 14-60 所示。

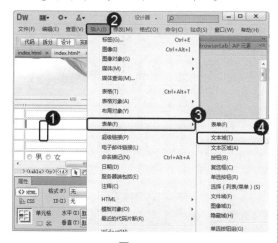

图 14-60

step 3 返回到网页文档窗口,可以看到已经插入的文本域,将其选中,如图 14-62 所示。

图 14-62

step 5 ① 保存文件,单击【在浏览器中预览/调试】下拉按钮 ,② 在弹出的下拉菜单中,选择【预览在 IExplore】菜单项,如图 14-64 所示。

图 14-64

step 2 ① 弹出【输入标签辅助功能属性】对话框,在 ID 文本框中输入准备使用的名称,② 单击【确定】按钮,如图 14-61 所示。

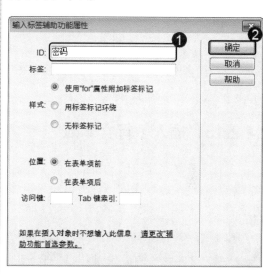

图 14-61

step 4 在【属性】面板的【类型】区域中,选择【密码】单选按钮,如图 14-63 所示。

图 14-63

step 6 弹出浏览器,在文本框中输入文本,此时文本为隐藏状态,如图 14-65 所示。

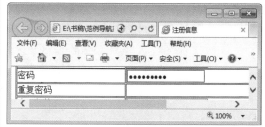

图 14-65

第一四章 用表单创建交互式网页

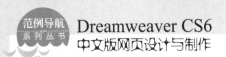

step 7　回到网页文档窗口，将光标定位在下一个单元格中，使用同样的方法再次插入一个密码域，如图 14-66 所示。

step 8　保存文件，并在浏览器中浏览网页，通过以上方法，即可完成插入密码域的操作，如图 14-67 所示。

图 14-66

图 14-67

14.2.13　插入多行文本域

多行文本域是指有滚动条的多行文本输入控件，在网页的提交表单中经常用到。多行文本域与普通文本域不同，它可以输入更多的文本。下面详细介绍插入多行文本域的操作方法。

素材文件※第 14 章\素材文件\注册信息
效果文件※第 14 章\效果文件\注册信息

　① 打开素材文件，将光标定位在准备插入多行文本域的位置，② 单击【插入】菜单，③ 在弹出的下拉菜单中，选择【表单】菜单项，④ 在弹出的子菜单中，选择【文本区域】子菜单项，如图 14-68 所示。

step 2　① 弹出【输入标签辅助功能属性】对话框，在 ID 文本框中输入准备使用的名称，② 单击【确定】按钮，如图 14-69 所示。

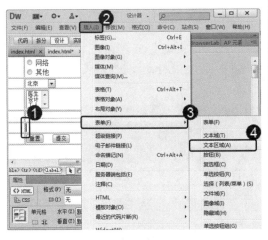

图 14-68

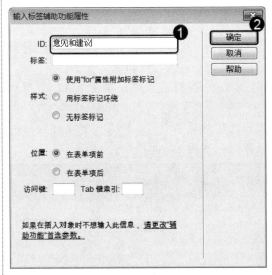

图 14-69

3 返回到网页文档窗口,可以看到已
经插入的多行文本域,如图 14-70
所示。

 4 保存文件,按 F12 快捷键,即可
在网页中查看插入的多行文本域,
如图 14-71 所示。

图 14-70

图 14-71

14.3 Spry 验证表单

在表单制作完成后,为了使表单更加严谨,用户可以选择使用 Spry
验证表单,它具有操作简易的特点。本节将详细介绍 Spry 验证表单的相
关知识。

14.3.1 制作 Spry 菜单栏

Spry 菜单栏是构建一组可导航的菜单按钮,用户将鼠标移动至某个菜单按钮上时,将
显示相应的子菜单。使用 Spry 菜单栏可以在紧凑的空间中显示大量的信息。下面详细介绍
制作 Spry 菜单栏的操作方法。

素材文件 第 14 章\素材文件\Spry

效果文件 第 14 章\效果文件\Spry

 1 打开素材文件,将光标定位在准
备制作 Spry 菜单栏的位置,如
图 14-72 所示。

 2 在【插入】面板的 Spry 选项卡中,
单击【Spry 菜单栏】按钮 ,如
图 14-73 所示。

图 14-72

图 14-73

step 3 ①弹出【Spry 菜单栏】对话框，选择准备使用的布局，如【水平】单选按钮，②单击【确定】按钮，如图 14-74 所示。

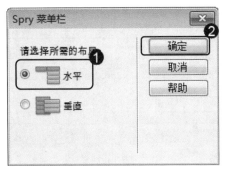

图 14-74

step 5 在【属性】面板中，对 Spry 菜单栏的【文本】和【链接】等进行相应的设置，如图 14-76 所示。

图 14-76

step 4 可以看到，在网页文档中插入的 Spry 菜单栏，如图 14-75 所示。

图 14-75

step 6 保存文件，按 F12 键，即可在浏览器中查看网页。通过以上方法，即可完成制作 Spry 菜单栏的操作，如图 14-77 所示。

图 14-77

14.3.2 制作 Spry 选项卡式面板

Spry 选项卡式面板是用来将内容放置在紧凑的空间中，访问者可以通过选择相应的选项卡来隐藏或显示相应的内容。下面详细介绍制作 Spry 选项卡式面板的操作方法。

素材文件❀第 14 章\素材文件\Spry
效果文件❀第 14 章\效果文件\Spry

step 1 打开素材文件，将光标定位在准备制作 Spry 选项卡式面板的位置，如图 14-78 所示。

图 14-78

step 2 在【插入】面板的 Spry 选项卡中，单击【Spry 选项卡式面板】按钮，如图 14-79 所示。

图 14-79

step 3 可以看到在网页文档中插入的 Spry 选项卡式面板，如图 14-80 所示。

图 14-80

step 4 修改"标签 1"和"标签 2"的名称，并分别输入其内容，如图 14-81 所示。

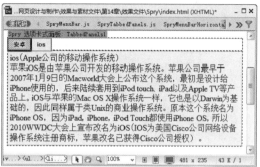

图 14-81

step 5 保存文件，即可弹出【复制相关文件】对话框，单击【确定】按钮如图 14-82 所示。

图 14-82

step 6 按 F12 键，即可在浏览器中查看网页，通过以上方法，即可完成制作 Spry 选项卡式面板的操作，如图 14-83 所示。

图 14-83

在插入 Spry 选项卡式面板之后，在【属性】面板中可以对 Spry 选项卡式面板进行相关的设置，Spry 选项卡式面板的【属性】面板如图 14-84 所示。

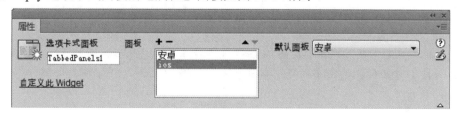

图 14-84

在【属性】面板中，用户可以做如下设置。

- 选项卡式面板：文本框中为选项卡式面板的名称，在默认情况下，面板以 TabbedPanels1、TabbedPanels2 的规则命名。
- 自定义此 Widget：单击此项即可链接到 Adobe 官方网站，介绍定义 CSS 样式规则。
- 面板：在【面板】区域可以通过【添加面板】按钮 和【删除面板】按钮 ，对面板数量进行调整；同时也可以对面板的前后顺序进行调整。
- 默认面板：用来设置在浏览器中首个显示的面板及内容，而隐藏其他面板的内容。

14.3.3 制作 Spry 折叠式

Spry 折叠式是一级可折叠的面板，同样是可以在紧凑的空间内存放大量的内容。下面详细介绍制作 Spry 折叠式的操作方法。

素材文件※ 第14章\素材文件\Spry
效果文件※ 第14章\效果文件\Spry

 step 1 打开素材文件，将光标定位在准备制作 Spry 折叠式的位置，如图 14-85 所示。

 step 2 在【插入】面板的 Spry 选项卡中，单击【Spry 折叠式】按钮，如图 14-86 所示。

图 14-85

图 14-86

 step 3 可以看到在网页文档中插入的 Spry 折叠式，如图 14-87 所示。

 step 4 修改"标签1"和"标签2"的名称，并分别输入其内容，如图 14-88 所示。

图 14-87

图 14-88

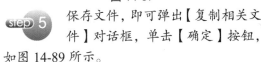 step 5 保存文件，即可弹出【复制相关文件】对话框，单击【确定】按钮，如图 14-89 所示。

 step 6 按 F12 键，即可在浏览器中查看网页，这样即可完成制作 Spry 折叠式的操作，如图 14-90 所示。

图 14-89

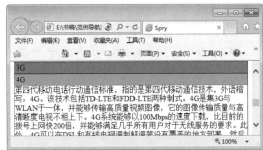

图 14-90

在插入 Spry 折叠式之后，在【属性】面板中可以对 Spry 折叠式进行相关的设置，Spry 折叠式的【属性】面板如图 14-91 所示。

图 14-91

在【属性】面板中，用户可以做如下设置。

- 折叠式：文本框中为折叠式的名称，在默认情况下，面板以 Accordion1、Accordion2 的规则命名。
- 自定义此 Widget：单击此项即可链接到 Adobe 官方网站，介绍定义 CSS 样式规则。
- 面板：在【面板】区域可以通过【添加面板】按钮 和【删除面板】按钮 ，对面板数量进行调整；同时也可以对面板的前后顺序进行调整。

知识精讲

在网页文档中插入 Spry 折叠式之后，Dreamweaver 会自动创建 SpryAccordion.css 文件，并保存在站点根目录下的 SpryAssets 文件夹中，用户可以通过修改 CSS 样式表文件中的相关样式，来自定义 Spry 折叠式。

14.3.4 Spry 可折叠面板

使用 Spry 可折叠面板可以将页面内容放置于一个紧凑的小型空间，以节约页面空间。下面详细介绍插入 Spry 可折叠面板的操作方法。

素材文件 第 14 章\素材文件\Spry
效果文件 第 14 章\效果文件\Spry

 打开素材文件，将光标定位在准备插入 Spry 可折叠面板的位置，如图 14-92 所示。

 在【插入】面板的 Spry 选项卡中，单击【Spry 可折叠面板】按钮 ，如图 14-93 所示。

图 14-92

图 14-93

 可以看到在网页文档中插入的 Spry 可折叠面板，如图 14-94 所示。

 修改"标签"的名称，并输入其内容，如图 14-95 所示。

第 14 章　用表单创建交互式网页

313

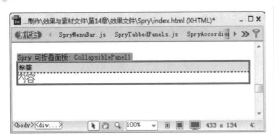

图 14-94

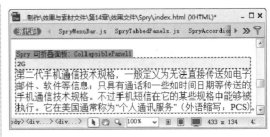

图 14-95

 保存文件，即可弹出【复制相关文件】对话框，单击【确定】按钮，如图 14-96 所示。

step 6 按 F12 键，即可在浏览器中查看网页，这样即可完成插入 Spry 可折叠面板的操作，如图 14-97 所示。

图 14-96

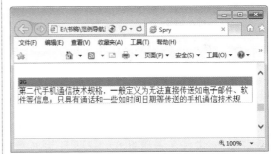

图 14-97

在插入 Spry 可折叠面板之后，在【属性】面板中可以对 Spry 可折叠面板进行相关的设置。Spry 可折叠面板的【属性】面板如图 14-98 所示。

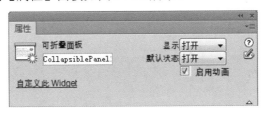

图 14-98

在【属性】面板中，用户可以做如下设置。

■ 【可折叠面板】：文本框中为可折叠面板的名称，在默认情况下，面板以 CollapsiblePanel1、CollapsiblePanel2 的规则命名。

■ 【自定义此 Widget】：单击此项即可链接到 Adobe 官方网站，介绍定义 CSS 样式规则。

■ 【显示】：在下拉列表中有两个选项，分别是【打开】和【已关闭】，如果选择【打开】，则在设计视图中可折叠面板是打开的状态，选择【已关闭】则相反。

■ 【默认状态】：在下拉列表中有两个选项，分别是【打开】和【已关闭】，如果选择【打开】，则在浏览器中浏览网页的时候，可折叠面板呈现为打开状态，选择【已关闭】则相反。

■ 【启用动画】：启用此复选框，在浏览器中浏览网页的时候，单击该面板选项卡，该面板会缓慢地打开或关闭，如果取消启用此复选框则相反。

14.3.5　Spry 工具提示

　　Spry 工具提示是当用户将鼠标指针移动至网页中特定元素上的时候，在该元素的会显示特定的隐藏内容，当鼠标移开的时候，特定内容被隐藏。下面详细介绍使用 Spry 工具提示的操作方法。

素材文件✦ 第 14 章\素材文件\Spry
　　　　效果文件✦ 第 14 章\效果文件\Spry

step 1　打开素材文件，将光标定位在准备插入 Spry 可折叠面板的位置，如图 14-99 所示。

图 14-99

step 3　可以看到在网页文档中插入的 Spry 工具提示，如图 14-101 所示。

图 14-101

step 5　保存文件，并按 F12 键，即可在浏览器中查看网页，如图 14-103 所示。

图 14-103

step 2　在【插入】面板的 Spry 选项卡中，单击【Spry 工具提示】按钮，如图 14-100 所示。

图 14-100

step 4　修改触发器内容，以及输入隐藏内容，如图 14-102 所示。

图 14-102

step 6　将鼠标指针移动至文本处，即可显示隐藏内容，这样即可完成使用 Spry 工具提示的操作，如图 14-104 所示。

图 14-104

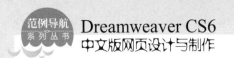

在插入 Spry 工具提示之后，在【属性】面板中可以对 Spry 工具提示进行相关的设置，Spry 工具提示的【属性】面板如图 14-105 所示。

图 14-105

在【属性】面板中，用户可以做如下设置。

- 【Spry 工具提示】：文本框中为 Spry 工具提示的名称，在默认情况下，Spry 工具提示以 sprytooltip1、sprytooltip2 的规则命名。
- 【自定义此 Widget】：单击此项即可链接到 Adobe 官方网站，介绍定义 CSS 样式规则。
- 【触发器】：页面上用于机会工具提示的元素。
- 【跟随鼠标】：启用此复选框后，在网页中将鼠标指针移动至触发器元素上，工具提示会跟随鼠标的位置。
- 【鼠标移开时隐藏】：启用该复选框后，将鼠标指针移动至触发器元素上，会出现工具提示，及时移开鼠标也不会消失；如果没有选择此复选项，则相反。
- 【水平偏移量】：在文本框中可以输入相关的数值，设置工具提示与鼠标指针的水平相对位置，偏移量以像素为单位，默认偏移 20 像素。
- 【垂直偏移量】：在文本框中可以输入相关的数值，设置工具提示与鼠标指针的垂直相对位置，偏移量以像素为单位，默认偏移 20 像素。
- 【显示延迟】：在文本框中可以输入相关的数值，设置当鼠标指针移动至触发器元素后，显示工具的延迟时间，延迟时间以毫秒为单位，默认为 0。
- 【隐藏延迟】：在文本框中可以输入相关的数值，设置当鼠标指针移开触发器元素后，工具提示隐藏的延迟时间，延迟时间以毫秒为单位，默认为 0。
- 【效果】：在这个区域有 3 个单选按钮，分别为【无】、【遮帘】和【渐隐】。选择【无】，在工具提示出现的时候，不显示任何效果；选择【遮帘】，在工具提示出现的时候，显示类似百叶窗的效果；选择【渐隐】，工具提示在网页中，出现淡入和淡出的效果。

知识精讲

　　Spry 工具提示，不仅可以应用于文本，还可以应用于图片文件。首先选中准备应用 Spry 工具提示的图片文件，在【插入】面板的 Spry 选项卡中，单击【Spry 工具提示】按钮，修改信息即可完成应用 Spry 工具提示。

14.3.6　Spry 验证文本域

　　Spry 验证文本域用于在站点访问者输入文本时显示文本的状态，如有效或无效。下面详细介绍 Spry 验证文本域的操作方法。

素材文件 第14章\素材文件\注册信息
效果文件 第14章\效果文件\注册信息

step 1　① 打开素材文件，选中准备 Spry 验证的文本域，② 单击【插入】菜单，③ 在弹出的下拉菜单中，选择【表单】菜单项，④ 在弹出的子菜单中，选择【Spry 验证文本域】子菜单项，如图 14-106 所示。

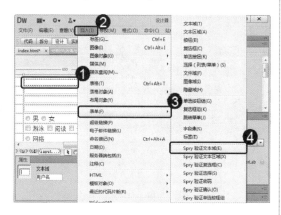

图 14-106

step 3　在【属性】面板中，对 Spry 验证进行相应的设置，如图 14-108 所示。

图 14-108

step 2　可以看到选中的文本域，已经插入 Spry 验证，如图 14-107 所示。

图 14-107

step 4　保存文件，按 F12 键，即可在浏览器中浏览网页，通过以上方法，即可完成 Spry 验证文本域的操作，如图 14-109 所示。

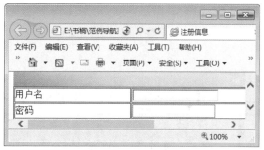

图 14-109

14.3.7　Spry 验证文本区域

Spry 验证文本区域与 Spry 验证文本域的方法大致相同。下面详细介绍 Spry 验证文本区域的操作方法。

素材文件 第14章\素材文件\注册信息
效果文件 第14章\效果文件\注册信息

step 1　① 打开素材文件，选中准备 Spry 验证的文本区域，② 单击【插入】菜单，③ 在弹出的下拉菜单中，选择【表单】菜单项，④ 在弹出的子菜单中，选择【Spry 验证文本区域】子菜单项，如图 14-110 所示。

step 2　可以看到选中的文本区域，已经插入 Spry 验证，如图 14-111 所示。

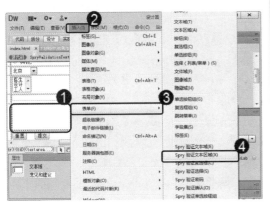

图 14-110

图 14-111

在【属性】面板中，对 Spry 验证进行相应的设置，如图 14-112 所示。

图 14-112

保存文件，按 F12 键，即可在浏览器中浏览网页，通过以上方法，即可完成 Spry 验证文本域的操作，如图 14-113 所示。

图 14-113

14.4 范例应用与上机操作

通过本章的学习，读者基本可以掌握用表单创建交互式网页的基础知识，下面通过一些实例，达到巩固与提高的目的。

14.4.1 制作登录页面

随着网络的迅速发展，网站中的交互方式越来越多，登录则是最常见的交互形式之一。通过使用 Dreamweaver，可以轻松地制作登录页面，并且非常实用。下面详细介绍制作登录页面的操作方法。

素材文件 第 14 章\素材文件\登录页面
效果文件 第 14 章\效果文件\登录页面

① 打开素材文件，将光标定位在准备插入表格的位置，② 单击【插入】菜单，③ 在弹出的下拉菜单中，选择【表格】菜单项，如图 14-114 所示。

① 弹出【表格】对话框，在【表格大小】区域中，将【行数】设置为 4，② 将【列】设置为 2，③ 单击【确定】按钮，如图 14-115 所示。

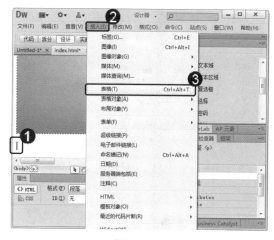

图 14-114

step 3 返回到网页文档界面，可以看到插入的表格，对表格的属性进行相应的设置，如图 14-116 所示。

图 14-116

step 5 将光标定位在第 1 行第 2 个单元格中，如图 14-118 所示。

图 14-118

step 7 ① 弹出【输入标签辅助功能属性】对话框，在 ID 文本框中输入文本域的名称，② 单击【确定】按钮，如图 14-120

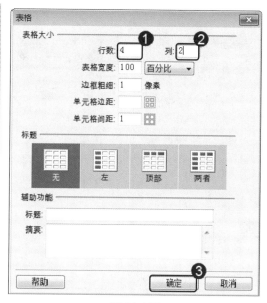

图 14-115

step 4 将光标定位在第 1 行第 1 个单元格中，输入文本"用户名"并进行格式设置，如图 14-117 所示。

图 14-117

step 6 ① 单击【插入】菜单，② 在弹出的下拉菜单中，选择【表单】菜单项，③ 在弹出的子菜单中，选择【文本域】子菜单项，如图 14-119 所示。

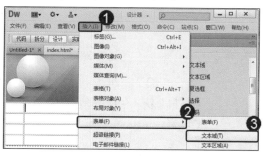

图 14-119

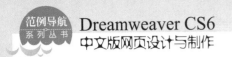
所示。

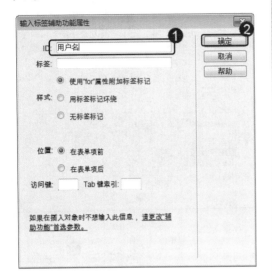

图 14-120

step 9 返回到网页文档界面，可以看到已经插入的文本域，如图 14-122 所示。

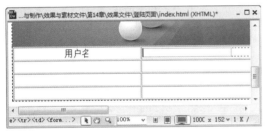

图 14-122

step 11 将光标定位在第 2 行第 2 个单元格中，如图 14-124 所示。

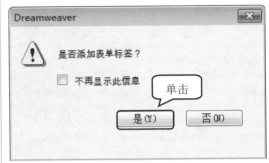

step 8 弹出 Dreamweaver 对话框，单击【是】按钮，如图 14-121 所示。

图 14-121

step 10 将光标定位在第 2 行第 1 个单元格中，输入文本"密码"，并进行格式设置，如图 14-123 所示。

图 14-123

step 12 ① 单击【插入】菜单，② 在弹出的下拉菜单中，选择【表单】菜单项，③ 在弹出的子菜单中，选择【文本域】子菜单项，如图 14-125 所示。

step 13 ① 弹出【输入标签辅助功能属性】对话框，在 ID 文本框中输入文本域的名称，② 单击【确定】按钮，如图 14-126 所示。

图 14-125

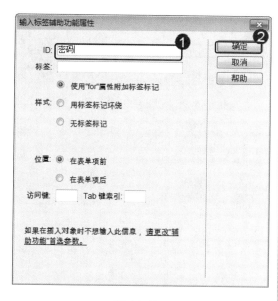

图 14-126

step15 将刚刚插入的"密码"文本域选中，如图 14-128 所示。

图 14-128

step17 将光标定位在第 3 行第 2 个单元格中，如图 14-130 所示。

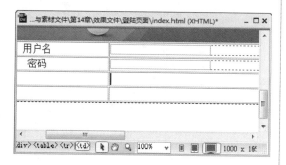

图 14-130

step19 ① 弹出【选择图像源文件】对话框，选择图像存储的位置，② 选择准备插入的图像文件，③ 单击【确定】按钮，如图 14-132 所示。

step14 ① 单击【插入】菜单，② 在弹出的下拉菜单中，选择【表单】菜单项，③ 在弹出的子菜单中，选择【文本域】子菜单项，如图 14-127 所示。

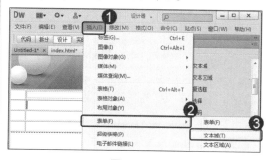

图 14-127

step16 在【属性】面板中的【类型】区域中，选中【密码】单选按钮，如图 14-129 所示。

图 14-129

step18 ① 单击【插入】菜单，② 在弹出的下拉菜单中，选择【表单】菜单项，③ 在弹出的子菜单中，选择【图像域】子菜单项，如图 14-131 所示。

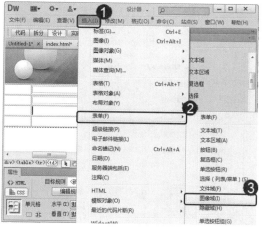

图 14-131

step20 ① 弹出【输入标签辅助功能属性】对话框，在 ID 文本框中输入图像域的名称，② 单击【确定】按钮，如图 14-133 所示。

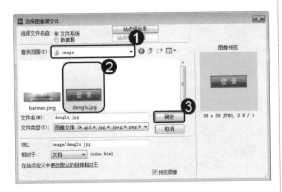

图 14-132

step21 返回到网页文档界面,可以看到已经插入的图像域,如图 14-134 所示。

图 14-134

step23 ① 弹出【输入标签辅助功能属性】对话框,在 ID 文本框中输入图像域的名称,② 单击【确定】按钮,如图 14-136 所示。

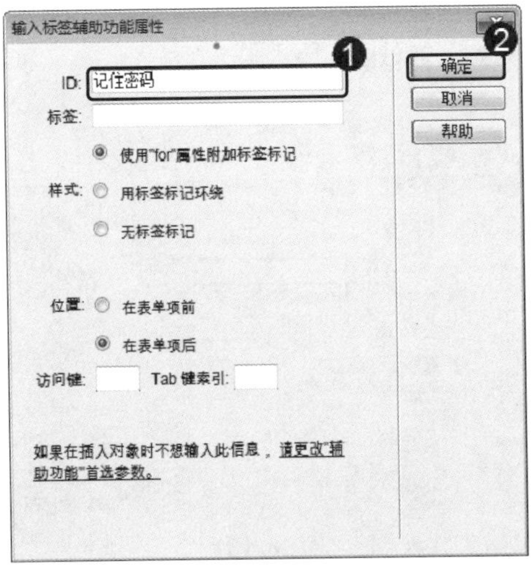

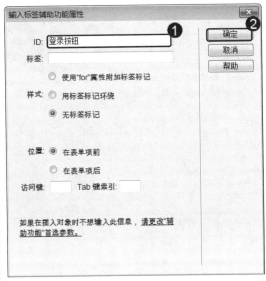

图 14-133

step22 ① 将光标定位在"登录"按钮的右侧,② 单击【插入】菜单,③ 在弹出的下拉菜单中,选择【表单】菜单项,④ 在弹出的下拉菜单中,选择【复选框】子菜单项,如图 14-135 所示。

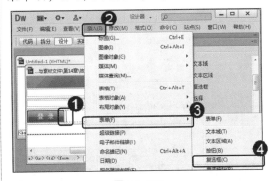

图 14-135

step24 返回到网页文档界面,可以看到已经插入的复选框,将光标定位在复选框的右侧,输入文本"记住密码",并设置格式,如图 14-137 所示。

图 14-137

图 14-136

step25 将此单元格拆分,并将光标定位在拆分后的单元格中,如图 14-138 所示。

图 14-138

step27 ① 弹出【输入标签辅助功能属性】对话框，在 ID 文本框中输入图像域的名称，② 单击【确定】按钮，如图 14-140 所示。

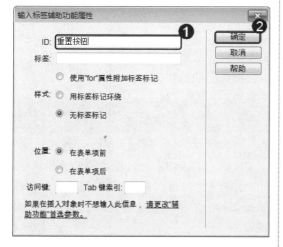

图 14-140

step29 在【属性】面板中的【动作】区域中，选中【重设表单】单选按钮，如图 14-142 所示。

图 14-142

step31 ① 保存文件，单击【在浏览器中预览/调试】下拉按钮，② 在弹出的下拉菜单中，选择【预览在 IExplore】

step26 ① 单击【插入】菜单，② 在弹出的下拉菜单中，选择【表单】菜单项，③ 在弹出的子菜单中，选择【图像域】子菜单项，如图 14-139 所示。

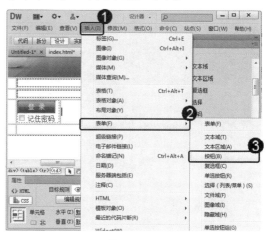

图 14-139

step28 返回到网页文档界面，可以看到已经插入的标准按钮，如图 14-141 所示。

图 14-141

step30 返回到网页文档界面，可以看到已经将"提交"按钮更改为"重置"按钮，将光标定位在最下面的单元格中，输入"快速注册"和"找回密码"文本，并将其各自设置相应的链接，如图 14-143 所示。

图 14-143

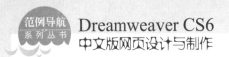

菜单项，如图14-144所示。

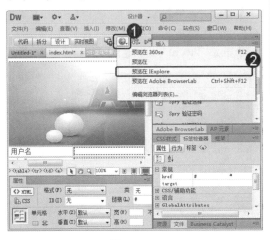

图 14-144

step32 在浏览器中浏览网页，可以看到已经制作完成的登录页面，通过以上方法，即可完成制作登录页面的操作，如图 14-145 所示。

图 14-145

14.4.2 制作申请密码保护页面

现在很多网站都通过注册会员浏览信息，如果访问者的账号丢失，则可以通过密码保护的方式找回密码。下面详细介绍制作申请密码保护页面的操作方法。

素材文件 第 14 章\素材文件\密码保护
效果文件 第 14 章\效果文件\密码保护

step 1　① 打开素材文件，将光标定位在准备设置用户名的位置，② 单击【插入】菜单，③ 弹出下拉菜单，选择【表单】菜单项，④ 在弹出的子菜单中，选择【Spry 验证文本域】子菜单项，如图 14-146 所示。

step 2　① 弹出【输入标签辅助功能属性】对话框，在 ID 文本框中输入图像域的名称，② 单击【确定】按钮，如图 14-147 所示。

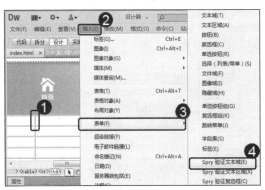

图 14-146

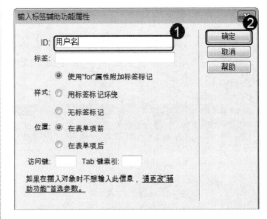

图 14-147

324

step 3 可以看到已经插入的Spry验证文本域，在【属性】面板中，对其属性进行设置，如图14-148所示。

图 14-148

step 5 ① 弹出【输入标签辅助功能属性】对话框，在 ID 文本框中输入图像域的名称，② 单击【确定】按钮，如图14-150所示。

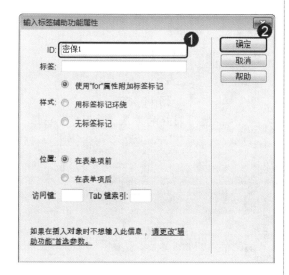

图 14-150

step 7 在【属性】面板中，单击【列表值】按钮，如图14-152所示。

图 14-152

step 4 ① 将光标定位在下一个单元格中，② 单击【插入】菜单，③ 在弹出的下拉菜单中，选择【表单】菜单项，④ 在弹出的子菜单中，选择【选择(列表/菜单)】子菜单项，如图14-149所示。

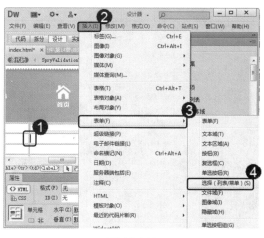

图 14-149

step 6 返回到网页文档界面，可以看到已经插入的选择(列表/菜单)，在【属性】面板中的【类型】区域中，选中【列表】单选按钮，如图14-151所示。

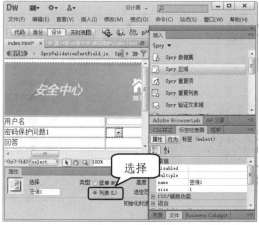

图 14-151

step 8 ① 弹出【列表值】对话框，对列表的值进行相应的设置，② 单击【确定】按钮，如图14-153所示。

step 9　① 将光标定位在下一个单元格中，② 单击【插入】菜单，③ 在弹出的下拉菜单中，选择【表单】菜单项，④ 在弹出的子菜单中，选择【Spry 验证文本域】子菜单项，如图 14-154 所示。

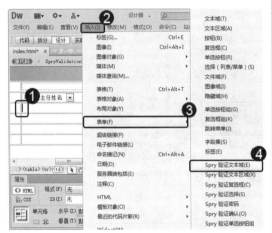

图 14-154

step 11　可以看到已经插入的 Spry 验证文本域，在【属性】面板中，对其属性进行设置，如图 14-156 所示。

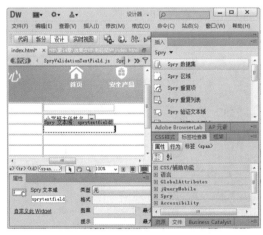

图 14-156

step 13　① 将光标定位在下一个单元格中，② 单击【插入】菜单，③ 在弹出的下拉菜单中，选择【表单】菜单项，④ 在弹出的子菜单中，选择【图像域】子菜单项，如图 14-158 所示。

图 14-153

step 10　① 弹出【输入标签辅助功能属性】对话框，在 ID 文本框中输入图像域的名称，② 单击【确定】按钮，如图 14-155 所示。

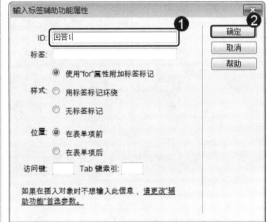

图 14-155

step 12　使用同样的方法，设置"密码保护问题 2"和"回答"，如图 14-157 所示。

图 14-157

step 14　① 弹出【选择图像源文件】对话框，选择图像存储位置，② 选择准备使用的图像文件，③ 单击【确定】按钮，如图 14-159 所示。

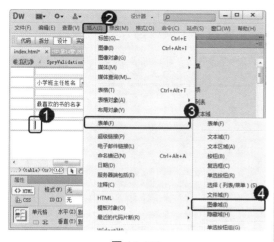

图 14-158

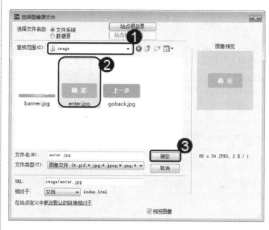

图 14-159

step 15　① 弹出【输入标签辅助功能属性】对话框,在 ID 文本框中输入图像域的名称,② 单击【确定】按钮,如图 14-160所示。

step 16　使用同样的方法,插入"上一步"按钮,如图 14-161 所示。

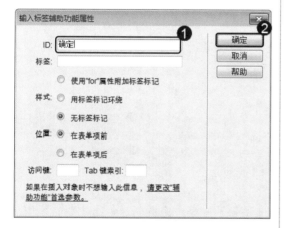

图 14-160

图 14-161

step 17　① 保存文件,单击【在浏览器中预览/调试】下拉按钮，② 在弹出的下拉菜单中,选择【预览在 IExplore】菜单项,如图 14-162 所示。

step 18　通过以上方法,即可完成制作申请密码保护页面的操作,如图 14-163所示。

图 14-162

图 14-163

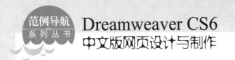

14.5 课后练习

14.5.1 思考与练习

一、填空题

1. _____是文档内的弹出菜单，对站点_____可见，并列出链接到文档或文件的选项。

2. _____是构建一组可导航的菜单按钮，用户将鼠标移动至某个菜单按钮上时，将显示相应的_____。

二、判断题(正确画"√"，错误画"×")

1. 系统自带的按钮不是很美观，为了美化网页效果，通常会使用图像代替按钮。(   )
2. Spry 折叠式是一级可折叠的面板，缺点是不能在紧凑的空间内存放大量的内容。(   )

三、思考题

1. 什么是密码域？
2. 什么是 Spry 工具提示？

14.5.2 上机操作

1. 启动 Dreamweaver CS6 软件，使用【单选按钮】命令，完成创建单选按钮的操作。效果文件可参考"配套素材\第 14 章\效果文件\投票"。

2. 启动 Dreamweaver CS6 软件，使用【按钮】命令，完成创建标准按钮的操作。效果文件可参考"配套素材\第 14 章\效果文件\投票"。

第15章

站点的发布与推广

本章介绍站点的发布与推广方面的知识，同时讲解如何测试制作好的网站和发布网站，最后介绍网站运营与维护以及常见的网站推广方式。

范例导航

1. 测试制作的网站
2. 发布网站
3. 网站运营与维护
4. 常见的网站推广方式

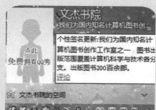

15.1　测试制作的网站

在网站制作完成之后，测试是必不可少的步骤，其主要作用是检测网页中是否存在断开的链接，或者是否与某些浏览器不兼容等问题。本节将详细介绍测试制作好的网站的相关知识。

15.1.1　创建站点报告

在测试站点时，用户可以使用【报告】命令来对当前文档、选定的文件或整个站点的工作流程或 HTML 属性运行站点报告。下面详细介绍创建站点报告的操作方法。

素材文件 ◈ 第 15 章\素材文件\心灵美文
效果文件 ◈ 第 15 章\效果文件\心灵美文

step 1　① 打开素材文件，单击【站点】菜单，② 在弹出的下拉菜单中，选择【报告】菜单项，如图 15-1 所示。

step 2　① 弹出【报告】对话框，在【选择报告】列表框中，选择准备生成的报告类型，② 单击【运行】按钮，如图 15-2 所示。

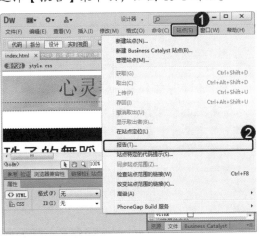

图 15-1

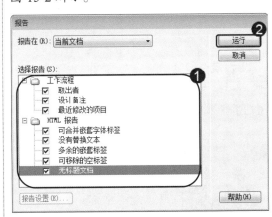

图 15-2

step 3　弹出 Dreamweaver 对话框，单击【确定】按钮，如图 15-3 所示。

step 4　生成站点报告，弹出【站点报告】面板，通过以上方法，即可完成创建站点报告的操作，如图 15-4 所示。

图 15-3

图 15-4

15.1.2　检查浏览器兼容性

检查浏览器的兼容性是检查文档中是否有目标浏览器所不支持的任何标签或属性等元素。当目标浏览器不支持某元素时，在浏览器中会显示不完全或功能运行不正常。下面详细介绍检查浏览器兼容性的操作方法。

> 素材文件◈ 第15章\素材文件\心灵美文
> 效果文件◈ 第15章\效果文件\心灵美文

 ① 打开素材文件，单击【窗口】菜单，② 在弹出的下拉菜单中，选择【结果】菜单项，③ 在弹出的子菜单中，选择【浏览器兼容性】子菜单项，如图 15-5 所示。

step 2 ① 弹出【浏览器兼容性】面板，单击【检查浏览器兼容性】下拉按钮，② 在弹出的下拉菜单中，选择【检查浏览器兼容性】菜单项，这样即可完成检查浏览器兼容性的操作，如图 15-6 所示。

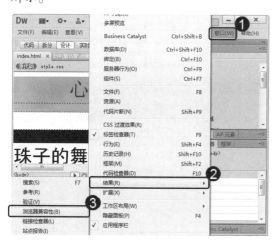

图 15-5

图 15-6

15.1.3　使用链接检查器

在发布站点前应确认站点中所有文本和图形的显示是否正确，并且所有链接的 URL 地址是否正确，即当单击链接时能否到达目标位置。下面详细介绍使用链接检查器的方法。

> 素材文件◈ 第15章\素材文件\心灵美文
> 效果文件◈ 第15章\效果文件\心灵美文

 ① 打开素材文件，单击【窗口】菜单，② 在弹出的下拉菜单中，选择【结果】菜单项，③ 在弹出的子菜单中，选择【链接检查器】子菜单项，如图 15-7 所示。

step 2 ① 弹出【链接检查器】面板，在【显示】下拉列表中，选择【断掉的链接】列表项，② 单击【检查链接】下拉按钮，③ 在弹出的下拉菜单中，选择【检查整个当前本地站点的链接】菜单项，如图 15-8 所示。

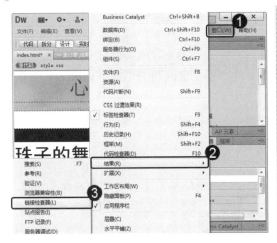

图 15-7

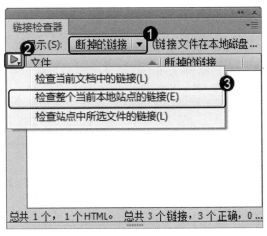

图 15-8

 3 系统会自动显示出整个站点内已经断掉的链接，如图 15-9 所示。

step 4 在【显示】下拉列表框中，选择其他选项即可查看相应的链接状态。通过以上方法，即可完成使用链接检查器的操作，如图 15-10 所示。

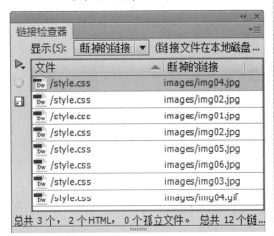

图 15-9

图 15-10

15.1.4 清理文档

清理文档包括两个部分，分别为清理 XHTML 和清理 Word 生成的 HTML，下面分别予以详细介绍。

1. 清理 XHTML

清理 XHTML 是清理网页文档中的空白无用标签，以及多余的嵌套标签等，下面详细介绍其具体操作方法。

素材文件 ❀ 第 15 章\素材文件\心灵美文
效果文件 ❀ 第 15 章\效果文件\心灵美文

step 1 ① 打开素材文件，单击【命令】菜单，② 在弹出的下拉菜单中，选择【清理 XHTML】菜单项，如图 15-11 所示。

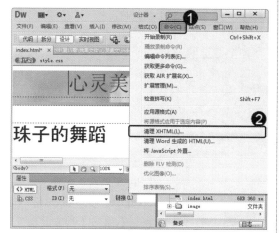

图 15-11

step 3 弹出 Dreamweaver 对话框，提示清理结果，单击【确定】按钮，如图 15-13 所示。

图 15-13

step 2 ① 弹出【清理 HTML/XHTML】对话框，在【移除】区域中，启用相应的复选框，② 在【选项】区域中，选择需要的复选框，③ 单击【确定】按钮，如图 15-12 所示。

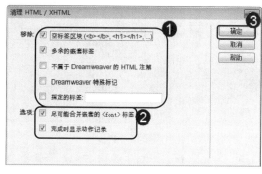

图 15-12

智慧锦囊

在【清理 HTML/XHTML】对话框中，在【移除】区域中，用户可以启用【指定的标签】复选框，并在【指定的标签】文本框中输入该标签，这样即可将文档中包含的该标签移除。

考考您

请您根据上述方法清理 XHTML，测试一下您的学习效果。

2. 清理 Word 生成的 HTML

清理 Word 生成的 HTML 是清理网页文档中 Word 产生的特定标记、清理 CSS 以及清理<font>标签等。下面详细介绍清理 Word 生成的 HTML 的操作方法。

素材文件 第 15 章\素材文件\心灵美文
效果文件 第 15 章\效果文件\心灵美文

step 1 ① 打开素材文件，单击【命令】菜单，② 在弹出的下拉菜单中，选择【清理 Word 生成的 HTML】菜单项，如图 15-14 所示。

step 2 ① 弹出【清理 Word 生成的 HTML】对话框，选择【基本】选项卡，② 在【清理的 HTML 来自】列表中选择【Word 2000 及更高版本】列表项，③ 启用相应的复选框，如图 15-15 所示。

第 15 章 站点的发布与推广

333

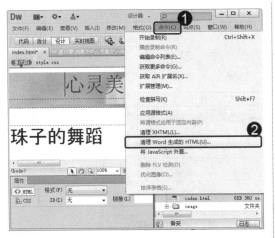

图 15-14

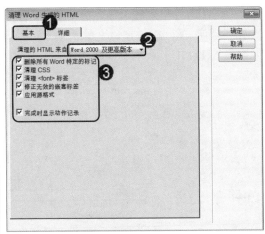

图 15-15

step 3   ① 在【详细】选项卡中，选择准备清理的复选框，② 单击【确定】按钮，如图 15-16 所示。

step 4   弹出 Dreamweaver 对话框，提示清理结果，单击【确定】按钮，通过以上方法，即可完成清理 Word 生成的 HTML 的操作，如图 15-17 所示。

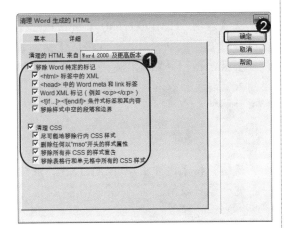

图 15-16

图 15-17

15.2   发布网站

    网站制作完毕后，用户就可以将其正式上传到 Internet。在上传网站前，应先申请一个网站空间，这样才可以将网站上传，以供访问者浏览。本节将详细介绍发布网站方面的知识。

15.2.1   连接到远程服务器

    在发布网站之前，首先要连接远程的服务器，才可以上传或下载文件。下面详细介绍

连接到远程服务器的操作方法。

素材文件❀ 第 15 章\素材文件\心灵美文

效果文件❀ 第 15 章\效果文件\心灵美文

step 1 ① 打开素材文件，单击【站点】菜单，② 在弹出的下拉菜单中，选择【管理站点】菜单项，如图 15-18 所示。

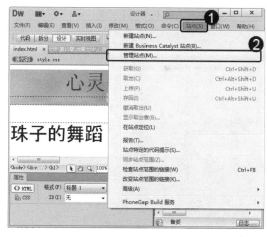

图 15-18

step 3 ① 弹出【站点设置对象】对话框，选择【服务器】选项卡，② 单击【添加新服务器】按钮➕，如图 15-20 所示。

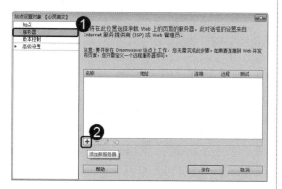

图 15-20

step 5 返回到【站点设置对象】对话框，可以看到已经添加的远程服务器，单击【保存】按钮，如图 15-22 所示。

step 2 ① 弹出【管理站点】对话框，选择准备连接至远程服务器的站点，② 单击【编辑当前选定的站点】按钮，如图 15-19 所示。

图 15-19

step 3 ① 进入【服务器】界面，对远程服务器的各个参数进行相应的设置，② 单击【保存】按钮，如图 15-21 所示。

图 15-21

step 6 返回到【管理站点】对话框，单击【完成】按钮，如图 15-23 所示。

第 15 章 站点的发布与推广

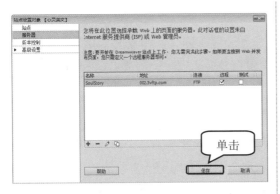

图 15-22

 在服务器设置完成后，在【文件】面板中选择【远程服务器】下拉列表项，如图 15-24 所示。

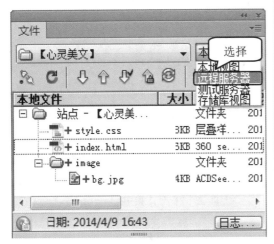

图 15-24

 可以看到，已经从本地连接到远程服务器，如图 15-26 所示。

图 15-26

图 15-23

 单击【展开以显示本地和远端站点】按钮 ，如图 15-25 所示。

图 15-25

如果希望断开连接，单击【从远程服务器断开连接】按钮 即可。这样即可完成连接到远程服务器的操作，如图 15-27 所示。

图 15-27

15.2.2　文件上传

　　文件上传是指，将本地文件如图片、文档、影音或压缩包等文件传递到远程服务器的一种行为。下面详细介绍文件上传的操作方法。

素材文件❀ 第 15 章\素材文件\心灵美文
效果文件❀ 第 15 章\效果文件\心灵美文

 ① 在【文件】面板中，选择准备上传至服务器的文件或文件夹，② 单击【向"远程服务器"上传文件】按钮↑，如图 15-28 所示。

 经过一段时间的等待，可以看到已经将文件上传至远程服务器，通过以上方法，即可完成文件上传的操作，如图 15-29 所示。

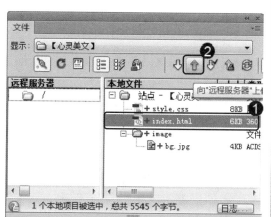

图 15-28

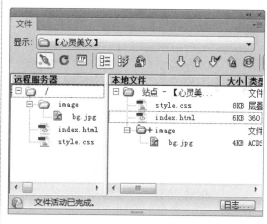

图 15-29

　　在文件上传的过程中，系统会自动记录 FTP 上传时的各种操作，用户可以通过单击【站点】菜单，选择【高级】菜单项，在弹出的子菜单中选择【FTP记录】子菜单项，打开【FTP 记录】面板，查看 FTP 操作记录。

15.2.3　文件下载

　　文件下载是指将远程服务器中的文件如图片、文档、影音或压缩包等文件传递回本地的一种行为，与文件上传互为逆行为。下面详细介绍文件下载的操作方法。

素材文件❀ 第 15 章\素材文件\心灵美文
效果文件❀ 第 15 章\效果文件\心灵美文

 ① 在【文件】面板中，选择准备下载至本地的文件或文件夹，② 单击【从"远程服务器"获取文件】按钮↓，如图 15-30 所示。

弹出【后台文件活动】对话框，经过一段时间的等待，即可完成文件下载的操作，如图 15-31 所示。

第 15 章　站点的发布与推广

图 15-31

图 15-30

15.3　网站运营与维护

　　随着网络应用的深入和网络营销的普及，越来越多企业意识到网站并非一次性投资建立一个网站那么简单，更重要的工作在于网站建成后的长期更新、维护及推广过程。本节将详细介绍网站运营与维护方面的相关知识。

15.3.1　网站的运营

　　想要把一个网站做好并不是一件容易的事情。简单来说，做好网站运营，至少应该注意以下几个方面。

1. 想法和创意

　　技术不是最重要的，但却是做网站运营的基本前提和条件。在网站运营的过程中，必须和客户、程序员、设计人员沟通，如果一点技术都不懂，创意就无法被很好地实现，因此网站的语言、架构、设计这些方面多少都要熟悉。因此，运营网站时，用户至少得懂一点点技术。

2. 全方位运作

　　做网站运营要了解传统经济，如果在传统行业有些人脉和资源更好。要清楚，网站运营不是一个单独的产品，不管是公司运营还是个人网站，运营依然是传统的服务或者产品，而网站只是另外一个渠道。网站运营者所做的是通过互联网先进技术与传统行业相结合，为客户提供一种更为便捷的服务。

所以，网站运营切忌只搞网络线上活动而脱离线下的运作。否则，只会离目标客户越来越远，陷入错误的运作模式。

3. 广告人的思维和策划能力

做网站运营同样也是在宣传。传统的广告在包装上、设计上都是非常有经验和冲击力的，广告人的思维和策划能力，能够更快地接近客户，更迅速地把产品销售出去。如果用户不懂得去宣传网站，客户找起东西来很麻烦，或者来过网站之后从此不再记得。所以网站没有很好的客户体验，也不可能留住客户。

4. 生产与销售

做网站运营的实质还是生产与销售。要产生赢利，就必须分析目标群体需求什么，网站能提供什么，用户能从站点上得到哪些方便、价值、信息。需要在需求和市场分析方面做足工作，这样才不会盲目。了解清楚了市场，才能知道如何精准推广，如何在网站上有的放矢地促进销售。网站推广不只是搜索引擎优化(Search Engine Optimization，SEO)，不是把网站做好，权重提高就可以。其实网络推广和线下推广一样，重要的是思路，多借鉴传统行业的推广点子，会事半功倍。

5. 网站内容的建设

网站内容的建设是网站运营的重要工作，其网站内容是决定网站性质的重要因素。网站内容的建设，主要是由专业的编辑人员来完成的，工作包括栏目的规划、信息的采编、内容的整理与上传、文件的审阅等。所以，编辑人员的工作也是网站运营的重要环节之一。在运营网站的过程中，与优秀的网站编辑人员合作也是十分有必要的。

6. 合理的网站规划

合理的网站规划包括前期的市场调研、项目的可行性分析、文档策划撰写和业务流程操作等步骤，一个网站的成功与否，与合理的网站规划有着密不可分的关系。

根据网站构建的需要，网站运营商来进行有效的网站规划。如文章标题应怎么制作显示，广告应如何设置等，这些都需要合理和科学的规划，好的规划，可使网站的形象得到提升，吸引更多的客户来观摩和交流，这是网站运营时必要的操作手法。

7. 安全的管理

在网站的运用过程中，安全管理是必不可少的，所以网站在建设和运行中，要加强安全措施，制定完善的安全管理制度，增强安全技术手段。

(1) 服务器安全

防止服务器被黑客入侵。首先要选择比较好的托管商，托管的机房很重要。很多服务商都在说硬件防火墙、防 CC 攻击，其实一般小托管商很少具备这些配置。机房其他电脑的安全也是很重要的。其次，服务器本身，各种安全补丁一定要及时更新，把那些用不到的端口全部关闭掉，越少的服务器等于越大的安全。

(2) 程序安全

程序漏洞是造成安全隐患的一大途径。网站开发人员应该在开发网站的过程中注意网站程序各方面的安全性测试。包括防止 SQL 注入、密码加密、数据备份、使用验证码等方面加强安全保护措施。

(3) 信息安全

信息安全有多层含义。首先最基本的是网站内容的合法性。网络的普及也使得犯罪分子利用网络传播快捷的特性而常常发布违法、违规的信息。应该避免网站上出现各种色情内容、走私贩毒、种族歧视及政治性错误倾向的言论。其次防止网站信息被篡改。对于大型网站来说，所发布的信息影响面大，如果被不法分子篡改，极易引起负面效应。

(4) 数据安全

说到一个网站的命脉，非数据库莫属，网站数据库里面通常包含了整个网站的新闻、文章、注册用户、密码等信息，对于一些商业、政府类型的网站，里面甚至包含了重要的商业资料。网站之间的竞争越来越激烈，就出现了有部分经营者进行不正当竞争，通过黑客手段窃取数据，进行推广，更有黑客直接把"拿站"当作一项谋利的业务。所以加强一个网站的安全性，最根本的就是保护数据库不要被攻击剽窃掉。

15.3.2　网站的更新维护

在网站优化中，网站内容的更新维护是必不可少的。由于每个网站的侧重点不同，因此网站内容更新维护也有所不同，下面详细介绍其内容。

首先，网站内容更新维护的时间：网站内容的更新维护时间形成一定的规律性后，百度也会按照更新时间形成一定的规律，而在这个固定的时间段里更新文章，往往是很快就被收录的。因此，如果条件允许的话，网站内容更新尽量在固定时间段进行。

其次，网站内容更新维护的数量：网站每天更新多少篇文章才好，其实百度对这个并没有什么明确要求，一般个人网站每天更新七八篇也就行了，网站每天更新最好也是按照固定的量进行。

最后，网站内容的质量：这是网站更新维护最为关键的一点，网站内容质量要涉及用户体验性和 SEO 优化技术。对于 SEO 优化技术，文章的标题写法是内容更新的关键，一个权重高的网站往往会因一篇标题写得好的文章而带来不少的流量，标题的一般写法是抓住文章内容主题思想。

了解以上方法后，用户应懂得，网站内容的更新维护需要持之以恒，更需要在这个持之以恒的过程中保持活力。

15.3.3 优化网站 SEO

SEO，英文全称为 Search Engine Optimization，又称为搜索引擎优化。

搜索引擎优化是一种利用搜索引擎的搜索规则，来提高网站在有关搜索引擎内的排名的方式。SEO 目的理解是：通过 SEO 这样一套基于搜索引擎的营销思路，为网站提供生态式的自我营销解决方案，让网站在行业内占据领先地位，从而获得品牌收益。

SEO 可分为站外 SEO 和站内 SEO 两种。

SEO 的主要工作是通过了解各类搜索引擎抓取互联网页面、进行索引以及确定其对某一特定关键词的搜索结果排名等技术，来对网页进行相关的优化，使其提高搜索引擎排名，从而提高网站访问量，最终提升网站的销售能力或宣传能力的技术。

搜索引擎优化对任何一家网站来说，要想在网站推广中取得成功，搜索引擎优化是至为关键的一项任务。同时，随着搜索引擎不断变换，它们的排名算法规则、每次算法上的改变都会让一些排名很好的网站在一夜之间名落孙山，而失去排名的直接后果就是失去了网站固有的可观访问量。可以说，搜索引擎优化是一个越来越复杂的任务。

掌握网站 SEO 方面的知识后，用户即可了解优化网站 SEO 方面的技巧。下面介绍一些有关优化网站 SEO 流程方面的知识。

- 定义网站的名字，选择与网站名字相关的域名。
- 分析围绕网站核心的内容，定义相应的栏目，定制栏目菜单导航。
- 根据网站栏目，收集信息内容并对收集的信息进行整理、修改、创作和添加。
- 选择稳定安全服务器，保证网站 24 小时能正常打开，网速稳定。
- 分析网站关键词，合理的添加到内容中。
- 网站程序采用<DIV>+<CSS>构造，符合 WWW 网页标准，全站生成静态网页。
- 制作生成 xml 与 htm 的地图，便于搜索引擎对网站内容的抓取。
- 为每个网页定义标题、meta 标签。标题简洁，meta 围绕主题关键词。
- 网站经常更新相关信息内容，禁用采集，手工添置，原创为佳。
- 放置网站统计计算器，分析网站流量来源，用户关注什么内容，根据用户的需求，修改与添加网站内容，增加用户体验。
- 网站设计要美观大方，菜单清晰，网站色彩搭配合理。尽量少用图片、Flash、视频等，以免影响打开速度。
- 合理的 SEO 优化，不采用群发软件，禁止针对搜索引擎网页排名的作弊(SPAM)，合理优化推广网站。
- 合理交换网站相关的友情链接，不能与搜索引擎惩罚的或与行业不相关的网站交换链接。

 # 15.4 常见的网站推广方式

常见的网站推广方式包括，注册搜索引擎、电子邮件推广、通过留言板和博客推广、互换友情链接和 BBS 论坛宣传。本节将详细介绍常见的网站推广方式方面的知识。

15.4.1 注册搜索引擎

搜索引擎推广是指利用搜索引擎、分类目录等具有在线检索信息功能的网络推广网站的方法。

按照搜索引擎的基本形式，大致可以分为网络蜘蛛型搜索引擎和基于人工分类目录的搜索引擎两种，前者包括搜索引擎优化、关键词广告、竞价排名、固定排名、基于内容定位的广告等多种形式，而后者则主要是在分类目录合适的类别中进行网站登录。随着搜索引擎形式的进一步发展变化，也出现了其他一些形式的搜索引擎，不过大都是以这两种形式为基础。

搜索引擎推广的方法分为多种不同的形式，常见的有：登录免费分类目录、登录付费分类目录、搜索引擎优化、关键词广告、关键词竞价排名、网页内容定位广告等。

从目前的发展趋势来看，搜索引擎在网络营销中的地位依然重要，并且受到越来越多企业的认可。搜索引擎营销的方式也在不断发展演变，因此应根据环境的变化选择搜索引擎营销的合适方式。百度搜索引擎的主页如图 15-32 所示。

图 15-32

15.4.2　资源合作推广方法

通过网站交换链接、交换广告、内容合作、用户资源合作等方式，在具有类似目标网站之间实现互相推广的目的，其中最常用的资源合作方式为网站链接策略，利用合作伙伴之间网站访问量资源合作互为推广。

每个企业网站均可以拥有自己的资源，这种资源可以表现为一定的访问量、注册用户信息、有价值的内容和功能、网络广告空间等，利用网站的资源与合作伙伴开展合作，实现资源共享、共同扩大收益的目的。

在这些资源合作形式中，交换链接是最简单的一种合作方式，调查表明它也是新网站推广的有效方式之一。交换链接或称互惠链接，是具有一定互补优势的网站之间的简单合作形式，即分别在自己的网站上，放置对方网站的 LOGO 或网站名称，并设置对方网站的超链接，使得用户可以从合作网站中发现自己的网站，达到互相推广的目。

交换链接的作用主要表现在几个方面：获得访问量、增加用户浏览时的印象、在搜索引擎排名中增加优势、通过合作网站的推荐增加访问者的可信度等。

交换链接还有比是否可以取得直接效果更深一层的意义，一般来说，每个网站都倾向于链接价值高的其他网站，如图 15-33 所示。

图 15-33

15.4.3　电子邮件推广

以电子邮件为主要的网站推广手段，常用的方法包括电子刊物、会员通信、专业服务商的电子邮件广告等。

基于用户许可的 E-mail 营销与滥发邮件(SPAM)不同，许可营销比传统的推广方式或未经许可的 E-mail 营销具有明显的优势，比如可以减少广告对用户的滋扰、增加潜在客户定位的准确度、增强与客户的关系、提高品牌忠诚度等。

根据许可 E-mail 营销所应用的用户电子邮件地址资源的所有形式，可以分为内部列表

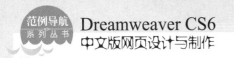
E-mail 营销和外部列表 E-mail 营销，或简称内部列表和外部列表。

内部列表也就是通常所说的邮件列表，是利用网站的注册用户资料开展 E-mail 营销的方式，常见的形式如新闻邮件、会员通信、电子刊物等。外部列表 E-mail 营销则是利用专业服务商的用户电子邮件地址来开展 E-mail 营销，也就是以电子邮件广告的形式向服务商的用户发送信息，如图 15-34 所示。

图 15-34

15.4.4　软文推广

软文，由企业的市场策划人员或广告公司的文案人员来负责撰写的"文字广告"。与硬广告相比，软文之所以叫作软文，精妙之处就在于一个"软"字，好似绵里藏针，收而不露，克敌于无形。软文应具备一定的见识面，语言驾驭能力以及与进步中的时代语言相贴近，在使用软文推广的时候需要注意：

- 具有吸引力的标题是软文营销成功的基础。
- 抓住时事热点，利用热门事件和流行词为话题。
- 文章排版清晰，巧妙分布小标题突出重点。
- 广告内容自然融入，切勿令用户反感。
- 带有锚文本或者其他链接方式指向自己。

软文分别站到用户角度、行业角度、媒体角度有计划地撰写和发布推广，促使每篇软文都能够被各种网站转摘发布，以达到最好的效果。软文写得要有价值，让用户看了有收获，标题要写得吸引网站编辑，这样才能达到最好的宣传效果，如图 15-35 所示。

图 15-35

15.4.5 导航网站登录

现在国内有大量的网址导航类站点，如：http://www.hao123.com、http://hao.360.cn/等。在这些网址导航类做上链接也能带来大量的流量，不过现在想登录上像 hao123 这种流量特别大的站点并不是件容易事，如图 15-36 所示。

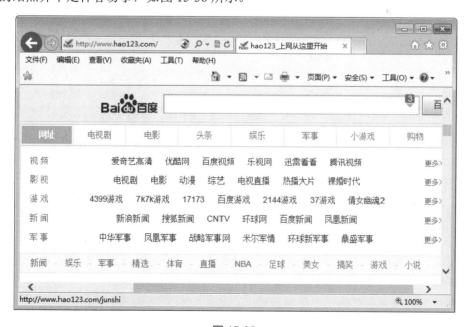

图 15-36

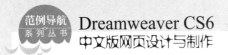

15.4.6 BBS 论坛网站推广

在论坛中暗藏了许多潜在客户，无论是在首帖或回帖的时候，都要做好看些，再配合个性的头像、签名档等。在发帖的时候，要尽量引起他人的注意，不过不要引起负面效应，分享生意经、经商心得、生活趣事和喜欢的音乐等。

在知名论坛上注册，在回复帖子的过程中，用户可把签名设为自己的网站地址。在论坛中，发表热门内容，自己顶自己的帖子。同时，发布具有推广性的标题内容，好的标题，是论坛推广成败、吸引用户的关键因素，如图 15-37 所示。

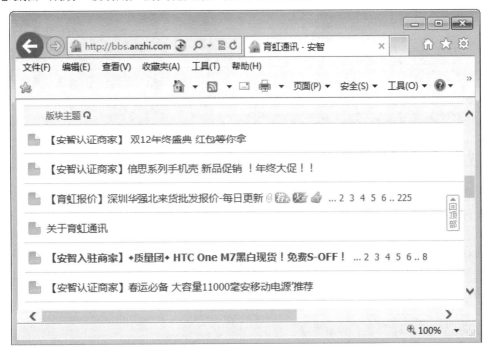

图 15-37

15.4.7 博客推广

做博客的网站很多，不能做到每家都注册，但是在有限的精力中尽量多注册几家博客。越大网站的博客带来的效果越好，例如新浪博客。

在博文中引用广告是必要的，但是尽量不要在博文的尾部添加，这样访问者在看完文章之后关掉博客的话，则无法起到预期的效果。所以，可以将博文的另一半放置在推广的网站中并配以链接，这样访问者会进入网站中浏览，目的也就达到了。

最后，博文的精彩程度也是推广网站的重要衡量标准，一篇篇优美的博文，会吸引大家下次再来，也不要一味地全是广告，这样会引起一部分人的反感。时常去他人的博客转转，留下痕迹，也会引起其他人的注意。

博客作为近年来主要的信息传播载体，已经被广泛应用到各个领域。运用博客，用户不仅可以发布自己的生活经历、个人观点，还可以附带宣传网站信息等。编撰好的博文，可以吸引大量的潜在客户浏览，这是推广网站的必要手段之一，如图 15-38 所示。

图 15-38

15.4.8　微博推广

微博作为时下最为火热的信息传播载体，正被更多的人所接受。微博营销自然也成为营销的热点，如何有效地利用微博做推广是许多人在不断摸索的问题。微群就是将相同爱好或有着相同标签的人聚合在一起的一个群体，用户群体非常大，并且都较为活跃。对于网站推广来说，是不会浪费这个资源的，如图 15-39 所示。

图 15-39

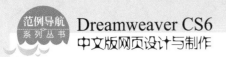
15.4.9 聊天工具推广

目前网络上比较常见的即时聊天工具包括腾讯 QQ、MSN、阿里旺旺、新浪 UC 以及多玩 YY 等，其中腾讯 QQ 的用户基数非常大。下面以腾讯 QQ 为例，详细介绍聊天工具推广的相关知识。

1. 个性签名

腾讯 QQ 的个性签名是一个展示自己风格的地方，可以将需要推广的主题写在签名中，在个性签名中推广需要注意的是签名的书写和签名的及时更新，如图 15-40 所示。

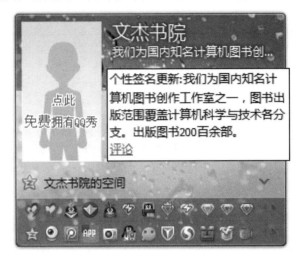

图 15-40

2. QQ 空间

QQ 空间实际上应该属于博客的范畴，但是 QQ 空间的好处是，当写下一篇文章之后，系统会自动将内容展示给其他好友，这一点是非常难得的。

用户还可以通过不断地访问其他人的空间并且留言，使其他访客来到自己的空间，从而提高访问量。

3. QQ 群

QQ 群是一个主题性很强的群体，大部分群成员都有着相同的爱好和兴趣，利用这一点，加入一些与推广主题相关的群，可以与其他人在交流中展示自己的推广，做到边娱乐边推广。

15.4.10 病毒性营销方法

病毒性营销方法并非传播病毒，而是利用用户之间的主动传播，让信息像病毒那样扩散，从而达到推广的目的。

病毒性营销方法实质上是在为用户提供有价值的免费服务的同时，附加上一定的推广信息，常用的工具包括免费电子书、免费软件、免费 Flash 作品、免费贺卡、免费邮箱、免费即时聊天工具等，可以为用户获取信息、使用网络服务、娱乐等带来方便的工具和内容，如果应用得当，这种病毒性营销手段往往可以以极低的代价取得非常显著的效果。

正是由于病毒性营销的巨大优势，因此在网络营销方法体系中占有重要的地位。更重要的是，对企业市场人员具有很大的吸引力，因而吸引着营销人员不断创造各种各样的病毒性营销计划和病毒性营销方案。其中有些取得了极大成功，当然也有一些病毒性营销创意虽然很好，但在实际操作中可能并未达到预期的效果，有些则可能成为真正的病毒传播而为用户带来麻烦，对网站的形象可能造成很大的负面影响。因此，在认识到病毒性营销的基本思想之后，还有必要进一步了解病毒性营销的一般规律，这样才能设计出成功的病毒性营销方案。

病毒性营销的经典范例是 Hotmail，是世界上最大的免费电子邮件服务提供商，在创建之后的 1 年半时间里，就吸引了 1200 万注册用户，而且还在以每天超过 15 万新用户的速度发展。令人不可思议的是，在网站创建的 12 个月内，Hotmail 只花费很少的营销费用，还不到其直接竞争者的 3%。Hotmail 之所以能够实现爆炸式的发展，就是由于利用了"病毒性营销"的巨大效力。病毒性营销的成功案例还包括 Amazon、ICQ、eGroups 等国际著名网络公司。

病毒性营销战略的要素：

- 提供有价值的产品或服务；
- 提供无须努力便向他人传递信息的方式；
- 信息传递范围很容易从小向很大规模扩散；
- 利用公共的积极性和行为；
- 利用现有的通信网络；
- 利用别人的资源。

15.4.11　口碑营销

口碑营销是指网站运营商在调查市场需求的情况下，为消费者提供需要的产品和服务，同时制订一定的口碑推广计划，让消费者自动传播网站产品和服务的良好评价，从而让人们通过口碑了解产品、树立品牌、加强市场认知度，最终达到网站销售产品和提供服务的目的。

口碑传播其中一个最重要的特征就是可信度高。因为在一般情况下，口碑传播都发生在朋友、亲戚、同事、同学等关系较为密切的群体之间，在口碑传播过程之前，他们之间已经建立了一种长期稳定的关系。相对于纯粹的广告、促销、公关、商家推荐、家装公司推荐等而言，可信度要更高。这个特征是口碑传播的核心，也是开展口碑宣传的一个最佳理由，与其不惜巨资投入广告、促销活动、公关活动来吸引潜在消费者的目光借以产生"眼球经济"效应，增加消费者的忠诚度，不如通过这种相对简单奏效的"用户告诉用户"的方式来达到这个目的。

很多时候，口碑传播行为都发生在不经意间，比如朋友聚会时闲聊、共进晚餐时聊天等，这时候传递相关信息主要是因为社交的需要。

15.5 课后练习

15.5.1 思考与练习

一、填空题

1. _____是检查文档中是否有目标浏览器所不支持的任何标签或属性等元素，当目标浏览器不支持某元素时，在_____中会显示不完全或功能运行不正常。

2. 在_____前应确认站点中所有文本和图形的显示是否正确，并且所有链接的 URL 地址是否正确，即当单击_____时能否到达目标位置。

二、判断题(正确画"√"，错误画"×")

1. 清理 XHTML 是清理网页文档中的空白无用标签，以及多余的嵌套标签等。（　　）

2. 文件上传是指，将远程服务器中的文件如图片、文档、影音或压缩包等文件传递回本地的一种行为。（　　）

三、思考题

1. 网站的运营需要主要有哪些方面？

2. 什么是优化网站 SEO？分为哪几种？

15.5.2 上机操作

1. 启动 Dreamweaver CS6 软件，打开准备创建站点报告的站点，使用【报告】命令，完成创建站点报告的操作。

2. 启动 Dreamweaver CS6 软件，使用【向"远程服务器"上传文件】按钮命令，完成上传文件的操作。

范例导航
系列丛书

第16章

制作完整的网站

本章介绍制作完整的网站的流程，包括如何确定网站的主题、制作前期的规划、添加网页内容、美化网页以及上传网页的相关内容。

范 例 导 航

1. 确定网站主题
2. 制作前期规划
3. 添加网页内容
4. 美化网页
5. 上传网页

16.1 确定网站主题

在设计与制作网页之前，首先要确定所要制作网页的主题，只有在主题明确的情况下，才不会毫无目的地制作网页。

16.1.1 选择网站的主题

随着网络的发展，网站的主题可以说是非常之多，选择一个网站的主题可以说是增加访问者数量的决定性因素。制作网页首先要明确做给谁，面对的是哪些受众面。

对于初学者，可以先从简单的、常见的方面着手，例如本章将要介绍的——制作"儿童寓言故事"网页，通过活泼的故事、俏皮的页面，相信会让很多小朋友喜欢。

16.1.2 建立站点

在确立了主题之后，即可进行站点的建立。因为，接下来一系列的操作都是在站点中操作的。下面详细介绍建立站点的操作方法。

素材文件❀无
效果文件❀第16章\效果文件\儿童寓言故事

step 1 ① 启动 Dreamweaver CS6 程序，单击【站点】菜单，② 在弹出的下拉菜单中，选择【新建站点】菜单项，如图 16-1 所示。

step 2 ① 弹出【站点设置对象】对话框，选择【站点】选项卡，② 在【站点名称】文本框中输入站点名称，如"儿童寓言故事"，③ 在【本地站点文件夹】文本框中，设置站点的存放路径，④ 单击【保存】按钮，如图 16-2 所示。

图 16-1

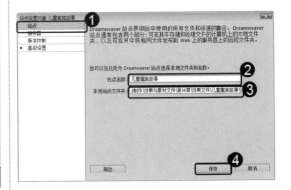

图 16-2

step 3 在【文件】面板中，可以看到新建的站点，如图 16-3 所示。

step 4 通过以上方法，即可完成建立站点的操作，如图 16-4 所示。

图 16-3

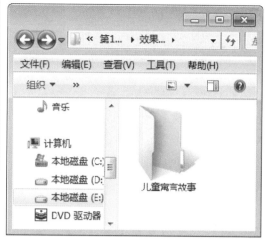

图 16-4

16.2　制作前期规划

在建立了站点之后，即可着手制作网页文件，但在制作网页之前，首先要对制作的网页有一个整体的规划，如网页整体结构、制作网页时所需的图片文件等。

16.2.1　建立网页文档文件与文件夹

制作网页首先要创建一个网页文档文件，然后才可以在网页中进行设计和制作。下面详细介绍其具体操作方法。

1. 建立网页文档文件

网页文档文件在创建的时候，默认名称为"untitled.html"，需要将其更改为"index.html"以确立网站的首页。下面详细介绍其具体操作方法。

素材文件❀ 无
效果文件❀ 第 16 章\效果文件\儿童寓言故事

 step 1 ① 在【文件】面板中，右击站点的根目录，② 在弹出的快捷菜单中，选择【新建文件】菜单项，如图 16-5 所示。

 step 2 可以看到在站点的根目录下已经创建了一个网页文档文件，名称为"untitled.html"并呈现为可编辑状态，如图 16-6 所示。

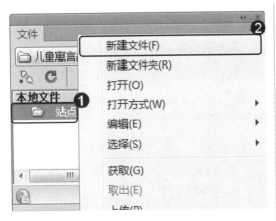

图 16-5

step 3 将新建的网页文档文件重新命名为 "index.html"，并按 Enter 键，如图 16-7 所示。

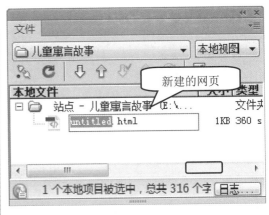

图 16-6

step 4 通过以上方法，即可完成建立网页文档文件的操作，如图 16-8 所示。

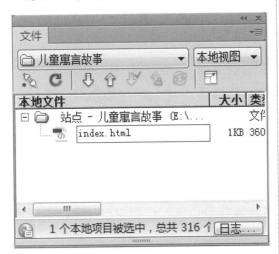

图 16-7

图 16-8

2. 建立文件夹

建立文件夹的目的是将同类型的文件放置在一起，以方便制作网页的需要。下面建立一个存放图片的文件夹。

 素材文件※ 无
效果文件※ 第 16 章\效果文件\儿童寓言故事

step 1 ① 在【文件】面板中，右击站点的根目录，② 在弹出的快捷菜单中，选择【新建文件夹】菜单项，如图 16-9 所示。

step 2 可以看到在站点的根目录下已经创建了一个文件夹，名称为 "untitled" 并呈现为可编辑状态，如图 16-10 所示。

图 16-9

图 16-10

 将 新 建 的 文 件 夹 重 新 命 名 为 "image"，并按 Enter 键，如图 16-11 所示。

 通过以上方法，即可完成建立文件 夹的操作，如图 16-12 所示。

图 16-11

图 16-12

16.2.2 建立网页的主体框架

在建立了网页文档文件之后，即可在其中对网页的整体框架进行构建。下面详细介绍 建立网页的主体框架的操作方法。

素材文件 无
效果文件 第 16 章\效果文件\儿童寓言故事

 在网页文档的【设计】视图中，插 入一个 AP Div，如图 16-13 所示。

 在【代码】视图中，将<div>标签 的 id 值修改为 "pagewidth"，如 图 16-14 所示。

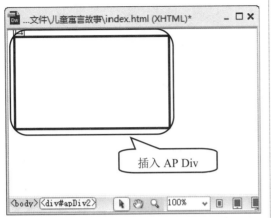

插入 AP Div

<body><div#apDiv2> 100%

图 16-13

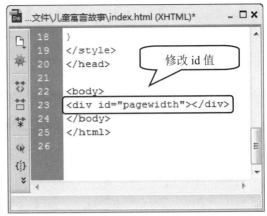

修改 id 值

```
18    }
19    </style>
20    </head>
21
22    <body>
23    <div id="pagewidth"></div>
24    </body>
25    </html>
26
```

图 16-14

 3 在【设计】视图中，可以看到已经插入的 AP Div，如图 16-15 所示。

 4 使用同样的方法，插入其他 AP Div，如图 16-16 所示。

<body><div...> 100%

图 16-15

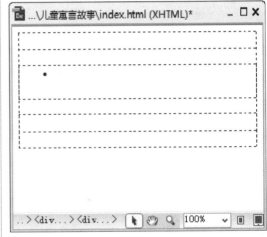

...><div...><div...> 100%

图 16-16

 # 16.3 添加网页内容

在确立了网页的主体框架之后，即可在网页文档中添加网页内容。本节将详细介绍添加网页内容的相关知识。

16.3.1 输入文本

在建立了网页主体框架之后，即可在网页中输入相关的文本内容。下面详细介绍输入文本内容的操作方法。

素材文件✿无
效果文件✿第16章\效果文件\儿童寓言故事

step 1　在每个 AP Div 中，输入相关的文本，如图 16-17 所示。

step 2　对文本进行格式设置，这样即可完成输入文本的操作，如图 16-18 所示。

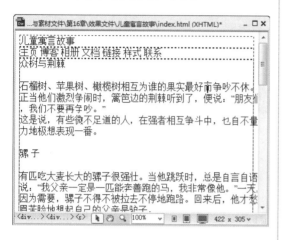

图 16-17

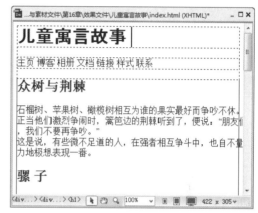

图 16-18

16.3.2　插入图片

在文本输入完成后，即可在网页文档中插入相关的图片文件。下面详细介绍插入图片文件的操作方法。

素材文件✿无
效果文件✿第16章\效果文件\儿童寓言故事

step 1　在"导航栏"下方依次插入两张相同的图片，如图 16-19 所示。

step 2　按照同样的方法，插入其他图片，如图 16-20 所示。

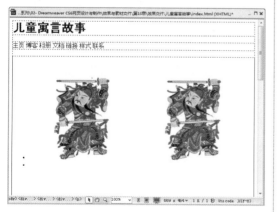

图 16-19

图 16-20

step 3　将光标定位在准备插入 LOGO 的位置，如图 16-21 所示。

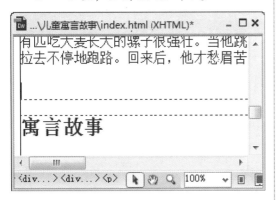

图 16-21

step 4　插入 LOGO 图片，通过以上方法，即可完成插入图片的操作，如图 16-22 所示。

图 16-22

16.3.3　设置背景颜色

接下来要对背景颜色进行设置，背景颜色看起来是白色的，实际上是没有设置颜色，所以需要手动设置背景颜色。下面详细介绍设置背景颜色的操作方法。

 素材文件　无
效果文件　第 16 章\效果文件\儿童寓言故事

step 1　在【属性】面板中，单击【页面属性】按钮，如图 16-23 所示。

图 16-23

step 2　① 弹出【页面属性】对话框，在【分类】列表框中，选择【外观(HTML)】列表项，② 在【背景】文本框中，输入"#FFFFFF"，③ 单击【确定】按钮，如图 16-24 所示。

图 16-24

16.3.4　设置链接

在一系列的设置完成后，即可对导航栏部分的文本进行链接的设置。下面详细介绍设置链接的操作方法。

 素材文件　无
效果文件　第 16 章\效果文件\儿童寓言故事

step 1 ① 将准备设置链接的文本选中，② 在【属性】面板的【链接】文本框中输入准备链接的地址，如图 16-25 所示。

图 16-25

step 2 使用相同的方法，将"博客""相册""文档""链接"和"样式"分别设置链接，如图 16-26 所示。

图 16-26

step 3 ① 将文本"联系"选中，② 在【属性】面板的【链接】文本框中输入"mailto:xxx@xx.xx"，如图 16-27 所示。

图 16-27

step 4 通过以上方法，即可完成设置链接的操作，如图 16-28 所示。

图 16-28

知识精讲　在设置导航链接的时候，用户不仅可以将链接设置在站内，还可以将链接设置为外部链接。例如，申请一个博客账号，然后将"博客"的链接设置为申请的博客地址；或者将"链接"设置为另一个网站的地址，作为交换链接，同时也能在一定程度上提高网站的人气。

16.3.5　插入表单

在网页文档的底部，用户可以通过插入表单达到与访问者互动的目的，例如留下意见和建议。下面详细介绍插入表单的操作方法。

素材文件 ✿ 无

效果文件 ✿ 第 16 章\效果文件\儿童寓言故事

step 1 在网页文档的最底部，插入一个表单，如图 16-29 所示。

step 2 在表单中，分别输入文本"姓名""邮件"和"留言"，如图 16-30 所示。

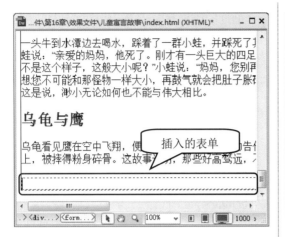

图 16-29

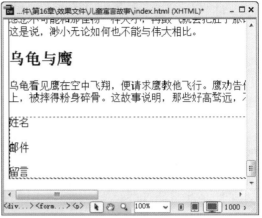

图 16-30

 3 　分别在"姓名"和"邮件"右侧插入文本域，如图 16-31 所示。

 4 　在"留言"右侧插入一个文本区域，如图 16-32 所示。

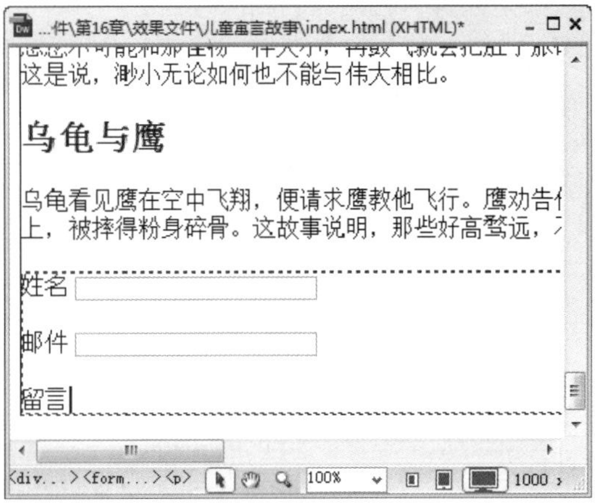

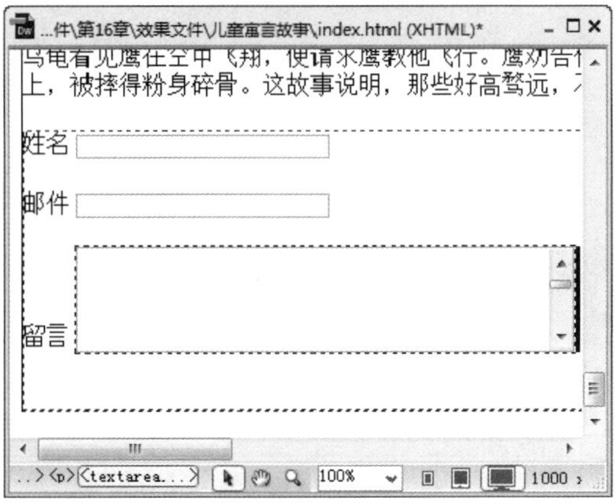

图 16-31

图 16-32

 5 　对"留言"文本区域对字符宽度和行数进行设置，如图 16-33 所示。

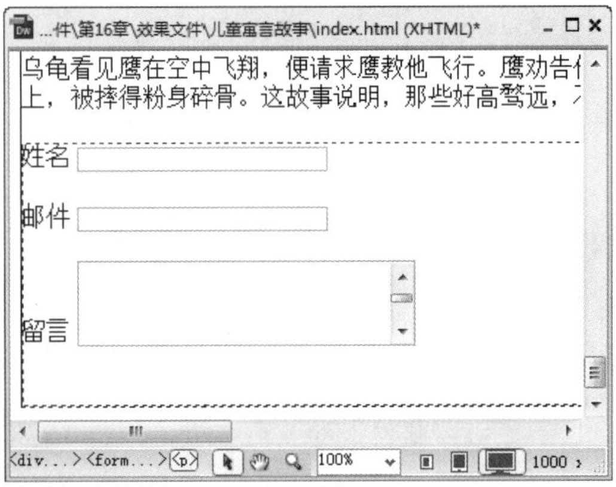

6 　最后，插入一个标准按钮，这样即可完成插入表单的操作，如图 16-34 所示。

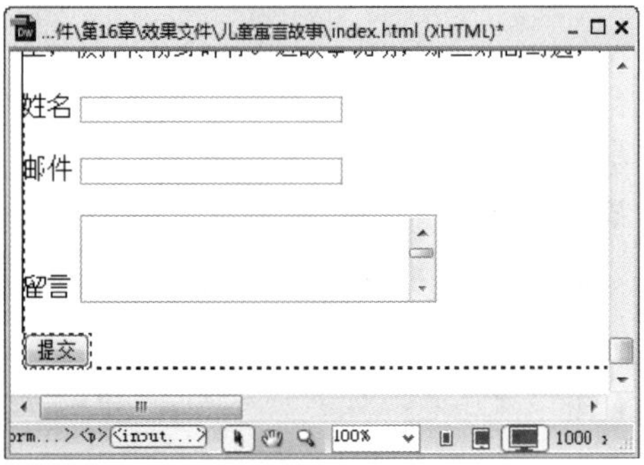

图 16-33

图 16-34

16.4　美化网页

　　在网页内容添加完成后，即可对网页进行美化，顺序是先对整体进行美化，然后对细微的地方进一步琢磨。本节将详细介绍美化网页的相关知识。

16.4.1　建立一个外部链接样式表

　　美化网页的时候，要对网页文档的整体进行美化，首先要建立一个外部样式表。下面详细介绍其具体操作方法。

　素材文件❀ 第 16 章\素材文件\ style.css
　效果文件❀ 第 16 章\效果文件\儿童寓言故事

step 1　① 单击【文件】菜单，② 在弹出的下拉菜单中，选择【新建】菜单项，如图 16-35 所示。

step 2　① 弹出【新建文档】对话框，选择【空白页】选项卡，② 在【页面类型】列表框中，选择 CSS 列表项，③ 单击【创建】按钮，如图 16-36 所示。

图 16-35

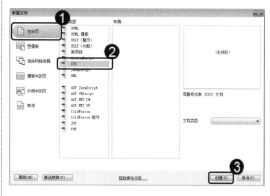

图 16-36

　　这样即可创建一个外部链接样式表，外部链接样式表只有【代码】视图，在【代码】视图中，输入相关代码，对网页的整体进行相关设置(代码详见素材文件"style.css")。

　　在站点根目录下，新建文件夹并命名为"CSS"，将外部链接样式表保存至此文件夹中，并设置文件名为"style.css"。

　　单击【窗口】菜单，在弹出的下拉菜单中，选择【CSS 样式】菜单项，即可弹出【CSS 样式】面板。

　　在【CSS 样式】面板中，将创建好的"style.css"链接至网页文档，可以看到网页文档中的样式已经发生了改变，如图 16-37 所示。

图 16-37

16.4.2 建立其他外部链接样式表

在对网页文档文件做了整体的美化之后，可以看到还有一些细节没有处理，这需要用到一些其他外部链接样式表对细小部分进行美化，下面详细介绍。

1. 建立头部外部链接样式表

新建一个 CSS 文档，在【代码】视图中输入如下代码：

```
#cfnavbar {
margin : 0;
padding : 0;
    }
#cfnavbar ul {
background : url(../navigation_images/bgpink.gif) repeat-x
bottom center;
padding-left : 0;
margin : 0;
float : left;
font-weight : bold;
font-size : 13px;
font-family : 'Trebuchet MS', serif, Arial;
    }
html #cfnavbar ul {
margin-bottom : 1em;
```

```
        }
    #cfnavbar ul li {
    display : inline;
        }
    #cfnavbar ul li a, #cfnavbar ul li span {
    float : left;
    color : #9e9b9a;
    background-color : inherit;
    font-weight : lighter;
    padding : 7px 13px 8px 6px;
    text-decoration : none;
    background : url(../navigation_images/dividerpink.gif) no-repeat
bottom right;
        }
    #cfnavbar ul li span {
    padding-left : 0;
        }
    #cfnavbar ul li a#leftcorner {
    float : none;
    padding-left : 10px;
    padding-right : 0;
    background : url(../navigation_images/leftcornerpink.gif)
no-repeat bottom left;
        }
    #cfnavbar ul li a:hover#leftcorner {
    padding-left : 10px;
    padding-right : 0;
    background : url(../navigation_images/leftcornerpink.gif)
no-repeat bottom left;
        }
    #cfnavbar ul li a#rightcorner {
    padding-right : 10px;
    background : url(../navigation_images/rightcornerpink.gif)
no-repeat bottom right;
        }
    #cfnavbar ul li a:hover {
    text-decoration : none;
    color : #fcb9b9;
    background-color : inherit;
        }
```

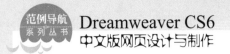

将代码文件命名为"top.css"，并保存在 CSS 文件夹中。

2. 建立悬浮相册外部链接样式表

在网页文档中，同时插入了几组相同的图片文件，这是在为建立悬浮相册做准备，同样的新建一个 CSS 文档，并在【代码】视图中，输入如下代码：

```css
*
{
    border: 0;
    margin: 0;
    padding: 0;
}



/* =Hoverbox Code
-----------------------------------------------------------------*/
.hoverbox
{
    cursor: default;
    list-style: none;
}


.hoverbox a
{
    cursor: default;
    border-bottom : 0px solid #fcb9b9;
}
.hoverbox a .preview
{
    display: none;
}


.hoverbox a:hover .preview
{
    display: block;
    position: absolute;
    top: -33px;
    left: -100px;
    z-index: 101;
}
```

```
.hoverbox img
{
    background: #fff;
    border-color: #FCB9B9;
    border-style: solid;
    border-width: 1px;
    color: inherit;
    padding: 5px;
    vertical-align: top;
    width: 100px;
    height: 75px;
}

.hoverbox li
{
    color: inherit;
    display: inline;
    float: left;
    margin: 3px;
    padding: 5px;
    position: relative;
}

.hoverbox .preview
{
    border-color: #9E9B9A;
    width: 300px;
    height: 225px;
}
```

将代码文件命名为"hoverbox.css"，并保存至 CSS 文件夹中。

3. 链接外部链接样式表

将创建好的其他外部链接样式表同样链接至网页文档中，单击【文件】菜单，在弹出的下拉菜单中，选择【保存全部】菜单项，这样即可完成链接外部链接样式表的操作。

 # 16.5 上传网页

在网站制作完成之后，还需要将站点中的文件上传至远程服务器

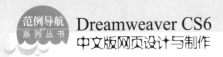

中，才可以让访问者看到。本节将详细介绍上传网页的相关知识。

16.5.1　连接远程服务器

在上传网页之前，首先要连接到远程服务器，这样才可以将站点中的文件上传至互联网。下面详细介绍其具体操作方法。

素材文件❀ 无
效果文件❀ 第16章\效果文件\儿童寓言故事

 ① 单击【站点】菜单，② 在弹出的下拉菜单中，选择【管理站点】菜单项，如图 16-38 所示。

 ① 弹出【站点设置对象】对话框，选择【服务器】选项卡，② 单击【添加新服务器】按钮，如图 16-40 所示。

① 弹出【管理站点】对话框，选择站点名称，② 单击【编辑当前选定的站点】按钮，如图 16-39 所示。

① 进入【服务器】界面，设置相关参数，② 单击【保存】按钮，如图 16-41 所示。

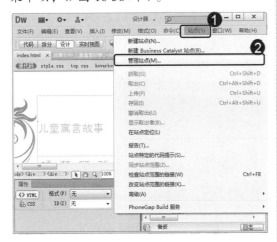

图 16-38

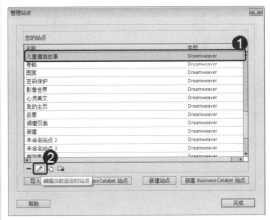

图 16-39

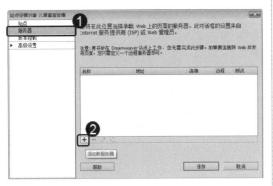

图 16-40

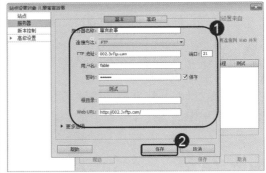

图 16-41

返回到【站点设置对象】对话框，单击【保存】按钮，如图 16-42

返回到【管理站点】对话框，单击【完成】按钮，如图 16-43 所示。

366

所示。

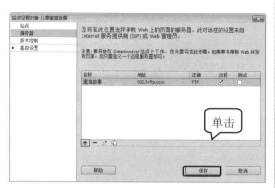

图 16-42

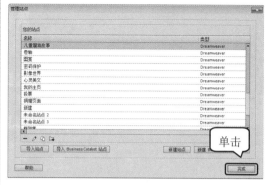

图 16-43

 在【文件】面板中，单击【连接到远程服务器】按钮，如图 16-44所示。

图 16-44

step 8 经过一段时间的等待，即可连接至远程服务器，按钮为"已连接"状体，如图 16-45 所示。

图 16-45

16.5.2　上传文件

在连接至远程服务器之后，即可将站点中的文件上传至远程服务器。下面详细介绍其具体操作方法。

素材文件❀无
效果文件❀第16章\效果文件\儿童寓言故事

 ① 在【文件】面板中，选择准备上传的文件，② 单击【向"远程服务器"上传文件】按钮，如图 16-46 所示。

step 2 弹出【相关文件】对话框，提示"相关文件是否应包含在传输中"信息，单击【是】按钮，经过一段时间的等待，即可完成上传文件的操作，如图 16-47

图 16-46

所示。

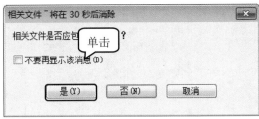

图 16-47

16.5.3　浏览网页

在将所有文件上传至远程服务器之后，即可在浏览器中输入地址浏览网页了。制作完成的网页如图 16-48 所示。

图 16-48

参 考 答 案

第 1 章

1.7.1 思考与练习

一、填空题

1. LOGO、图像
2. 相近色
3. RGB、CMYK
4. Dreamweaver CS6、网页设计软件

二、判断题

1. √
2. ×

三、思考题

1. 在网站设计中，纯粹使用 HTML(标准通用标记语言下的一个应用)格式的网页通常被称为"静态网页"，静态网页是标准的 HTML 文件，它的文件扩展名是：.htm、.html、.shtml 和 xml 等。静态网页可以包含文本、图像、声音、Flash 动画、客户端脚本和 ActiveX 控件及 JAVA 小程序等。

2. 所谓的动态网页，是指与静态网页相对的一种网页编程技术。静态网页，随着 html 代码的生成，页面的内容和显示效果就基本上不会发生变化了——除非你修改页面代码。而动态网页则不然，页面代码虽然没有变，但是显示的内容却是可以随着时间、环境或者数据库操作的结果而发生改变的。

动态网页是以.aspx、.asp、.jsp、.php、.perl 和.cgi 等形式为后缀，并且在动态网页网址中有一个标志性的符号"?"。

第 2 章

2.5.1 思考与练习

一、填空题

1. 标题栏、编辑窗口
2. 标准、扩展
3. 收藏夹

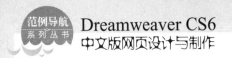

二、判断题

1. ×

2. √

三、思考题

1. 面板组是一组停靠在某个标题下面的相关面板的集合，如果要展开一个面板组，单击该组名称左侧的展开箭头即可，这些面板集中了网页编辑和站点管理过程中的按钮。

2. 启动 Dreamweaver CS6 软件，单击【查看】菜单，在弹出的下拉菜单中，选择【标尺】菜单项，在弹出的子菜单中，选择【显示】子菜单项，此时标尺显示在 Dreamweaver CS6 编辑窗口的左侧和上部，通过以上方法即可完成使用标尺的操作。

2.5.2 上机操作

1. 启动 Dreamweaver CS6 软件，单击【查看】菜单，在弹出的下拉菜单中，选择【辅助线】菜单项，在弹出的子菜单中，选择【清除辅助线】子菜单项，这样即可完成清除辅助线的操作。

2. 启动 Dreamweaver CS6 软件，单击【查看】菜单，在弹出的下拉菜单中，选择【标尺】菜单项，在弹出的子菜单中，选择【厘米】子菜单项，通过以上方法，即可完成调整标尺的显示方式为厘米的操作。

第 3 章

3.5.1 思考与练习

一、填空题

1. 打开、删除
2. 规划、前期规划
3. 收藏夹

二、判断题

1. √

2. ×

三、思考题

1. 启动 Dreamweaver CS6 程序，单击【站点】菜单，在弹出的下拉菜单中，选择【管理站点】菜单项，即可弹出【管理站点】对话框。

2. 划分站点目录、不同种类的文件放在不同的文件夹中，和本地站点和远程服务器站点使用统一的目录结构。

3.5.2　上机操作

1. 在【文件】面板中，右击站点的根目录，在弹出的快捷菜单中，选择【新建文件夹】菜单项，在弹出的新建文件夹文本框中输入文件夹名称"pic"，按 Enter 键，这样即可完成建立名为"pic"的文件夹的操作。

2. 在【文件】面板中，右击站点的根目录，在弹出的快捷菜单中，选择【新建文件】菜单项，系统会自动新建一个网页文件，此时，文件名称为可编辑状态，修改文件名称为"tushang.html"，并按 Enter 键，这样即可完成建立名为"tushang.html"的网页文件的操作。

第　4　章

4.6.1　思考与练习

一、填空题

1. 字体、对齐方式
2. 注册商标、短破折线

二、判断题

1. ×
2. √

三、思考题

1. 启动 Dreamweaver CS6 程序，选择【编辑】菜单，在弹出的菜单中，选择【首选参数】菜单项，在【首选参数】对话框中，选择【不可见元素】列表项，在【不可见元素】区域中，根据需要启用或取消启用右侧的多个复选框，单击【确定】按钮，即可完成设置是否显示不可见元素的操作。

2. META 是 HTML 中一个辅助标签，一般在代码的头部，可以定义网页的标题、关键字、网页描述等。这些信息在网页上是看不到的，需要查看 HTML 源文件才能看到。

4.6.2　上机操作

1. 打开文件，将准备设置字体颜色的欢迎词选中，在【属性】面板中，单击【文本颜色】按钮，在弹出的【调色板】中，选择紫色色块，可以看到，欢迎词的字体颜色变为紫色。通过以上方法，即可完成将欢迎词字体颜色设置为"紫色"的操作。

2. 打开文件，在【属性】面板中，单击【页面属性】按钮，弹出【页面属性】对话框，在【分类】列表框中，选择【外观(CSS)】列表项，分别在【左边距】、【右边距】、【上

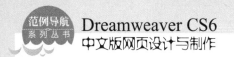

边距】和【下边距】文本框中输入相应的数值 30，单击【确定】按钮。通过以上方法，即可完成设置页边距各值为 30px 的操作。

第 5 章

5.8.1 思考与练习

一、填空题

1. 超级链接、站点
2. 锚点链接、锚点

二、判断题

1. ×
2. √

三、思考题

1. 超链接的类型共有 6 种，分别是文本超链接、图像超链接、E-mail 链接、锚点链接、多媒体文件链接和空链接。

2. 超链接按照链接的路径不同可以分为 3 种，分别是绝对路径、文档相对路径和站点根目录相对路径。

5.8.2 上机操作

1. 打开文件，将准备设置链接的文本"联系"选中，在【属性】面板的【链接】文本框中输入"mailto:wenjieshuyuan@126.com"，单击【在浏览器中预览/调试】下拉按钮，在弹出的下拉菜单中，选择【预览在 IExplore】菜单项，弹出 Dreamweaver 对话框，单击【是】按钮，通过以上方法，即可完成将"联系"创建为 E-mail 链接的操作。

2. 打开文件，单击【站点】菜单，在弹出的下拉菜单中，选择【检查站点范围的链接】菜单项，在【链接检查器】面板中，在【显示】下拉列表框中，选择相应的列表项，即可检查相应的链接信息，这样即可完成检查站点中的链接错误的操作。

第 6 章

6.8.1 思考与练习

一、填空题

1. JPEG、PNG
2. 重新取样、裁剪

二、判断题

1. ×

2. √

三、思考题

1. FLV 是 FLASH VIDEO 的简称，FLV 流媒体格式是随着 Flash MX 的推出发展而来的视频格式，FLV 是被众多新一代视频分享网站所采用，是目前增长最快、最为广泛的视频传播格式。

2. Java Applet 是采用 Java 编程语言编写的程序，在 Java Applet 中，可以实现图形绘制，字体和颜色控制，动画和声音的插入，人机交互及网络交流等功能，可以大大提高 Web 页面的交互能力和动态执行能力，该程序可以设置在 HTML 语言中。

6.8.2 上机操作

1. 打开文件，将光标定位在文本的下方，单击【插入】菜单，在弹出的下拉菜单中，选择【图像】菜单项，弹出【选择图像源文件】对话框，选择准备插入的图像，单击【确定】按钮，弹出【图像标签辅助功能属性】对话框，在【替换文本】下拉列表中，选择【空】列表项，单击【确定】按钮，返回主界面，可以看到已经插入的图像，对插入的图像进行大小以及位置调整。通过以上方法，即可完成在设计视图中插入图片的操作。

2. 打开文件，将光标定位在标题前方，单击【插入】菜单，在弹出的下拉菜单中，选择【图像对象】菜单项，在弹出的子菜单中，选择【图像占位符】子菜单项，弹出【图像占位符】对话框，在【名称】文本框中，输入准备使用的图像占位符名称，设置图像占位符的【宽度】与【高度】，设置图像占位符的【颜色】，单击【确定】按钮，返回到主界面，可以看到已经插入的图像占位符。通过以上方法，即可完成插入图像占位符的操作。

第 7 章

7.7.1 思考与练习

一、填空题

1. 表格、列
2. 表格、输入文本

二、判断题

1. ×

2. √

三、思考题

1. 启动 Dreamweaver 软件，新建一份网页文档，将光标定位在准备创建表格的位置，单击【插入】菜单，在弹出的下拉菜单中，选择【表格】菜单项，弹出【表格】对话框，

在【行数】文本框中，输入表格的行数，在【列】文本框中，输入表格的列数，单击【确定】按钮。通过以上方法，即可完成创建表格的操作。

2. 选中准备排序的表格，单击【命令】菜单，在弹出的下拉菜单中，选择【排序表格】菜单项，弹出【排序表格】对话框，在【排序按】下拉列表中，选择需要按顺序排序的列，如【列1】，在【顺序】区域中，分别设置排序规则和方式，单击【确定】按钮。通过以上方法，即可完成排序表格的操作。

7.7.2　上机操作

1. 打开文件，插入一个1行5列的单元格，在各个单元格中，分别输入"主页""博文""相册""关于"和"联系"，输入完成后，调整表格以及单元格的大小，保存文件，然后按F12键，在浏览器中查看网页文件，这样即可完成利用表格制作导航栏的操作。

2. 打开文件，单击【文件】菜单，在弹出的下拉菜单中，选择【导入】菜单项，在弹出的子菜单中，选择【Excel文档】子菜单项，出【导入Excel文档】对话框，选择准备导入文档的存储位置，选择Excel文档文件，单击【打开】按钮，返回到软件主界面，可以看到在文档页面已经导入的Excel表格数据。通过以上方法，即可完成导入个人简历表格数据的操作。

第　8　章

8.7.1　思考与练习

一、填空题

1. CSS、文本
2. 类样式、外部样式表

二、判断题

1. √
2. ×

三、思考题

1. CSS即级联样式表，是一种用来表现HTML或XML等文件样式的计算机语言。相对于传统HTML的表现而言，CSS能够对网页中的对象的位置排版进行像素级的精确控制，支持几乎所有的字体字号样式，拥有对网页对象和模型样式编辑的能力，并能够进行初步交互设计，是目前基于文本展示最优秀的表现设计语言。

2. 滤镜是CSS的扩展功能，通过使用CSS滤镜可以对页面中的文字进行特效处理，在网页制作中，使用滤镜可以在不使用其他工具软件的基础上，使网页内容看起来非常生动。

8.7.2　上机操作

1. 打开文件，将光标定位在准备设置文本类型的标题处，在【属性】面板中，单击 CSS 按钮，单击【编辑规则】按钮，弹出【h1 的 CSS 规则定义】对话框，在【分类】列表框中，选择【类型】列表项，在 Font-family 下拉列表框中选择准备设置的字体，如 Trebuchet MS、Arial、Helvetica、sans-serif，单击【确定】按钮。通过以上方法，即可完成设置文本类型的操作。

2. 打开文件，将光标定位在准备设置准星样式的位置，在【属性】面板中，单击 CSS 按钮，单击【编辑规则】按钮，弹出【h1 的 CSS 规则定义】对话框，选择【扩展】列表项。在 Cursor 下拉列表框中，选择相应的鼠标效果，如 crosshair，单击【确定】按钮，返回软件主界面，单击【实时视图】按钮，并将鼠标指针移动至设置准星样式的文本处，可以看到鼠标的样式发生了改变，这样即可完成设置准星样式的操作。

第 9 章

9.6.1　思考与练习

一、填空题

1. Div、图片
2. Div+CSS、HTML
3. absolute、relative

二、判断题

1. ×
2. √

三、思考题

1. Div 元素是用来为 HTML 文档内大块(block-level)的内容提供结构和背景的元素。Div 的起始标签和结束标签之间的所有内容都是用来构成这个块的，其中所包含元素的特性由 Div 标签的属性来控制，或者是通过使用样式表格式化这个块来进行控制。Div 标签称为区隔标记。

2. CSS 盒子模式都具备的属性包括内容(content)、填充(padding)、边框(border)和边界(margin)，这些属性可以转移到日常生活中的盒子上来理解。日常生活中所见的盒子也就是能装东西的一种箱子，也具有这些属性，所以叫它盒子模式。

9.6.2　上机操作

1. 在设计一列自适应的时候，首先要输入如下代码：

```
<body>
```

参考答案

375

```
<div id="Row1">一列自适应</div>
</body>
```

然后再在 head 标签中输入如下代码：

```
#Row1{
    width:70%;
    background-color: #f0f0ff;
    border:3px solid #ff33ff;
}
```

这样即可完成布局一列自适应的操作。

2. 在设计两列固定宽度的时候，首先要输入如下代码：

```
<body>
<div id="left">左列</div>
<div id="right">右列</div>
</body>
```

然后再在 head 标签中输入如下代码：

```
#left{
    width:220px;
    height:150px;
    background-color: #f0f0ff;
    border:3px solid #ff33ff;
    float:left;
}
#right{
    width:220px;
    height:150px;
    background-color: #f0f0ff;
    border:3px solid #ff33ff;
    float:left;
}
```

这样即可完成布局两列固定宽度的操作。

第 10 章

10.7.1 思考与练习

一、填空题

1. APDiv、定位

2. AP 元素、页面元素

二、判断题

1. √

2. ×

三、思考题

1. 所谓 AP Div，是指存放文本、图像、表单和插件等网页内容的容器，可以想象成是一张一张叠加起来的透明胶片，每张透明胶片上都有不同的画面，它用来控制浏览器窗口中网页内容的位置、层次。

2. 插入 Div 是在当前位置插入固定层，绘制 AP Div 是在当前位置插入可移动层，也就是说这个层是浮动的，可以根据它的 top 和 left 来规定这个层的显示位置。

AP Div 是 CSS 中的定位技术，在 Dreamweaver 中将其进行了可视化操作，文本、图像、表格等元素只能固定其位置，不能互相叠加在一起，使用 AP Div 功能可以将其放置在网页中的任何位置，还可以按顺序排放网页文档中的其他构成元素。体现了网页技术从二维空间向三维空间的一种延伸。

Div 是网页的一种框架结构，Div 元素是用来为 HTML 文档内大块(block-level)的内容提供结构和背景的元素。Div 的起始标签和结束标签之间的所有内容都是用来构成这个块的，其中所包含元素的特性由 Div 标签的属性来控制，或者是通过使用样式表格式化这个块来进行控制。

Div 与 AP Div 的使用区别：一般情况下，进行 HTML 页面布局时，都是使用的 DIV+CSS，而不能用 AP Div+CSS。只有在特殊情况下，如果需要在 Div 中制作重叠的层，如 PS 的图层，才会用到 AP DIV 元素。

10.7.2　上机操作

1. 打开文件，单击【插入】菜单，在弹出下拉菜单中，选择【布局对象】菜单项，在弹出的子菜单中，选择【AP Div】子菜单项，此时在【设计】视图窗口中，可以看到一个插入的方框，通过以上方法，即可完成使用菜单创建普通 AP Div 的操作。

2. 选中准备转换为 AP Div 的表格，单击【修改】菜单，在弹出的下拉菜单中，选中【转换】菜单项，在弹出的子菜单中，选中【将表格转换为 AP Div】子菜单项，弹出【将表格转换为 AP Div】对话框。在【布局工具】区域中，启用相应的复选框，单击【确定】按钮，返回到软件主界面，可以看到选中的表格已经转换为 AP Div，通过以上方法，即可完成把表格转换为 AP Div 的操作。

第　11　章

11.7.1　思考与练习

一、填空题

1. 框架页面、结构

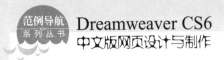

2. IFrame 框架、任意部分

二、判断题

1. ×

2. √

三、思考题

1. 框架页面是由一组普通的 Web 页面组成的页面集合，通常在一个框架页面集中，将一些导航性的内容放在一个页面中，而将另一些需要变化的内容放在另一个页面中。

使用框架页面的主要原因是使导航更加清晰，使网站的结构更加简单明了，更加规范化，一个框架结构由两部分网页文件组成，一个是框架，另一个是框架集。

2. 框架结构的优点：使网页结构清晰，易于维护和更新。每个框架网页都具有独立的滚动条，因此访问者可以独立控制各个页面，便于修改。一般情况下，每隔一段时间，网站的设计就要做一定的更改，如果是工具部分需要修改，那么，只需要修改这个公共网页，整个网站就同时进行更新。访问者的浏览器不需要为每个页面重新加载与导航相关的图形，当浏览器的滚动条滚动时，这些链接不随滚动条的滚动而上下移动，一直固定在某个窗口，便于访问者能随时跳转到另一个页面。

框架结构的缺点：某些早期的浏览器不支持框架结构的网页，下载框架式网页速度慢，不利于内容较多、结构复杂页面的排版。大多数的搜索引擎都无法识别网页中的框架，或者无法对框架中的内容进行遍历或搜索。

11.7.2　上机操作

1. 打开文件，单击【插入】菜单，弹出下拉菜单中，选择 HTML 菜单项，弹出子菜单，选择【框架】子菜单项，弹出子菜单，选择【右对齐】子菜单项，弹出【框架标签辅助功能属性】对话框，设置【框架】以及【标题】，单击【确定】按钮，返回到软件主界面，可以看到已经插入的右对齐框架集，保存文件，通过以上方法，即可完成插入预定义框架集的操作。

2. 将光标定位在准备添加文本的位置，在光标定位的位置，输入准备输入的文本，保存文件，通过以上方法，即可完成在框架中添加文本的操作。

第　12　章

12.6.1　思考与练习

一、填空题

1. 可选区域、模板

2. 库项目、图像

二、判断题

1. ×

2. √

三、思考题

1. 重复区域时能够根据需要在基于模板的页面中赋值任意次数的模板部分，重复区域通常用于表格，也能够为其他页面元素定义重复区域，在静态页面中，重复区域的概念在模板中常被用到。

2. 库是一种特殊的 Dreamweaver CS6 文件，其中包含可放置到网页中的一组单个资源或资源副本，库中的这些资源称为库项目。可在库中存储的项目包括图像、表格、声音和使用 Adobe Flash 创建的文件。每当编辑某个库项目时，可以自动更新所有使用该项目的页面。

12.6.2　上机操作

1. 启动 Dreamweaver CS6 程序，单击【文件】菜单，在弹出的下拉菜单中，选择【新建】菜单项，弹出【新建文档】对话框，选择【空白页】选项卡，在【页面类型】列表框中选择【HTML 模板】列表项，在【布局】列表框中选择准备新建模板的列表项，如"列液态"，单击【创建】按钮，这样即可完成新建网页模板的操作。

2. 打开素材文件，在【资源】面板中单击【库】按钮，单击【新建】按钮，双击打开新建的库文件，在其中输入相关的文本并保存。通过以上方法，即可完成新建库文件的操作。

第　13　章

13.5.1　思考与练习

一、填空题

1. 行为、页面
2. 动作、交换图像

二、判断题

1. √
2. ×

三、思考题

1. 行为是用来动态响应用户操作、改变当前页面效果或是执行特定任务的一种方法。行为是由对象、事件和动作构成。例如，当用户把鼠标移动至对象或事件上，这个对象或事件会发生预定义的变化或动作。事件是触发动态效果的条件；动作是最终产生的动态效果。动态效果可能是图片的翻转、链接的改变、声音播放等。用户可以为每个事件指定多个动作。动作按照其在"行为"面板列表中的顺序依次发生。

对象是产生行为的主体。网页中的很多元素都可以成为对象，例如整个 HTML 文档、图像、文本、多媒体文件、表单元素等。

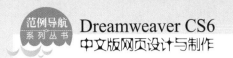

在 Dreamweaver CS6 中，行为实际上是插入网页内的一段 JavaScript 代码，行为是由对象、事件和动作构成。

2. JavaScript 是互联网上最流行的脚本语言，可以增强访问者与网站之间交互，用户可以自己编写 JavaScript 代码，或者使用网络上免费的 JavaScript 库。

13.5.2　上机操作

1. 打开素材文件，将准备设置弹出提示信息的文本选中，如"橘色阳光"，在【行为】面板中，单击【添加行为】下拉按钮，在弹出的下拉菜单中，选择【弹出信息】菜单项，弹出【弹出提示】对话框，在【消息】文本框中，输入相关信息，如"欢迎来到橘色阳光！"，单击【确定】按钮。在【行为】面板中，单击【触发事件】下拉按钮，将【触发事件】设置为 onClick，保存文件。单击【在浏览器中预览/调试】下拉按钮，在弹出的下拉菜单中，选择【预览在 IExplore】菜单项，弹出浏览器，单击刚刚设置弹出提示信息的文本"橘色阳光"，系统会自动弹出【来自网页的消息】对话框。通过以上方法，即可完成弹出提示信息的操作。

2. 打开素材文件，在网页的最下方将准备调用 JavaScript 的文本选中，如"关闭当前页面"，单击【行为】面板中的【添加行为】下拉按钮，在弹出的下拉菜单中，选择【调用 JavaScript】菜单项，弹出【调用 JavaScript】对话框，在 JavaScript 文本框中，输入要执行的自定义函数名称或者 JavaScript 代码，如"window.close()"，单击【确定】按钮，在【行为】面板中，单击【触发事件】下拉按钮，将【触发事件】设置为 onClick，保存文件。单击【在浏览器中预览/调试】下拉按钮，在弹出的下拉菜单中，选择【预览在 IExplore】菜单项，弹出浏览器，在网页中单击"关闭当前页面"，弹出 Windows Internet Explorer 对话框，单击【是】按钮，即可关闭当前页面。通过以上方法，即可完成调用 JavaScript 的操作。

第 14 章

14.5.1　思考与练习

一、填空题

1. 跳转菜单、访问者
2. Spry 菜单栏、子菜单

二、判断题

1. √
2. ×

三、思考题

1. 密码域是一种特殊的文本域，当访问者在密码域输入文本的时候，所输入的文本将会被星号或者项目符号所代替，以隐藏该文本，可以起到保护信息的目的。

2. Spry 工具提示是当用户将鼠标指针移动至网页中特定元素上的时候，会显示特定的隐藏内容，当鼠标移开的时候，特定内容被隐藏。

14.5.2　上机操作

1. 打开素材文件，将光标定位在准备使用单选按钮的位置，单击【插入】菜单，弹出下拉菜单，选择【表单】菜单项，在弹出的子菜单中，选择【单选按钮】子菜单项，弹出【输入标签辅助功能属性】对话框。在 ID 文本框中，输入准备使用的单选按钮名称，单击【确定】按钮，在插入的单选按钮右侧输入文本，如"笔记本电脑"，使用同样的方法，添加"台式电脑"单选按钮，这样即可完成使用单选按钮的操作。

2. 打开素材文件，将光标定位在准备使用标准按钮的位置，单击【插入】菜单，在弹出的下拉菜单中选择【表单】菜单项，在弹出的子菜单中选择【按钮】子菜单项，弹出【输入标签辅助功能】对话框，在 ID 文本框中输入准备使用的名称，单击【确定】按钮，返回到网页文档窗口，可以看到已经插入的按钮，在【属性】面板的【动作】区域中，选中【重设表单】单选按钮，返回到网页文档窗口，将光标定位在准备再次插入按钮的位置。使用同样的方法再次插入一个按钮，通过以上方法，即可完成使用标准按钮的操作。

第　15　章

15.5.1　思考与练习

一、填空题

1. 检测浏览器的兼容性、浏览器
2. 发布站点、链接

二、判断题

1. √
2. ×

三、思考题

1. 做好网站运营，至少应该注意以下几个方面：想法和创意、全方位运作、广告人的思维和策划能力、生产与销售、需求分析、网站内容的建设、合理的网站规划以及安全的管理。

2. SEO，英文全称为 Search Engine Optimization，又被称为搜索引擎优化。

搜索引擎优化是一种利用搜索引擎的搜索规则，来提高网站在有关搜索引擎内的排名的方式。SEO 的理解是：通过 SEO 这样一套基于搜索引擎的营销思路，为网站提供生态式的自我营销解决方案，让网站在行业内占据领先地位，从而获得品牌收益。

SEO 可分为站外 SEO 和站内 SEO 两种。

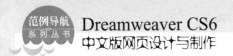

15.5.2　上机操作

1. 打开准备创建站点报告的站点，单击【站点】菜单，在弹出的下拉菜单中，选择【报告】菜单项，弹出【报告】对话框，在【选择报告】列表框中，选择准备生成的报告类型，单击【运行】按钮，弹出 Dreamweaver 对话框，单击【确定】按钮，生成站点报告，弹出【站点报告】面板。通过以上方法，即可完成创建站点报告的操作。

2. 在【文件】面板中，选择准备上传至服务器的文件或文件夹，单击【向"远程服务器"上传文件】按钮，经过一段时间的等待，可以看到已经将文件上传至远程服务器。通过以上方法，即可完成文件上传的操作。